建设工程工程量清单计价与投标详解系列

市政工程工程量清单计价与投标详解

袁旭东　主编

U0253471

中国建筑工业出版社

图书在版编目（CIP）数据

市政工程工程量清单计价与投标详解/袁旭东主编．—北京：中国建筑工业出版社，2013.8
（建设工程工程量清单计价与投标详解系列）
ISBN 978-7-112-15632-0

Ⅰ.①市… Ⅱ.①袁… Ⅲ.①市政工程—工程造价②市政工程—投标 Ⅳ.①TU723

中国版本图书馆 CIP 数据核字（2013）第 163939 号

本书以《建设工程工程量清单计价规范》（GB 50500—2013）、《市政工程工程量计算规范》（GB 50857—2013）《中华人民共和国招标投标法实施条例（2012年）》等最新规范、法规、标准为依据，全面阐述了市政工程清单计价的编制以及招标投标，并在相关章节后还增设了例题，便于读者进一步理解和掌握相关知识。

本书适用于市政工程招标投标编制、工程预算、工程造价及项目管理工作人员使用。

您若对本书有什么意见、建议，或有图书出版的意愿或想法，欢迎致函 zhanglei @ cabp. com. cn 交流沟通！

＊　　　＊　　　＊

责任编辑：岳建光　张　磊
责任设计：李志立
责任校对：王雪竹　刘　钰

建设工程工程量清单计价与投标详解系列
市政工程工程量清单计价与投标详解
袁旭东　主编
＊
中国建筑工业出版社出版、发行（北京西郊百万庄）
各地新华书店、建筑书店经销
北京永峥排版公司制版
北京市密东印刷有限公司印刷
＊
开本：787×1092 毫米　1/16　印张：16¼　字数：390 千字
2013 年 9 月第一版　2013 年 9 月第一次印刷
定价：**40.00** 元
ISBN 978-7-112-15632-0
（24250）

本书编委会

主　编　袁旭东

参　编　(按姓氏笔画顺序排列)

马文颖　王永杰　白海军　白雅君

刘卫国　李春娜　宋巧琳　张黎黎

陈　达　姜　媛　夏　欣　陶红梅

韩艳艳

前　言

随着国家经济建设的迅速发展，市政工程建设已经进入专业化的时代，发展规模不断扩大，建设速度不断加快，复杂性和技术性也不断增加，需要大批具有扎实的理论基础、较强的实践能力的市政工程建设管理和技术人才。同时，随着与国际市场的接轨，我国的工程造价管理模式也在不断演进，建设工程造价的计价方式也经历了三次重大的变革，从原来的定额计价方式转变为"2003 清单计价"，又转换为"2008 清单计价"，目前已更新为"2013 清单计价"。

全书共分六章，内容包括工程量清单计价基础、市政工程造价构成与计算、市政工程清单计价工程量计算、市政工程清单计价模式下工程招标、市政工程清单计价模式下工程投标、市政工程竣工结算与决算。本书内容由浅入深，从理论到实例，涉及内容广泛、编写体例新颖、方便查阅、可操作性强，适用于市政工程预算、工程造价、工程招标投标编制及项目管理工作人员使用。

限于时间仓促及编者水平，书中难免出现不足之处，恳请广大读者与专家改正和完善。

目 录

1 工程量清单计价基础

1.1 概述

1.1.1 工程量清单

1. 工程量清单的概念

工程量清单是表现拟建工程的分部分项工程项目、措施项目、其他项目、规费项目和税金项目的名称和相应数量的明细清单，由招标人按照《建设工程工程量清单计价规范》（GB 50500—2013）附录中统一的项目编码、项目名称、计量单位和工程量计算规则、招标文件以及施工图、现场条件计算出的构成工程实体，可供编制招标控制价及投标报价的实物工程量的汇总清单，是工程招标文件的组成内容，其内容包括分部分项工程量清单、措施项目清单、其他项目清单、规费项目清单以及税金项目清单。

2. 工程量清单的作用

工程量清单是工程量清单计价的基础，应作为编制招标控制价、投标报价、计算工程量支付工程款、调整合同价款、办理竣工结算以及工程索赔等的重要依据。

工程量清单的作用主要表现在以下几方面：

（1）工程量清单可作为编制招标控制价、投标报价的依据。

（2）工程量清单可作为支付工程进度款和办理工程结算的依据。

（3）工程量清单可作为调整工程量和工程索赔的依据。

1.1.2 工程量清单计价

1. 工程量清单计价的概念

工程量清单计价是指投标人完成由招标人提供的工程量清单所需的全部费用，包括分部分项工程费、措施项目费、其他项目费和规费、税金。

工程量清单计价是建设工程招标投标中，按照国家统一的工程量清单计价规范，由招标人提供工程数量，投标人自主报价，经评审低价中标的工程造价计价模式。采用工程量清单计价能反映工程个别成本，有利于企业自主报价和公平竞争。

2. 工程量清单的作用

实行工程量清单计价具有深远的作用，主要表现在以下几方面：

（1）实行工程量清单计价是深化工程造价管理改革，推进建设市场化的重要途径。

（2）在建设工程招标投标中实行工程量清单计价，是规范建筑市场秩序的治本措施之一，是适应社会主义市场经济的需要。

（3）实行工程量清单计价是与国际接轨的需要。

（4）实行工程量清单计价，是促进建设市场有序竞争和企业健康发展的需要。

（5）实行工程量清单计价，有利于我国工程造价政府职能的转变。

1.2 工程量清单编制

1.2.1 一般规定

（1）招标工程量清单应由具有编制能力的招标人或受其委托，具有相应资质的工程造价咨询人或招标代理人编制。

（2）招标工程量清单必须作为招标文件的组成部分，其准确性和完整性由招标人负责。

（3）招标工程量清单是工程量清单计价的基础，应作为编制招标控制价、投标报价、计算工程量、工程索赔等的依据之一。

（4）招标工程量清单应以单位（项）工程为单位编制，应由分部分项工程量清单、措施项目清单、其他项目清单、规费和税金项目清单组成。

（5）编制工程量清单应依据：

1）《市政工程工程量计算规范》（GB 50857—2013）和现行国家标准《建设工程工程量清单计价规范》（GB 50500—2013）。

2）国家或省级、行业建设主管部门颁发的计价依据和办法。

3）建设工程设计文件。

4）与建设工程项目有关的标准、规范、技术资料。

5）拟定的招标文件。

6）施工现场情况、工程特点及常规施工方案。

7）其他相关资料。

（6）其他项目、规费和税金项目清单应按照现行国家标准《建设工程工程量清单计价规范》（GB 50500—2013）的相关规定编制。

（7）编制工程量清单出现《市政工程工程量计算规范》（GB 50857—2013）附录中未包括的项目，编制人应做补充，并报省级或行业工程造价管理机构备案，省级或行业工程造价管理机构应汇总报住房和城乡建设部标准定额研究所。

补充项目的编码由《市政工程工程量计算规范》（GB 50857—2013）的代码04与B和三位阿拉伯数字组成，并应从04B001起顺序编制，同一招标工程的项目不得重码。

补充的工程量清单需附有补充项目的名称、项目特征、计量单位、工程量计算规则、工作内容。不能计量的措施项目，需附有补充项目的名称、工作内容及包含范围。

1.2.2 分部分项工程

（1）工程量清单必须根据《市政工程工程量计算规范》（GB 50857—2013）附录规定的项目编码、项目名称、项目特征、计量单位和工程量计算规则进行编制。

（2）工程量清单的项目编码，应采用前十二位阿拉伯数字表示，一至九位应按《市政工程工程量计算规范》（GB 50857—2013）附录的规定设置，十至十二位应根据拟建工程的工程量清单项目名称设置，同一招标工程的项目编码不得有重码。

各位数字的含义是：一、二位为专业工程代码（01—房屋建筑与装饰工程；02—仿古建筑工程；03—通用安装工程；04—市政工程；05—园林绿化工程；06—矿山工程；07—构筑物工程；08—城市轨道交通工程；09—爆破工程。以后进入国标的专业工程代码以此类推）；三、四位为工程分类顺序码；五、六位为分部工程顺序码；七、八、九位为分项工程项目名称顺序码；十至十二位为清单项目名称顺序码。

当同一标段（或合同段）的一份工程量清单中含有多个单位工程且工程量清单是以单位工程为编制对象时，在编制工程量清单时应特别注意对项目编码十至十二位的设置不得有重码的规定。例如，一个标段（或合同段）的工程量清单中含有 3 个单位工程，每一单位工程中都有项目特征相同的挖一般土方项目，在工程量清单中又需反映 3 个不同单位工程的挖一般土方工程量时，则第一个单位工程挖一般土方的项目编码应为040101001001，第二个单位工程挖一般土方的项目编码应为040101001002，第三个单位工程挖一般土方的项目编码应为040101001003，并分别列出各单位工程挖一般土方的工程量。

（3）工程量清单的项目名称应按《市政工程工程量计算规范》（GB 50857—2013）附录的项目名称结合拟建工程的实际确定。

（4）分部分项工程量清单项目特征应按《市政工程工程量计算规范》（GB 50857—2013）附录中规定的项目特征，结合拟建工程项目的实际予以描述。

工程量清单的项目特征是确定一个清单项目综合单价不可缺少的重要依据，在编制工程量清单时，必须对项目特征进行准确和全面的描述。但有些项目特征用文字往往又难以准确和全面的描述清楚。因此，为达到规范、简洁、准确、全面描述项目特征的要求，在描述工程量清单项目特征时应按以下原则进行：

1）项目特征描述的内容应按附录中的规定，结合拟建工程的实际，能满足确定综合单价的需要。

2）若采用标准图集或施工图纸能够全部或部分满足项目特征描述的要求，项目特征描述可直接采用详见××图集或××图号的方式。对不能满足项目特征描述要求的部分，仍应用文字描述。

（5）工程量清单中所列工程量应按《市政工程工程量计算规范》（GB 50857—2013）附录中规定的工程量计算规则计算。

（6）分部分项工程量清单的计量单位应按《市政工程工程量计算规范》（GB 50857—2013）附录中规定的计量单位确定。

（7）现浇混凝土工程项目"工作内容"中包括模板工程的内容，同时又在"措施项目"中单列了现浇混凝土模板工程项目。对此，由招标人根据工程实际情况选用，若招标人在措施项目清单中未编列现浇混凝土模板项目清单，即表示现浇混凝土模板项目不单列，现浇混凝土工程项目的综合单价中应包括模板工程费用。

（8）对预制混凝土构件按现场制作编制项目，"工作内容"中包括模板工程，不再另列。若采用成品预制混凝土构件时，构件成品价（包括模板、钢筋、混凝土等所有费用）应计入综合单价中。

（9）金属结构构件按成品编制项目，构件成品价应计入综合单价中，若采用现场制作，包括制作的所有费用。

1.2.3 措施项目

（1）措施项目清单必须根据相关工程现行国家计量规范的规定编制，应根据拟建工程的实际情况列项。

（2）措施项目中列出了项目编码、项目名称、项目特征、计量单位、工程量计算规则的项目。编制工程量清单时，应按照"分部分项工程"的规定执行。

（3）措施项目中仅列出项目编码、项目名称，未列出项目特征、计量单位和工程量计算规则的项目，编制工程量清单时，应按下列措施项目规定的项目编码、项目名称确定：

1）脚手架工程工程量清单项目设置、项目特征描述的内容、计量单位及工程量计算规则，应按表 1-1 的规定执行。

脚手架工程（编码：041101）   表 1-1

项目编码	项目名称	项目特征	计量单位	工程量计算规则	工程内容
041101001	墙面脚手架	墙 高		按墙面水平边线长度乘以墙面砌筑高度计算	1. 清理场地 2. 搭设、拆除脚手架、安全网 3. 材料场内外运输
041101002	柱面脚手架	1. 柱高 2. 柱结构外围周长	m²	按柱结构外围周长乘以柱砌筑高度计算	
041101003	仓面脚手架	1. 搭设方式 2. 搭设高度		按仓面水平平面积计算	
041101004	沉井脚手架	沉井高度		按井壁中心线周长乘以井高计算	
041101005	井字架	井 深	座	按设计图示数量计算	1. 清理场地 2. 搭、拆井字架 3. 材料场内外运输

注：各类井的井深按井底基础以上至井盖顶的高度计算。

2）混凝土模板及支架工程量清单项目设置、项目特征描述的内容、计量单位及工程量计算规则，应按表 1-2 的规定执行。

混凝土模板及支架（编码：041102）   表 1-2

项目编码	项目名称	项目特征	计量单位	工程量计算规则	工程内容
041102001	垫层模板				1. 模板制作、安装、拆除、整理、堆放 2. 模板粘接物及模内杂物清理、刷隔离剂 3. 模板场内外运输及维修
041102002	基础模板	构件类型			
041102003	承 台		m²	按混凝土与模板接触面的面积计算	
041102004	墩（台）帽模板	1. 构件类型 2. 支模高度			
041102005	墩（台）身模板				

项目编码	项目名称	项目特征	计量单位	工程量计算规则	工程内容
041102006	支撑梁及横梁模板	1. 构件类型 2. 支模高度	m²	按混凝土与模板接触面的面积计算	1. 模板制作、安装、拆除、整理、堆放 2. 模板粘接物及模内杂物清理、刷隔离剂 3. 模板场内外运输及维修
041102007	墩(台)盖梁模板				
041102008	拱桥拱座模板				
041102009	拱桥拱肋模板				
041102010	拱上构件模板				
041102011	箱梁模板				
041102012	柱模板				
041102013	梁模板				
041102014	板模板				
041102015	板梁模板				
041102016	板拱模板				
041102017	挡墙模板				
041102018	压顶模板	构件类型			
041102019	防撞护栏模板				
041102020	楼梯模板				
041102021	小型构件模板				
041102022	箱涵滑(底)板模板	1. 构件类型 2. 支模高度			
041102023	箱涵侧墙模板				
041102024	箱涵顶板模板				
041102025	拱部衬砌模板	1. 构件类型 2. 衬砌厚度 3. 拱跨径			
041102026	边墙衬砌模板				
041102027	竖井衬砌模板	1. 构件类型 2. 壁厚			
041102028	沉井井壁(隔墙)模板	1. 构件类型 2. 支模高度			
041102029	沉井顶板模板				
041102030	沉井底板模板	构件类型			
041102031	管(渠)道平基模板				
041102032	管(渠)道管座模板				
041102033	井顶(盖)板模板				
041102034	池底模板				

项目编码	项目名称	项目特征	计量单位	工程量计算规则	工程内容
041102035	池壁（隔墙）模板	1. 构件类型 2. 支模高度	m²	按混凝土与模板接触面的面积计算	1. 模板制作、安装、拆除、整理、堆放 2. 模板粘接物及模内杂物清理、刷隔离剂 3. 模板场内外运输及维修
041102036	池盖模板				
041102037	其他现浇构件模板	构件类型			
041102038	设备螺栓套	螺栓套孔深度	个	按设计图示数量计算	
041102039	水上桩基础支架、平台	1. 位置 2. 材质 3. 桩类型	m²	按支架、平台搭设的面积计算	1. 支架、平台基础处理 2. 支架、平台的搭设、使用及拆除 3. 材料场内外运输
041102040	桥涵支架	1. 部位 2. 材质 3. 支架类型	m³	按支架搭设的空间体积计算	1. 支架地基处理 2. 支架的搭设、使用及拆除 3. 支架预压 4. 材料场内外运输

注：原槽浇灌的混凝土基础、垫层不计算模板。

3）围堰工程量清单项目设置、项目特征描述的内容、计量单位及工程量计算规则，应按表1-3的规定执行。

围堰（编码：041103）　　　　　　　　　　　表1-3

项目编码	项目名称	项目特征	计量单位	工程量计算规则	工程内容
041103001	围堰	1. 围堰类型 2. 围堰顶宽及底宽 3. 围堰高度 4. 填心材料	1. m³ 2. m	1. 以立方米计量，按设计图示围堰体积计算 2. 以米计量，按设计图示围堰中心线长度计算	1. 清理基底 2. 打、拔工具桩 3. 堆筑、填心、夯实 4. 拆除清理 5. 材料场内外运输
041103002	筑岛	1. 筑岛类型 2. 筑岛高度 3. 填心材料	m³	按设计图示筑岛体积计算	1. 清理基底 2. 堆筑、填心、夯实 3. 拆除清理

4）便道及便桥工程量清单项目设置、项目特征描述的内容、计量单位及工程量计算规则，应按表1-4的规定执行。

5）洞内临时设施工程量清单项目设置、项目特征描述的内容、计量单位及工程量计算规则，应按表1-5的规定执行。

6）大型机械设备进出场及安拆工程量清单项目设置、项目特征描述的内容、计量单位及工程量计算规则，应按表1-6的规定执行。

便道及便桥（编码：041104）

表 1-4

项目编码	项目名称	项目特征	计量单位	工程量计算规则	工程内容
041104001	便道	1. 结构类型 2. 材料种类 3. 宽度	m²	按设计图示尺寸以面积计算	1. 平整场地 2. 材料运输、铺设、夯实 3. 拆除、清理
041104002	便桥	1. 结构类型 2. 材料种类 3. 跨径 4. 宽度	座	按设计图示数量计算	1. 清理基底 2. 材料运输、便桥搭设

洞内临时设施（编码：041105）

表 1-5

项目编码	项目名称	项目特征	计量单位	工程量计算规则	工程内容
041105001	洞内通风设施	1. 单孔隧道长度 2. 隧道断面尺寸 3. 使用时间 4. 设备要求	m	按设计图示隧道长度以延长米计算	1. 管道铺设 2. 线路架设 3. 设备安装 4. 保养维护 5. 拆除、清理 6. 材料场内外运输
041105002	洞内供水设施				
041105003	洞内供电及照明设施				
041105004	洞内通信设施				
041105005	洞内外轨道铺设	1. 单孔隧道长度 2. 隧道断面尺寸 3. 使用时间 4. 轨道要求		按设计图示轨道铺设长度以延长米计算	1. 轨道及基础铺设 2. 保养维护 3. 拆除、清理 4. 材料场内外运输

注：设计注明轨道铺设长度的，按设计图示尺寸计算；设计未注明时可按设计图示隧道长度以延长米计算，并注明洞外轨道铺设长度由投标人根据施工组织设计自定。

大型机械设备进出场及安拆（编码：041106）

表 1-6

项目编码	项目名称	项目特征	计量单位	工程量计算规则	工程内容
041106001	大型机械设备进出场及安拆	1. 机械设备名称 2. 机械设备规格型号	台·次	按使用机械设备的数量计算	1. 安拆费包括施工机械、设备在现场进行安装拆卸所需人工、材料、机械和试运转费用以及机械辅助设施的折旧、搭设、拆除等费用 2. 进出场费包括施工机械、设备整体或分体自停放地点运至施工现场或由一施工地点运至另一施工地点所发生的运输、装卸、辅助材料等费用

7）施工排水、降水工程量清单项目设置、项目特征描述的内容、计量单位及工程量计算规则，应按表1-7的规定执行。

施工排水、降水（编码：041107） 表1-7

项目编码	项目名称	项目特征	计量单位	工程量计算规则	工程内容
041107001	成井	1. 成井方式 2. 地层情况 3. 成井直径 4. 井（滤）管类型、直径	m	按设计图示尺寸以钻孔深度计算	1. 准备钻孔机械、埋设护筒、钻机就位；泥浆制作、固壁；成孔、出渣、清孔等 2. 对接上、下井管（滤管），焊接，安放，下滤料，洗井，连接试抽等
041107002	排水、降水	1. 机械规格型号 2. 降排水管规格	昼夜	按排水、降水日历天数计算	1. 管道安装、拆除，场内搬运等 2. 抽水、值班、降水设备维修等

注：相应专项设计不具备时，可按暂估量计算。

8）处理、监测、监控工程量清单项目设置、工作内容及包含范围，应按表1-8的规定执行。

处理、监测、监控（编码：041108） 表1-8

项目编码	项目名称	工作内容及包含范围
041108001	地下管线交叉处理	1. 悬吊 2. 加固 3. 其他处理措施
041108002	施工监测、监控	1. 对隧道洞内施工时可能存在的危害因素进行检测 2. 对明挖法、暗挖法、盾构法施工的区域等进行周边环境监测 3. 对明挖基坑围护结构体系进行监测 4. 对隧道的围岩和支护进行监测 5. 盾构法施工进行监控测量

注：地下管线交叉处理指施工过程中对现有施工场地范围内各种地下交叉管线进行加固及处理所发生的费用，但不包括地下管线或设施改、移发生的费用。

9）安全文明施工及其他措施项目工程量清单项目设置、工作内容及包含范围，应按表1-9的规定执行。

10）编制工程量清单时，若设计图纸中有措施项目的专项设计方案时，应按措施项目清单中有关规定描述其项目特征，并根据工程量计算规则计算工程量；若无相关设计方案，其工程数量可为暂估量，在办理结算时，按经批准的施工组织设计方案计算。

项目编码	项目名称	工作内容及包含范围
041109001	安全文明施工	1. 环境保护：施工现场为达到环保部门要求所需要的各项措施。包括施工现场为保持工地清洁、控制扬尘、废弃物与材料运输的防护、保证排水设施通畅、设置密闭式垃圾站、实现施工垃圾与生活垃圾分类存放等环保措施；其他环境保护措施 2. 文明施工：根据相关规定在施工现场设置企业标志、工程项目简介牌、工程项目责任人员姓名牌、安全六大纪律牌、安全生产记数牌、十项安全技术措施牌、防火须知牌、卫生须知牌及工地施工总平面布置图、安全警示标志牌，施工现场围挡以及为符合场容场貌、材料堆放、现场防火等要求采取的相应措施；其他文明施工措施 3. 安全施工：根据相关规定设置安全防护设施、现场物料提升架与卸料平台的安全防护设施、垂直交叉作业与高空作业安全防护设施、现场设置安防监控系统设施、现场机械设备（包括电动工具）的安全保护与作业场所和临时安全疏散通道的安全照明与警示设施等；其他安全防护措施 4. 临时设施：施工现场临时宿舍、文化福利及公用事业房屋与构筑。物、仓库、办公室、加工厂、工地实验室以及规定范围内的道路、水、电、管线等临时设施和小型临时设施等的搭设、维修、拆除、周转；其他临时设施搭设、维修、拆除
041109002	夜间施工	1. 夜间固定照明灯具和临时可移动照明灯具的设置、拆除 2. 夜间施工时，施工现场交通标志、安全标牌、警示灯等的设置、移动、拆除 3. 夜间照明设备及照明用电、施工人员夜班补助、夜间施工劳动效率降低等
041109003	二次搬运	由于施工场地条件限制而发生的材料、成品、半成品一次运输不能到达堆积地点，必须进行的二次或多次搬运
041109004	冬雨期施工	1. 冬雨期施工时增加的临时设施（防寒保温、防雨设施）的搭设、拆除 2. 冬雨期施工时对砌体、混凝土等采用的特殊加温、保温和养护措施 3. 冬雨期施工时施工现场的防滑处理、对影响施工的雨雪的清除 4. 冬雨期施工时增加的临时设施、施工人员的劳动保护用品、冬雨期施工劳动效率降低等
041109005	行车、行人干扰	1. 由于施工受行车、行人干扰的影响，导致人工、机械效率降低而增加的措施 2. 为保证行车、行人的安全，现场增设维护交通与疏导人员而增加的措施
041109006	地上、地下设施、建筑物的临时保护设施	在工程施工过程中，对已建成的地上、地下设施和建筑物进行的遮盖、封闭、隔离等必要保护措施所发生的人工和材料
041109007	已完工程及设备保护	对已完工程及设备采取的覆盖、包裹、封闭、隔离等必要保护措施所发生的人工和材料

注：本表所列项目应根据工程实际情况计算措施项目费用，需分摊的应合理计算摊销费用。

1.2.4 其他项目

（1）其他项目清单应按照下列内容列项：

1）暂列金额。招标人暂定并包括在合同价款中的一笔款项。不管采用何种合同形式，其理想的标准是，一份合同的价格就是其最终的竣工结算价格，或者至少两者应尽可能接近。我国规定对政府投资工程实行概算管理，经项目审批部门批复的设计概算是工程投资控制的刚性指标，即使商业性开发项目也有成本的预先控制问题，否则，无法相对准

9

确地预测投资的收益和科学合理地进行投资控制。但工程建设自身的特性决定了工程的设计需要根据工程进展不断地进行优化和调整，业主需求可能会随工程建设进展而出现变化，工程建设过程还会存在一些不能预见、不能确定的因素。消化这些因素必然会影响合同价格的调整，暂列金额正是因这类不可避免的价格调整而设立，以便达到合理确定和有效控制工程造价的目标。

有一种错误的观念认为，暂列金额列入合同价格就属于承包人（中标人）所有了。事实上，即便是总价包干合同，也不是列入合同价格的任何金额都属于中标人的，是否属于中标人应得金额取决于具体的合同约定，暂列金额从定义开始就明确，只有按照合同约定程序实际发生后，才能成为中标人的应得金额，纳入合同结算价款中。扣除实际发生金额后的暂列金额余额仍属于招标人所有。设立暂列金额并不能保证合同结算价格不会再出现超过已签约合同价的情况，是否超出已签约合同价完全取决于对暂列金额预测的准确性，以及工程建设过程是否出现了其他事先未预测到的事件。

2）暂估价。暂估价是指招标阶段直至签订合同协议时，招标人在招标文件中提供的用于支付必然要发生但暂时不能确定价格的材料以及专业工程的金额。其包括材料暂估价、工程设备暂估单价、专业工程暂估价。

为方便合同管理和计价，需要纳入工程量清单项目综合单价中的暂估价最好只是材料费，以方便投标人组价。对专业工程暂估价一般应是综合暂估价，包括除规费、税金以外的管理费、利润等。

3）计日工。计日工是为了解决现场发生的零星工作的计价而设立的。国际上常见的标准合同条款中，大多数都设立了计日工（Daywork）计价机制。计日工对完成零星工作所消耗的人工工时、材料数量、施工机械台班进行计量，并按照计日工表中填报的适用项目的单价进行计价支付。计日工适用的所谓零星工作一般是指合同约定之外或者因变更而产生的、工程量清单中没有相应项目的额外工作，尤其是那些时间不允许事先商定价格的额外工作。

4）总承包服务费。总承包服务费是为了解决招标人在法律、法规允许的条件下进行专业工程发包以及自行供应材料、工程设备，并需要总承包人对发包的专业工程提供协调和配合服务，对甲供材料、工程设备提供收、发和保管服务以及进行施工现场管理时发生并向总承包人支付的费用。招标人应预计该项费用，并按投标人的投标报价向投标人支付该项费用。

（2）暂列金额应根据工程特点按有关计价规定估算。

为保证工程施工建设的顺利实施，应针对施工过程中可能出现的各种不确定因素对工程造价的影响，在招标控制价中估算一笔暂列金额。暂列金额可根据工程的复杂程度、设计深度、工程环境条件（包括地质、水文、气候条件等）进行估算，一般可按分部分项工程费和措施项目费的10%～15%为参考。

（3）暂估价中的材料、工程设备暂估价应根据工程造价信息或参照市场价格估算，列出明细表；专业工程暂估价应分不同专业，按有关计价规定估算，列出明细表。

（4）计日工应列出项目名称、计量单位和暂估数量。

（5）综合承包服务费应列出服务项目及其内容等。

（6）出现第（1）条未列的项目，应根据工程实际情况补充。

1.2.5　规费项目

（1）规费项目清单应按照下列内容列项：

1）社会保障费：包括养老保险费、失业保险费、医疗保险费、工伤保险费、生育保险费。

2）住房公积金。

3）工程排污费。

（2）出现第（1）条未列的项目，应根据省级政府或省级有关部门的规定列项。

1.2.6　税金项目

（1）税金项目清单应包括下列内容：

1）营业税。

2）城市维护建设税。

3）教育费附加。

4）地方教育附加。

（2）出现第（1）条未列的项目，应根据税务部门的规定列项。

1.3　工程量清单计价编制

1.3.1　一般规定

1. 计价方式

（1）使用国有资金投资的建设工程发承包，必须采用工程量清单计价。

（2）非国有资金投资的建设工程，宜采用工程量清单计价。

（3）不采用工程量清单计价的建设工程，应执行《建设工程工程量清单计价规范》（GB 50500—2013）除工程量清单等专门性规定外的其他规定。

（4）工程量清单应采用综合单价计价。

（5）措施项目中的安全文明施工费必须按国家或省级、行业建设主管部门的规定计算。不得作为竞争性费用。

（6）规费和税金必须按国家或省级、行业建设主管部门的规定计算。不得作为竞争性费用。

2. 发包人提供材料和工程设备

（1）发包人提供的材料和工程设备（以下简称甲供材料）应在招标文件中按照《建设工程工程量清单计价规范》（GB 50500—2013）附录 L.1 的规定填写《发包人提供材料和工程设备一览表》，写明甲供材料的名称、规格、数量、单价、交货方式、交货地点等。

承包人投标时，甲供材料单价应计入相应项目的综合单价中，签约后，发包人应按合同约定扣除甲供材料款，不予支付。

（2）承包人应根据合同工程进度计划的安排，向发包人提交甲供材料交货的日期计划。发包人应按计划提供。

（3）发包人提供的甲供材料如规格、数量或质量不符合合同要求，或由于发包人原因发生交货日期延误、交货地点及交货方式变更等情况的，发包人应承担由此增加的费用和（或）工期延误，并应向承包人支付合理利润。

（4）发承包双方对甲供材料的数量发生争议不能达成一致的，应按照相关工程的计价定额同类项目规定的材料消耗量计算。

（5）若发包人要求承包人采购已在招标文件中确定为甲供材料的，材料价格应由发承包双方根据市场调查确定，并应另行签订补充协议。

3. 承包人提供材料和工程设备

（1）除合同约定的发包人提供的甲供材料外，合同工程所需的材料和工程设备应由承包人提供，承包人提供的材料和工程设备均应由承包人负责采购、运输和保管。

（2）承包人应按合同约定将采购材料和工程设备的供货人及品种、规格、数量和供货时间等提交发包人确认，并负责提供材料和工程设备的质量证明文件，满足合同约定的质量标准。

（3）对承包人提供的材料和工程设备经检测不符合合同约定的质量标准，发包人应立即要求承包人更换，由此增加的费用和（或）工期延误应由承包人承担。对发包人要求检测承包人已具有合格证明的材料、工程设备，但经检测证明该项材料、工程设备符合合同约定的质量标准，发包人应承担由此增加的费用和（或）工期延误，并向承包人支付合理利润。

4. 计价风险

（1）建设工程发承包。必须在招标文件、合同中明确计价中的风险内容及其范围。不得采用无限风险、所有风险或类似语句规定计价中的风险内容及范围。

（2）由于下列因素出现，影响合同价款调整的，应由发包人承担：

1）国家法律、法规、规章和政策发生变化。

2）省级或行业建设主管部门发布的人工费调整，但承包人对人工费或人工单价的报价高于发布的除外。

3）由政府定价或政府指导价管理的原材料等价格进行了调整。

（3）由于市场物价波动影响合同价款的，应由发承包双方合理分摊，按《建设工程工程量清单计价规范》（GB 50500—2013）中附录 L.2 或 L.3 填写《承包人提供主要材料和工程设备一览表》作为合同附件；当合同中没有约定，发承包双方发生争议时，应按1.3.6 中"物价变化"的规定调整合同价款。

（4）由于承包人使用机械设备、施工技术以及组织管理水平等自身原因造成施工费用增加的，应由承包人全部承担。

（5）当不可抗力发生，影响合同价款时，应按1.3.6 中"不可抗力"的规定执行。

1.3.2 招标控制价

1. 一般规定

（1）国有资金投资的建设工程招标。招标人必须编制招标控制价。

我国对国有资金投资项目的投资控制实行的是投资概算审批制度，国有资金投资的工程原则上不能超过批准的投资概算。

国有资金投资的工程实行工程量清单招标，为了客观、合理地评审投标报价和避免哄抬标价，避免造成国有资产流失，招标人必须编制招标控制价，规定最高投标限价。

（2）招标控制价应由具有编制能力的招标人或受其委托具有相应资质的工程造价咨询人编制和复核。

（3）工程造价咨询人接受招标人委托编制招标控制价，不得再就同一工程接受投标人委托编制投标报价。

（4）招标控制价应按照第2条中（1）的规定编制，不应上调或下浮。

（5）当招标控制价超过批准的概算时，招标人应将其报原概算审批部门审核。

（6）招标人应在发布招标文件时公布招标控制价，同时应将招标控制价及有关资料报送工程所在地或有该工程管辖权的行业管理部门工程造价管理机构备查。

招标控制价的作用决定了招标控制价不同于标底，无需保密。为体现招标的公平、公正性，防止招标人有意抬高或压低工程造价，招标人应在招标文件中如实公布招标控制价。

2. 编制与复核

（1）招标控制价应根据下列依据编制与复核：

1）《建设工程工程量清单计价规范》（GB 50500—2013）。

2）国家或省级、行业建设主管部门颁发的计价定额和计价办法。

3）建设工程设计文件及相关资料。

4）拟定的招标文件及招标工程量清单。

5）与建设项目相关的标准、规范、技术资料。

6）施工现场情况、工程特点及常规施工方案。

7）工程造价管理机构发布的工程造价信息，当工程造价信息没有发布时，参照市场价。

8）其他的相关资料。

（2）综合单价中应包括招标文件中划分的应由投标人承担的风险范围及其费用。招标文件中没有明确的，如是工程造价咨询人编制，应提请招标人明确；如是招标人编制，应予明确。

（3）分部分项工程和措施项目中的单价项目，应根据拟定的招标文件和招标工程量清单项目中的特征描述及有关要求确定综合单价计算。

（4）措施项目中的总价项目应根据拟定的招标文件和常规施工方案按1.3.1中"计价方式"的（4）和（5）的规定计价。

（5）其他项目应按下列规定计价：

1）暂列金额应按招标工程量清单中列出的金额填写。

2）暂估价中的材料、工程设备单价应按招标工程量清单中列出的单价计入综合单价。

3）暂估价中的专业工程金额应按招标工程量清单中列出的金额填写。

4）计日工应按招标工程量清单中列出的项目根据工程特点和有关计价依据确定综合单价计算。

5）总承包服务费应根据招标工程量清单列出的内容和要求估算。

（6）规费和税金应按1.3.1中"计价方式"的（6）的规定计算。

3. 投诉与处理

（1）投标人经复核认为招标人公布的招标控制价未按照《建设工程工程量清单计价规范》（GB 50500—2013）的规定进行编制的，应在招标控制价公布后5d内向招标投标监督机构和工程造价管理机构投诉。

（2）投诉人投诉时，应当提交由单位盖章和法定代表人或其委托人签名或盖章的书面投诉书，投诉书应包括下列内容：

1）投诉人与被投诉人的名称、地址及有效联系方式。

2）投诉的招标工程名称、具体事项及理由。

3）投诉依据及相关证明材料。

4）相关的请求及主张。

（3）投诉人不得进行虚假、恶意投诉，阻碍投标活动的正常进行。

（4）工程造价管理机构在接到投诉书后应在2个工作日内进行审查，对有下列情况之一的，不予受理：

1）投诉人不是所投诉招标工程招标文件的收受人。

2）投诉书提交的时间不符合（1）规定的；投诉书不符合（2）条规定的。

3）投诉事项已进入行政复议或行政诉讼程序的。

（5）工程造价管理机构应在不迟于结束审查的次日将是否受理投诉的决定书面通知投诉人、被投诉人以及负责该工程招标投标监督的招标投标管理机构。

（6）工程造价管理机构受理投诉后，应立即对招标控制价进行复查，组织投诉人、被投诉人或其委托的招标控制价编制人等单位人员对投诉问题逐一核对。有关当事人应当予以配合，并应保证所提供资料的真实性。

（7）工程造价管理机构应当在受理投诉的10d内完成复查，特殊情况下可适当延长，并作出书面结论通知投诉人、被投诉人及负责该工程招标投标监督的招标投标管理机构。

（8）当招标控制价复查结论与原公布的招标控制价误差大于±3%时，应当责成招标人改正。

（9）招标人根据招标控制价复查结论需要重新公布招标控制价的，其最终公布的时间至招标文件要求提交投标文件截止时间不足15d的，应相应延长投标文件的截止时间。

1.3.3 投标报价

1. 一般规定

（1）投标价应由投标人或受其委托具有相应资质的工程造价咨询人编制。

（2）投标人应依据《建设工程工程量清单计价规范》（GB 50500—2013）的规定自主确定投标报价。

（3）投标报价不得低于工程成本。

（4）投标人必须按招标工程量清单填报价格。项目编码、项目名称、项目特征、计量单位、工程量必须与招标工程量清单一致。

（5）投标人的投标报价高于招标控制价的应予废标。

2. 编制与复核

（1）投标报价应根据下列依据编制和复核：

1）《建设工程工程量清单计价规范》（GB 50500—2013）。

2）国家或省级、行业建设主管部门颁发的计价办法。

3）企业定额，国家或省级、行业建设主管部门颁发的计价定额和计价办法。

4）招标文件、招标工程量清单及其补充通知、答疑纪要。

5）建设工程设计文件及相关资料。

6）施工现场情况、工程特点及投标时拟定的施工组织设计或施工方案。

7）与建设项目相关的标准、规范等技术资料。

8）市场价格信息或工程造价管理机构发布的工程造价信息。

9）其他的相关资料。

（2）综合单价中应包括招标文件中划分的应由投标人承担的风险范围及其费用，招标文件中没有明确的，应提请招标人明确。

（3）分部分项工程和措施项目中的单价项目，应根据招标文件和招标工程量清单项目中的特征描述确定综合单价计算。

（4）措施项目中的总价项目金额应根据招标文件和投标时拟定的施工组织设计或施工方案按 1.3.1 中"计价方式"的（4）的规定自主确定。其中安全文明施工费应按照 1.3.1 中"计价方式"的（5）的规定确定。

（5）其他项目费应按下列规定报价：

1）暂列金额应按招标工程量清单中列出的金额填写。

2）材料、工程设备暂估价应按招标工程量清单中列出的单价计入综合单价。

3）专业工程暂估价应按招标工程量清单中列出的金额填写。

4）计日工应按招标工程量清单中列出的项目和数量，自主确定综合单价并计算计日工金额。

5）总承包服务费应根据招标工程量清单中列出的内容和提出的要求自主确定。

（6）规费和税金应按 1.3.1 中"计价方式"的（6）的规定确定。

（7）招标工程量清单与计价表中列明的所有需要填写单价和合价的项目，投标人均应填写且只允许有一个报价。未填写单价和合价的项目，可视为此项费用已包含在已标价工程量清单中其他项目的单价和合价之中。当竣工结算时，此项目不得重新组价予以调整。

（8）投标总价应当与分部分项工程费、措施项目费、其他项目费和规费、税金的合计金额一致。

1.3.4 合同价款约定

1. 一般规定

（1）实行招标的工程合同价款应在中标通知书发出之日起 30d 内，由发承包双方依据招标文件和中标人的投标文件在书面合同中约定。

合同约定不得违背招标、投标文件中关于工期、造价、质量等方面的实质性内容。招标文件与中标人投标文件不一致的地方，应以投标文件为准。

（2）不实行招标的工程合同价款，应在发承包双方认可的工程价款基础上，由发承包双方在合同中约定。

（3）实行工程量清单计价的工程，应采用单价合同；建设规模较小，技术难度较低，工期较短，且施工图设计已审查批准的建设工程可采用总价合同；紧急抢险、救灾以及施工技术特别复杂的建设工程可采用成本加酬金合同。

2．约定内容

（1）发承包双方应在合同条款中对下列事项进行约定：

1）预付工程款的数额、支付时间及抵扣方式。

2）安全文明施工措施的支付计划、使用要求等。

3）工程计量与支付工程进度款的方式、数额及时间。

4）工程价款的调整因素、方法、程序、支付及时间。

5）施工索赔与现场签证的程序、金额确认与支付时间。

6）承担计价风险的内容、范围以及超出约定内容、范围的调整办法。

7）工程竣工价款结算编制与核对、支付及时间。

8）工程质量保证金的数额、预留方式及时间。

9）违约责任以及发生合同价款争议的解决方法及时间。

10）与履行合同、支付价款有关的其他事项等。

（2）合同中没有按照上述（1）的要求约定或约定不明的，若发承包双方在合同履行中发生争议由双方协商确定；当协商不能达成一致时，应按《建设工程工程量清单计价规范》（GB 50500—2013）的规定执行。

1.3.5　工程计量

1．工程计量概念

工程计量是指运用一定的划分方法和计算规则进行计算，并以物理计量单位或自然计量单位来表示分部分项工程或项目总体实体数量的工作。工程计量随建设项目所处的阶段及设计深度的不同，其对应的计量单位、计量方法及精确程度也不。

2．工程计量对象的划分

在进行工程估价时，实物工程量的计量单位可根据计量对象来决定。编制投资估算时，计量单位的对象取得较大，可能是单项工程或单位工程，甚至是建设项目，即可能以整个仿古建筑工程项目为一个计量单位，这时得到的工程估价较粗。编制设计概算时，计量单位的对象可以取到单位工程或扩大分部分项工程。编制施工图预算时，则是以分项工程作为计量单位的基本对象，此时工程分解的基本子项数目会远远超过投资估算或设计概算的基本子项数目，得到的工程估价也就较细较准确。计量对象取得越小，说明工程分解结构的层次越多，得到的工程估价也就相对准确。所以根据项目所处的建设阶段的不同，人们对拟建工程资料掌握的程度不同，在估价时会把建设项目划分为不同的计量对象。

（1）按建设项目由大到小的组成来划分，分为建设项目、单项工程、单位工程、分部工程、分项工程。此划分方法是最基本的分部分项工程组合计价的基础。

仿古建筑建设产品种类丰富，但是经过层层分解后，都具有许多共同的特征。仿古建筑一般由台基、屋身、屋顶构成，构件的材料不外乎砖、木、石、钢材、混凝土等。工程做法虽不尽相同，但有统一的常用模式及方法；设备安装也可按专业及设备品种、型号、规格等加以区分。

1）建设项目：建设项目是指在一个总体设计或初步设计范围内进行施工、在行政上具有独立的组织形式、经济上实行独立核算、有法人资格与其他经济实体建立经济往来关系的建设工程实体。建设项目一般是指一个企业或一个事业单位的建设，如××化工厂、××商厦、××大学、×××住宅小区等，如一个公园、一个游乐园、一个动物园等就是一个工程建设项目。建设项目可以由一个或几个工程项目组成。

2）单项工程：单项工程又称工程项目，它是建设项目的组成部分。单项工程都有独立的设计文件，竣工后能够独立发挥生产能力或使用效益，如民用建设项目××大学中的图书馆、理化教学楼等。单项工程是具有独立存在意义的一个完整过程，也是一个极为复杂的综合体，它是由许多单位工程组成的，如一个公园里的码头、水榭、餐厅等。

3）单位工程：单位工程是指具有单独设计，可以独立组织施工，但竣工后不能独立发挥生产能力或使用效益的工程。一个工程项目，按照它的构成，一般都可以把它划分为建筑工程、设备购置及其安装工程，其中建筑工程还可以按照其中各个组成部分的性质、作用划分为若干个单位工程。以一幢住宅楼为例，它可以分解为一般土建工程、室内给水排水工程、室内采暖工程、电气照明工程等单位工程。如餐厅工程中的给水排水工程、照明工程等。

4）分部工程：每一个单位工程仍然是一个较大的组合体，它本身是由许多结构构件、部件或更小的部分所组成。在单位工程中，按部位、材料和工种进一步分解出来的工程，称为分部工程。如土建工程中可划分出土石方工程、地基与防护工程、砌筑工程、门窗及木结构工程等。

5）分项工程：由于每一分部工程中影响工料消耗大小的因素仍然很多，所以为了计算工程造价和工料消耗量的方便，还必须把分部工程按照不同的施工方法、不同的构造、不同的规格等，进一步分解为分项工程。分项工程是指能够单独地经过一定施工工序完成，并且可以采用适当计量单位计算的建筑或安装工程。例如每 10m 暖气管道铺设、每 $10m^3$ 砖基础工程等，都分别为一个分项工程。但一般说来分项工程独立的存在往往是没有实用意义的，它只是建筑或安装工程构成的一种基本部分，是建设工程预算中所取定的最小计算单元，是为了确定工程项目造价而划分出来的假定性产品。

（2）按建设项目的用途划分，分为工业生产项目（化工厂、火电厂、机械制造厂……）、水利项目（坝、闸、水利枢纽……）、民用项目（学校、综合楼、商场、体育馆……）、市政项目（路、桥、广场……）等。在按估价指标法进行投资估算时一般根据这种方法划分。

（3）按施工时的工作性质划分，分为土建工程、给水排水工程、暖通工程、设备安装工程、装饰工程等。

（4）按工程的部位划分，分为路基、基层、面层、隔离护栏等。

（5）按施工方法及工料消耗的不同划分，分为混凝土工程、模板工程、钢筋工程、抹灰工程、拆除工程等。

3. 工程计量的要求

（1）工程量计算除依据《仿古建筑工程工程量计算规范》（GB 50855—2013）各项

规定外，尚应依据以下文件：

1）经审定通过的施工设计图纸及其说明。

2）经审定通过的施工组织设计或施工方案。

3）经审定通过的其他有关技术经济文件。

（2）工程实施过程中的计量应按照以下几点执行：

1）一般规定：

①工程量必须按照相关工程现行国家计量规范规定的工程量计算规则计算。

②工程计量可选择按月或按工程形象进度分段计量，具体计量周期应在合同中约定。

③因承包人原因造成的超出合同工程范围施工或返工的工程量，发包人不予计量。

④成本加酬金合同应按"单价合同的计量"的规定计量。

2）单价合同的计量：

①工程量必须以承包人完成合同工程应予计量的工程量确定。

②施工中进行工程计量，当发现招标工程量清单中出现缺项、工程量偏差，或因工程变更引起工程量增减时，应按承包人在履行合同义务中完成的工程量计算。

③承包人应当按照合同约定的计量周期和时间向发包人提交当期已完工程量报告。发包人应在收到报告后7d内核实，并将核实计量结果通知承包人。发包人未在约定时间内进行核实的，承包人提交的计量报告中所列的工程量应视为承包人实际完成的工程量。

④发包人认为需要进行现场计量核实时，应在计量前24h通知承包人，承包人应为计量提供便利条件并派人参加。当双方均同意核实结果时，双方应在上述记录上签字确认。承包人收到通知后不派人参加计量，视为认可发包人的计量核实结果。发包人不按照约定时间通知承包人，致使承包人未能派人参加计量，计量核实结果无效。

⑤当承包人认为发包人核实后的计量结果有误时，应在收到计量结果通知后的7d内向发包人提出书面意见，并应附上其认为正确的计量结果和详细的计算资料。发包人收到书面意见后，应在7d内对承包人的计量结果进行复核后通知承包人。承包人对复核计量结果仍有异议的，按照合同约定的争议解决办法处理。

⑥承包人完成已标价工程量清单中每个项目的工程量并经发包人核实无误后，发承包双方应对每个项目的历次计量报表进行汇总，以核实最终结算工程量，并应在汇总表上签字确认。

3）总价合同的计量：

①采用工程量清单方式招标形成的总价合同，其工程量应按照"单价合同的计量"的规定计算。

②采用经审定批准的施工图纸及其预算方式发包形成的总价合同，除按照工程变更规定的工程量增减外，总价合同各项目的工程量应为承包人用于结算的最终工程量。

③总价合同约定的项目计量应以合同工程经审定批准的施工图纸为依据，发承包双方应在合同中约定工程计量的形象目标或时间节点进行计量。

④承包人应在合同约定的每个计量周期内对已完成的工程进行计量，并向发包人提交达到工程形象目标完成的工程量和有关计量资料的报告。

⑤发包人应在收到报告后7d内对承包人提交的上述资料进行复核，以确定实际完成的工程量和工程形象目标。对其有异议的，应通知承包人进行共同复核。

（3）有两个或两个以上计量单位的，应结合拟建工程项目的实际情况，确定其中一个为计量单位。同一工程项目的计量单位应一致。

（4）工程计量时每一项目汇总的有效位数应遵守下列规定：

1）以"t"为单位，应保留小数点后三位数字，第四位小数四舍五入。

2）以"m"、"m²"、"m³"、"kg"为单位，应保留小数点后两位数字，第三位小数四舍五入。

3）以"个"、"只"、"块"、"根"、"件"、"对"、"份"、"樘"、"座"、"攒"、"榀"等为单位，应取整数。

（5）各项目仅列出了主要工作内容，除另有规定和说明外，应视为已经包括完成该项目所列或未列的全部工作内容。

（6）仿古建筑工程涉及土石方工程、地基处理与边坡支护工程、桩基工程、钢筋工程、小区道路等工程项目时，按照现行国家标准《房屋建筑与装饰工程工程量计算规范》（GB 50854—2013）的相应项目执行；涉及电气、给水排水、消防等安装工程的项目，按照现行国家标准《通用安装工程工程量计算规范》（GB 50856—2013）的相应项目执行；涉及市政道路、室外给排水等工程的项目，按照现行国家标准《市政工程工程量计算规范》（GB 50857—2013）的相应项目执行；涉及园林绿化工程的项目，按照现行国家标准《园林绿化工程工程量计算规范》（GB 50858—2013）的相应项目执行。采用爆破法施工的石方工程按照现行国家标准《爆破工程工程量计算规范》（GB 50862—2013）的相应项目执行。

4. 与工程计量有关的因素

为了对建设项目进行有效的计量，首先应搞清与工程计量相关的因素。

（1）计量对象的划分

从上述内容可知，工程计量对象有多种划分，不同的划分有不同的计量方法，所以，计量对象的划分是进行工程计量的前提。

（2）计量单位

工程计量时采用的计量单位不同，则计算结果也不同。如墙体工程可以用"m²"也可以用"m³"作计量单位；水泥砂浆找平层可用"m²"，也可用"m³"作计量单位；同样是门窗可用"m"，也可用"m²"，也可以用樘计量单位等，所以计量前必须明确计量单位。

（3）设计深度

由于设计深度的不同，图纸提供的计量尺寸不明确，因而会有不同的计量结果。初步设计阶段只能以总建筑面积或单项工程的建筑面积来反映。技术设计阶段除用建筑面积计量外，还可根据工艺设计反映出设备的类型和需要量等。只有到施工图设计阶段才可准确计算出各种实体工程的工程量，如混凝土基础多少立方米，砖砌体多少立方米，某种路面多少平方米等。

（4）施工方案

在工程计量时，对于图纸尺寸相同的构件，往往会因施工方案的不同而导致实际完成工程量的不同。如图示尺寸相同的基础工程，因采用放坡挖土还是挡板下挖土则会导致挖土工程量的不同；钢筋工程采用绑扎还是焊接，会导致钢筋实际使用长度的不同等。

（5）计价方式

计价时采用综合单价还是子项单价，是全费用单价还是部分费用单价，将会影响工程量的计算方式和结果。

由于工程计量受很多因素的制约，所以，同一工程由不同的人来计算会有不同的结果，这样就会影响造价之间的可比性，从而影响估价结果。因此，为了保证计量工作的统一性、可比性，一般需制定统一的工程量计算规则，让大家按统一的工程量计算规则来执行。

1.3.6 合同价款调整

1. 一般规定

（1）下列事项（但不限于）发生，发承包双方应当按照合同约定调整合同价款：法律法规变化；工程变更；项目特征不符；工程量清单缺项；工程量偏差；计日工；物价变化；暂估价；不可抗力；提前竣工（赶工补偿）；误期赔偿；索赔；现场签证；暂列金额；发承包双方约定的其他调整事项。

（2）出现合同价款调增事项（不含工程量偏差、计日工、现场签证、索赔）后的14d 内，承包人应向发包人提交合同价款调增报告并附上相关资料；承包人在14d 内未提交合同价款调增报告的，应视为承包人对该事项不存在调整价款请求。

（3）出现合同价款调减事项（不含工程量偏差、索赔）后的14d 内，发包人应向承包人提交合同价款调减报告并附相关资料；发包人在14d 内未提交合同价款调减报告的，应视为发包人对该事项不存在调整价款请求。

（4）发（承）包人应在收到承（发）包人合同价款调增（减）报告及相关资料之日起14d 内对其核实，予以确认的应书面通知承（发）包人。当有疑问时，应向承（发）包人提出协商意见。发（承）包人在收到合同价款调增（减）报告之日起14d 内未确认也未提出协商意见的，应视为承（发）包人提交的合同价款调增（减）报告已被发（承）包人认可。发（承）包人提出协商意见的，承（发）包人应在收到协商意见后的14d 内对其核实，予以确认的应书面通知发（承）包人。承（发）包人在收到发（承）包人的协商意见后14d 内既不确认也未提出不同意见的，应视为发（承）包人提出的意见已被承（发）包人认可。

（5）发包人与承包人对合同价款调整的不同意见不能达成一致的，只要对发承包双方履约不产生实质影响，双方应继续履行合同义务，直到其按照合同约定的争议解决方式得到处理。

（6）经发承包双方确认调整的合同价款，作为追加（减）合同价款，应与工程进度款或结算款同期支付。

2. 法律法规变化

（1）招标工程以投标截止日前28d、非招标工程以合同签订前28d 为基准日，其后因国家的法律、法规、规章和政策发生变化引起工程造价增减变化的，发承包双方应按照省级或行业建设主管部门或其授权的工程造价管理机构据此发布的规定调整合同价款。

（2）因承包人原因导致工期延误的，按（1）规定的调整时间，在合同工程原定竣工时间之后，合同价款调增的不予调整，合同价款调减的予以调整。

3. 工程变更

（1）因工程变更引起已标价工程量清单项目或其工程数量发生变化时，应按照下列规定调整：

1）已标价工程量清单中有适用于变更工程项目的，应采用该项目的单价；但当工程变更导致该清单项目的工程数量发生变化，且工程量偏差超过15%时，该项目单价应按照1.3.6中"工程量偏差"的规定调整。

2）已标价工程量清单中没有适用但有类似于变更工程项目的，可在合理范围内参照类似项目的单价。

3）已标价工程量清单中没有适用也没有类似于变更工程项目的，应由承包人根据变更工程资料、计量规则和计价办法、工程造价管理机构发布的信息价格和承包人报价浮动率提出变更工程项目的单价，并应报发包人确认后调整。承包人报价浮动率可按下列公式计算：

招标工程：承包人报价浮动率 $L = （1 - 中标价/招标控制价）×100\%$ （1-1）

非招标工程：承包人报价浮动率 $L = （1 - 报价/施工图预算）×100\%$ （1-2）

4）已标价工程量清单中没有适用也没有类似于变更工程项目，且工程造价管理机构发布的信息价格缺价的，应由承包人根据变更工程资料、计量规则、计价办法和通过市场调查等取得有合法依据的市场价格提出变更工程项目的单价，并应报发包人确认后调整。

（2）工程变更引起施工方案改变并使措施项目发生变化时，承包人提出调整措施项目费的，应事先将拟实施的方案提交发包人确认，并应详细说明与原方案措施项目相比的变化情况。拟实施的方案经发承包双方确认后执行，并应按下列规定调整措施项目费：

1）安全文明施工费应按照实际发生变化的措施项目依据1.3.1中"计价方式"的（5）的规定计算。

2）采用单价计算的措施项目费，应按照实际发生变化的措施项目，按（1）的规定确定单价。

3）按总价（或系数）计算的措施项目费，按照实际发生变化的措施项目调整，但应考虑承包人报价浮动因素，即调整金额按照实际调整金额乘以（1）规定的承包人报价浮动率计算。

如果承包人未事先将拟实施的方案提交给发包人确认，则应视为工程变更不引起措施项目费的调整或承包人放弃调整措施项目费的权利。

（3）当发包人提出的工程变更因非承包人原因删减了合同中的某项原定工作或工程，致使承包人发生的费用或（和）得到的收益不能被包括在其他已支付或应支付的项目中，也未被包含在任何替代的工作或工程中时，承包人有权提出并应得到合理的费用及利润补偿。

4. 项目特征描述不符

（1）发包人在招标工程量清单中对项目特征的描述，应被认为是准确的和全面的，并且与实际施工要求相符合。承包人应按照发包人提供的招标工程量清单，根据项目特征描述的内容及有关要求实施合同工程，直到项目被改变为止。

（2）承包人应按照发包人提供的设计图纸实施合同工程，若在合同履行期间出现设计图纸（含设计变更）与招标工程量清单任一项目的特征描述不符，且该变化引起该项目工程造价增减变化的，应按照实际施工的项目特征，按 1.3.6 中"工程变更"的相关条款的规定重新确定相应工程量清单项目的综合单价，并调整合同价款。

5. 工程量清单缺项

（1）合同履行期间，由于招标工程量清单中缺项，新增分部分项工程清单项目的，应按照 1.3.6 中"工程变更"的（1）的规定确定单价，并调整合同价款。

（2）新增分部分项工程清单项目后，引起措施项目发生变化的，应按照 1.3.6 中"工程变更"的（2）的规定，在承包人提交的实施方案被发包人批准后调整合同价款。

（3）由于招标工程量清单中措施项目缺项，承包人应将新增措施项目实施方案提交发包人批准后，按照 1.3.6 中"工程变更"的（1）、（2）的规定调整合同价款。

6. 工程量偏差

（1）合同履行期间，当应予计算的实际工程量与招标工程量清单出现偏差，且符合（2）、（3）规定时，发承包双方应调整合同价款。

（2）对于任一招标工程量清单项目，当因工程量偏差规定的"工程量偏差"和"工程变更"规定的工程变更等原因导致工程量偏差超过 15% 时，可进行调整。当工程量增加 15% 以上时，增加部分的工程量的综合单价应予调低；当工程量减少 15% 以上时，减少后剩余部分的工程量的综合单价应予调高。

上述调整参考如下公式：

1）当 $Q_1 > 1.15Q_0$ 时：

$$S = 1.15Q_0 \times P_0 + (Q_1 - 1.15Q_0) \times P_1 \qquad (1-3)$$

2）当 $Q_1 < 0.85Q_0$ 时：

$$S = Q_1 \times P_1 \qquad (1-4)$$

式中　S——调整后的某一分部分项工程费结算价；

　　　Q_1——最终完成的工程量；

　　　Q_0——招标工程量清单中列出的工程量；

　　　P_1——按照最终完成工程量重新调整后的综合单价；

　　　P_0——承包人在工程量清单中填报的综合单价。

采用上述两式的关键是确定新的综合单价，即 P_1 的确定方法，一是发承包双方协商确定，二是与招标控制价相联系，当工程量偏差项目出现承包人在工程量清单中填报的综合单价与发包人招标控制价相应清单项目的综合单价偏差超过 15% 时，工程量偏差项目综合单价的调整可参考以下公式：

3）当 $P_0 < P_2 \times (1-L) \times (1-15\%)$ 时，该类项目的综合单价：

$$P_1 \text{ 按照 } P_2 \times (1-L) \times (1-15\%) \text{ 调整} \qquad (1-5)$$

4）当 $P_0 > P_2 \times (1+15\%)$ 时，该类项目的综合单价：

$$P_1 \text{ 按照 } P_2 \times (1+15\%) \text{ 调整} \qquad (1-6)$$

式中　P_0——承包人在工程量清单中填报的综合单价；

　　　P_2——发包人招标控制价相应项目的综合单价；

　　　L——承包人报价浮动率。

【例 1-1】 某工程项目招标控制价的综合单价为 350 元，投标报价的综合单价为 287元，该工程投标报价下浮率为 6%，综合单价是否调整？

【解】

$287 \div 350 = 82\%$，偏差为 18%

按（1-5）式：$350 \times (1-6\%) \times (1-15\%) = 279.65$（元）

由于 287 元大于 279.65 元，该项目变更后的综合单价可不予调整。

【例 1-2】 某工程项目招标控制价的综合单价为 350 元，投标报价的综合单价为 406元，工程变更后的综合单价如何调整？

【解】

$406 \div 350 = 1.16$，偏差为 16%

按（1-6）式：$350 \times (1+15\%) = 402.50$（元）

由于 406 大于 402.50，该项目变更后的综合单价应调整为 402.50 元。

5）当 $P_0 > P_2 \times (1-L) \times (1-15\%)$ 或 $P_0 < P_2 \times (1+15\%)$ 时，可不调整。

【例 1-3】 某工程项目招标工程量清单数量为 1520m³，施工中由于设计变更调增为1824m³，增加 20%，该项目招标控制价综合单价 350 元，投标报价为 406 元，应如何调整？

【解】

见【例 1-2】中，综合单价 P_1 应调整为 402.50 元。

用公式（1-3），$S = 1.15 \times 1520 \times 406 + (1824 - 1.15 \times 1500) \times 402.50$
$$= 709608 + 76 \times 402.50$$
$$= 740198（元）$$

【例 1-4】 某一工程项目招标工程量清单数量为 1520m³，施工中由于设计变更调减为1216m³，减少 20%，该项目招标控制价为 350 元，投标报价为 287 元，应如何调整？

【解】

见【例 1-1】中综合单价 P_1 可不调整。

用公式（1-4），$S = 1216 \times 287 = 348992$（元）

（3）当工程量出现（2）的变化，且该变化引起相关措施项目相应发生变化时，按系数或单一总价方式计价的，工程量增加的措施项目费调增，工程量减少的措施项目费调减。

7. 计日工

（1）发包人通知承包人以计日工方式实施的零星工作，承包人应予执行。

（2）采用计日工计价的任何一项变更工作，在该项变更的实施过程中，承包人应按合同约定提交下列报表和有关凭证送发包人复核：

1）工作名称、内容和数量。

2）投入该工作所有人员的姓名、工种、级别和耗用工时。

3）投入该工作的材料名称、类别和数量。

4）投入该工作的施工设备型号、台数和耗用台时。

5）发包人要求提交的其他资料和凭证。

（3）任一计日工项目持续进行时，承包人应在该项工作实施结束后的 24h 内向发包人提交有计日工记录汇总的现场签证报告一式三份。发包人在收到承包人提交现场签证报告后的 2d 内予以确认并将其中一份返还给承包人，作为计日工计价和支付的依据。发包人逾期未确认也未提出修改意见的，应视为承包人提交的现场签证报告已被发包人认可。

（4）任一计日工项目实施结束后，承包人应按照确认的计日工现场签证报告核实该类项目的工程数量，并应根据核实的工程数量和承包人已标价工程量清单中的计日工单价计算，提出应付价款；已标价工程量清单中没有该类计日工单价的，由发承包双方按 1.3.6 中"工程变更"的规定商定计日工单价计算。

（5）每个支付期末，承包人应按照"进度款"的规定向发包人提交本期间所有计日工记录的签证汇总表，并应说明本期间自己认为有权得到的计日工金额，调整合同价款，列入进度款支付。

8. 物价变化

（1）合同履行期间，因人工、材料、工程设备、机械台班价格波动影响合同价款时，应根据合同约定，按物价变化合同价款调整方法调整合同价款。物价变化合同价款调整方法主要有以下两种：

1）价格指数调整价格差额。

①价格调整公式。因人工、材料和工程设备、施工机械台班等价格波动影响合同价格时，根据招标人提供的"承包人提供主要材料和工程设备一览表（适用于价格指数差额调整法）（见附录 A 中的表-22）"，并由投标人在投标函附录中的价格指数和权重表约定的数据，应按下式计算差额并调整合同价款：

$$\Delta P = P_0 \left[A + \left(B_1 \times \frac{F_{t1}}{F_{01}} + B_2 \times \frac{F_{t2}}{F_{02}} + B_3 \times \frac{F_{t3}}{F_{03}} + \cdots + B_n \times \frac{F_{tn}}{F_{0n}} \right) - 1 \right] \quad (1\text{-}7)$$

式中　　　　　　　　ΔP——需调整的价格差额；

P_0——约定的付款证书中承包人应得到的已完成工程量的金额。此项金额应不包括价格调整、不计质量保证金的扣留和支付、预付款的支付和扣回。约定的变更及其他金额已按现行价格计价的，也不计在内；

A——定值权重（即不调部分的权重）；

B_1、B_2、B_3、…、B_n——各可调因子的变值权重（即可调部分的权重），为各可调因子在投标函投标总报价中所占的比例；

F_{t1}、F_{t2}、F_{t3}、…、F_{tn}——各可调因子的现行价格指数，指约定的付款证书相关周期最后一天的前 42d 的各可调因子的价格指数；

F_{01}、F_{02}、F_{03}、…、F_{0n}——各可调因子的基本价格指数，指基准日期的各可调因子的价格指数。

以上价格调整公式中的各可调因子、定值和变值权重，以及基本价格指数及其来源在投标函附录价格指数和权重表中约定。价格指数应首先采用工程造价管理机构提供的价格指数，缺乏上述价格指数时，可采用工程造价管理机构提供的价格代替。

②暂时确定调整差额。在计算调整差额时得不到现行价格指数的，可暂用上一次价格指数计算，并在以后的付款中再按实际价格指数进行调整。

③权重的调整。约定的变更导致原定合同中的权重不合理时，由承包人和发包人协商后进行调整。

④承包人工期延误后的价格调整。由于承包人原因未在约定的工期内竣工的，对原约定竣工日期后继续施工的工程，在使用第①条的价格调整公式时，应采用原约定竣工日期与实际竣工日期的两个价格指数中较低的一个作为现行价格指数。

⑤若可调因子包括了人工在内，则不适用"工程造价比较分析"的规定。

【例1-5】某工程约定采用价格指数法调整合同价款，具体约定见表1-10中的数据，本期完成合同价款为1584629.37元，其中，已按现行价格计算的计日工价款5600元，发承包双方确认应增加的索赔金额2135.87元，请计算应调整的合同价款差额。

承包人提供材料和工程设备一览表　　　　　　　　　　表1-10
（适用于价格指数调整法）

工程名称：某工程　　　　　　　　标段：　　　　　　　　第1页共1页

序　号	名称、规格、型号	变值权重 B	基本价格指数 F_0	现行价格指数 F_t	备　注
1	人工费	0.18	110%	120%	
2	钢　材	0.11	4000 元/t	4320 元/t	
3	预拌混凝土 C30	0.16	340 元/m³	357 元/m³	
4	页岩砖	0.05	300 元/千匹	318 元/千匹	
5	机械费	0.08	100%	100%	
	定值权重 A	0.42	—	—	
	合　计	1	—	—	

【解】

（1）本期完成合同价款应扣除已按现行价格计算的计日工价款和确认的索赔金额。

1584629.37 − 5600 − 2135.87 = 1576893.50（元）

（2）用公式（1-7）计算：

$$\Delta P = 1576893.50 \times \left[0.42 + \left(0.18 \times \frac{121}{110} + 0.11 \times \frac{4320}{4000} + 0.16 \times \frac{353}{340} + 0.05 \times \frac{317}{300} + 0.08 \times \frac{100}{100} \right) - 1 \right]$$

$$= 1576893.50 \times \left[0.42 + \left(0.18 \times 1.1 + 0.11 \times 1.08 + 0.16 \times 1.05 + 0.05 \times 1.06 + 0.08 \times 1 \right) - 1 \right]$$

$$= 1576893.50 \times \left[0.42 + \left(0.198 + 0.1188 + 0.168 + 0.053 + 0.08 \right) - 1 \right]$$

$$= 1576893.50 \times 0.0378$$

$$= 59606.57（元）$$

本期应增加合同价款59606.57元。

假如此例中人工费单独按照1.3.1中"计价风险"的2）的规定进行调整，则应扣除人工费所占变值权重，将其列入定值权重。用公式（1-7）：

$$\Delta P = 1576893.50 \times \left[0.6 + \left(0.11 \times \frac{4320}{4000} + 0.16 \times \frac{353}{340} + 0.05 \times \frac{317}{300} + 0.08 \times \frac{100}{100} \right) - 1 \right]$$

$$= 1576893.50 \times \left[0.6 + (0.1188 + 0.168 + 0.053 + 0.08) - 1 \right]$$

$$= 1576893.50 \times 0.0198$$

$$= 31222.49 (元)$$

本期应增加合同价款 31222.49 元。

2）造价信息调整价格差额。

①施工期内，因人工、材料和工程设备、施工机械台班价格波动影响合同价格时，人工、机械使用费按照国家或省、自治区、直辖市建设行政管理部门、行业建设管理部门或其授权的工程造价管理机构发布的人工成本信息、机械台班单价或机械使用费系数进行调整；需要进行价格调整的材料，其单价和采购数应由发包人复核，发包人确认需调整的材料单价及数量，作为调整合同价款差额的依据。

②人工单价发生变化且符合 1.3.1 中"计价风险"的 2）的规定的条件时，发承包双方应按省级或行业建设主管部门或其授权的工程造价管理机构发布的人工成本文件调整合同价款。

【例 1-6】某工程在施工期间，省工程造价管理机构发布了人工费调整 10% 的文件，该工程本期完成合同价款 1576893.50 元，其中人工费 283840.83 元，与定额人工费持平，本期人工费应否调增，调增多少？

【解】

283840.83 × 10% = 28384.08（元）

3）材料、工程设备价格变化按照发包人提供的《承包人提供主要材料和工程设备一览表（适用于造价信息差额调整法)》（见表附录 A 中表-21），由发承包双方约定的风险范围按下列规定调整合同价款：

①承包人投标报价中材料单价低于基准单价：施工期间材料单价涨幅以基准单价为基础超过合同约定的风险幅度值，或材料单价跌幅以投标报价为基础超过合同约定的风险幅度值时，其超过部分按实调整。

②承包人投标报价中材料单价高于基准单价：施工期间材料单价跌幅以基准单价为基础超过合同约定的风险幅度值，或材料单价涨幅以投标报价为基础超过合同约定的风险幅度值时，其超过部分按实调整。

③承包人投标报价中材料单价等于基准单价：施工期间材料单价涨、跌幅以基准单价为基础超过合同约定的风险幅度值时，其超过部分按实调整。

④承包人应在采购材料前将采购数量和新的材料单价报送发包人核对，确认用于本合同工程时，发包人应确认采购材料的数量和单价。发包人在收到承包人报送的确认资料后 3 个工作日不予答复的视为已经认可，作为调整合同价款的依据。如果承包人未报经发包人核对即自行采购材料，再报发包人确认调整合同价款的，如发包人不同意，则不作调整。

【例 1-7】某中学教学楼工程采用预拌混凝土由承包人提供，所需品种见表 1-11，在施工期间，在采购预拌混凝土时，其单价分别为 C20：327 元/m³，C25：335 元/m³；C30：345 元/m³，合同约定的材料单价如何调整？

（适用造价信息差额调整法）

工程名称：某中学教学楼工程   标段：   第 1 页共 1 页

序号	名称、规格、型号	单位	数量	风险系数(%)	基准单价(元)	投标单价(元)	发承包人确认单价(元)	备注
1	预拌混凝土 C20	m^3	25	≤5	310	308	309.50	
2	预拌混凝土 C25	m^3	560	≤5	323	325	325	—
3	预拌混凝土 C30	m^3	3120	≤5	340	340	340	

【解】

（1）C20：$327 \div 310 - 1 = 5.45\%$

投标单价低于基准价，按基准价算，已超过约定的风险系数，应予调整：

$308 + 310 \times 0.45\% = 308 + 1.495 = 309.50$（元）

（2）C25：$335 \div 325 - 1 = 3.08\%$

投标单价高于基准价，按报价算，未超过约定的风险系数，不予调整。

（3）C30：$345 \div 340 - 1 = 1.39\%$

投标价等于基准价，以基准价算，未超过约定的风险系数，不予调整。

⑤施工机械台班单价或施工机械使用费发生变化超过省级或行业建设主管部门或其授权的工程造价管理机构规定的范围时，按其规定调整合同价款。

（2）承包人采购材料和工程设备的，应在合同中约定主要材料、工程设备价格变化的范围或幅度；当没有约定，且材料、工程设备单价变化超过5%时，超过部分的价格应按照以上两种物价变化合同价款调整方法计算调整材料、工程设备费。

（3）发生合同工程工期延误的，应按照下列规定确定合同履行期的价格调整：

1）因非承包人原因导致工期延误的，计划进度日期后续工程的价格，应采用计划进度日期与实际进度日期两者的较高者。

2）因承包人原因导致工期延误的，计划进度日期后续工程的价格，应采用计划进度日期与实际进度日期两者的较低者。

（4）发包人供应材料和工程设备的，不适用（1）、（2）规定，应由发包人按照实际变化调整，列入合同工程的工程造价内。

9. 暂估价

（1）发包人在招标工程量清单中给定暂估价的材料、工程设备属于依法必须招标的，应由发承包双方以招标的方式选择供应商，确定价格，并应以此为依据取代暂估价，调整合同价款。

（2）发包人在招标工程量清单中给定暂估价的材料、工程设备不属于依法必须招标的，应由承包人按照合同约定采购，经发包人确认单价后取代暂估价，调整合同价款。

（3）发包人在工程量清单中给定暂估价的专业工程不属于依法必须招标的，应按照1.3.6中"工程变更"相应条款的规定确定专业工程价款，并应以此为依据取代专业工程暂估价，调整合同价款。

（4）发包人在招标工程量清单中给定暂估价的专业工程，依法必须招标的，应当由发承包双方依法组织招标选择专业分包人，并接受有管辖权的建设工程招标投标管理机构的监督，还应符合下列要求：

1）除合同另有约定外，承包人不参加投标的专业工程发包招标，应由承包人作为招标人，但拟定的招标文件、评标工作、评标结果应报送发包人批准。与组织招标工作有关的费用应当被认为已经包括在承包人的签约合同价（投标总报价）中。

2）承包人参加投标的专业工程发包招标，应由发包人作为招标人，与组织招标工作有关的费用由发包人承担。同等条件下，应优先选择承包人中标。

3）应以专业工程发包中标价为依据取代专业工程暂估价，调整合同价款。

10. 不可抗力

因不可抗力事件导致的人员伤亡、财产损失及其费用增加，发承包双方应按下列原则分别承担并调整合同价款和工期：

（1）合同工程本身的损害、因工程损害导致第三方人员伤亡和财产损失以及运至施工场地用于施工的材料和待安装的设备的损害，应由发包人承担。

（2）发包人、承包人人员伤亡应由其所在单位负责，并应承担相应费用。

（3）承包人的施工机械设备损坏及停工损失，应由承包人承担。

（4）停工期间，承包人应发包人要求留在施工场地的必要的管理人员及保卫人员的费用应由发包人承担。

（5）工程所需清理、修复费用，应由发包人承担。

11. 提前竣工（赶工补偿）

（1）招标人应依据相关工程的工期定额合理计算工期，压缩的工期天数不得超过定额工期的20%，超过者，应在招标文件中明示增加赶工费用。

（2）发包人要求合同工程提前竣工的，应征得承包人同意后与承包人商定采取加快工程进度的措施，并应修订合同工程进度计划。发包人应承担承包人由此增加的提前竣工（赶工补偿）费用。

（3）发承包双方应在合同中约定提前竣工每日历天应补偿额度，此项费用应作为增加合同价款列入竣工结算文件中，应与结算款一并支付。

12. 误期赔偿

（1）承包人未按照合同约定施工，导致实际进度迟于计划进度的，承包人应加快进度，实现合同工期。

合同工程发生误期，承包人应赔偿发包人由此造成的损失，并应按照合同约定向发包人支付误期赔偿费。即使承包人支付误期赔偿费，也不能免除承包人按照合同约定应承担的任何责任和应履行的任何义务。

（2）发承包双方应在合同中约定误期赔偿费，并应明确每日历天应赔额度。误期赔偿费应列入竣工结算文件中，并应在结算款中扣除。

（3）在工程竣工之前，合同工程内的某单项（位）工程已通过了竣工验收，且该单项（位）工程接收证书中表明的竣工日期并未延误，而是合同工程的其他部分产生了工期延误时，误期赔偿费应按照已颁发工程接收证书的单项（位）工程造价占合同价款的比例幅度予以扣减。

13. 索赔

（1）当合同一方向另一方提出索赔时，应有正当的索赔理由和有效证据，并应符合合同的相关约定。

（2）根据合同约定，承包人认为非承包人原因发生的事件造成了承包人的损失，应按下列程序向发包人提出索赔：

1）承包人应在知道或应当知道索赔事件发生后 28d 内，向发包人提交索赔意向通知书，说明发生索赔事件的事由。承包人逾期未发出索赔意向通知书的，丧失索赔的权利。

2）承包人应在发出索赔意向通知书后 28d 内，向发包人正式提交索赔通知书。索赔通知书应详细说明索赔理由和要求，并应附必要的记录和证明材料。

3）索赔事件具有连续影响的，承包人应继续提交延续索赔通知，说明连续影响的实际情况和记录。

4）在索赔事件影响结束后的 28d 内，承包人应向发包人提交最终索赔通知书，说明最终索赔要求，并应附必要的记录和证明材料。

（3）承包人索赔应按下列程序处理：

1）发包人收到承包人的索赔通知书后，应及时查验承包人的记录和证明材料。

2）发包人应在收到索赔通知书或有关索赔的进一步证明材料后的 28d 内，将索赔处理结果答复承包人，如果发包人逾期未作出答复，视为承包人索赔要求已被发包人认可。

3）承包人接受索赔处理结果的，索赔款项应作为增加合同价款，在当期进度款中进行支付；承包人不接受索赔处理结果的，应按合同约定的争议解决方式办理。

（4）承包人要求赔偿时，可以选择下列一项或几项方式获得赔偿：

1）延长工期。

2）要求发包人支付实际发生的额外费用。

3）要求发包人支付合理的预期利润。

4）要求发包人按合同的约定支付违约金。

（5）当承包人的费用索赔与工期索赔要求相关联时，发包人在作出费用索赔的批准决定时，应结合工程延期，综合作出费用赔偿和工程延期的决定。

（6）发承包双方在按合同约定办理了竣工结算后，应被认为承包人已无权再提出竣工结算前所发生的任何索赔。承包人在提交的最终结清申请中，只限于提出竣工结算后的索赔，提出索赔的期限应自发承包双方最终结清时终止。

（7）根据合同约定，发包人认为由于承包人的原因造成发包人的损失，宜按承包人索赔的程序进行索赔。

（8）发包人要求赔偿时，可以选择下列一项或几项方式获得赔偿：

1）延长质量缺陷修复期限。

2）要求承包人支付实际发生的额外费用。

3）要求承包人按合同的约定支付违约金。

（9）承包人应付给发包人的索赔金额可从拟支付给承包人的合同价款中扣除，或由承包人以其他方式支付给发包人。

14. 现场签证

（1）承包人应发包人要求完成合同以外的零星项目、非承包人责任事件等工作的，发包人应及时以书面形式向承包人发出指令，并应提供所需的相关资料；承包人在收到指令后，应及时向发包人提出现场签证要求。

（2）承包人应在收到发包人指令后的 7d 内向发包人提交现场签证报告，发包人应在收到现场签证报告后的 48h 内对报告内容进行核实，予以确认或提出修改意见。发包人在收到承包人现场签证报告后的 48h 内未确认也未提出修改意见的，应视为承包人提交的现场签证报告已被发包人认可。

（3）现场签证的工作如已有相应的计日工单价，现场签证中应列明完成该类项目所需的人工、材料、工程设备和施工机械台班的数量。

如现场签证的工作没有相应的计日工单价，应在现场签证报告中列明完成该签证工作所需的人工、材料设备和施工机械台班的数量及单价。

（4）合同工程发生现场签证事项，未经发包人签证确认，承包人便擅自施工的，除非征得发包人书面同意，否则发生的费用应由承包人承担。

（5）现场签证工作完成后的 7d 内，承包人应按照现场签证内容计算价款，报送发包人确认后，作为增加合同价款，与进度款同期支付。

（6）在施工过程中，当发现合同工程内容因场地条件、地质水文、发包人要求等不一致时，承包人应提供所需的相关资料，并提交发包人签证认可，作为合同价款调整的依据。

15. 暂列金额

1）已签约合同价中的暂列金额应由发包人掌握使用。

2）发包人按照 1～14 的规定支付后，暂列金额余额应归发包人所有。

1.3.7 合同价款期中支付

1. 预付款

（1）承包人应将预付款专用于合同工程。

（2）包工包料工程的预付款的支付比例不得低于签约合同价（扣除暂列金额）的 10%，不宜高于签约合同价（扣除暂列金额）的 30%。

（3）承包人应在签订合同或向发包人提供与预付款等额的预付款保函后向发包人提交预付款支付申请。

（4）发包人应在收到支付申请的 7d 内进行核实，向承包人发出预付款支付证书，并在签发支付证书后的 7d 内向承包人支付预付款。

（5）发包人没有按合同约定按时支付预付款的，承包人可催告发包人支付；发包人在预付款期满后的 7d 内仍未支付的，承包人可在付款期满后的第 8d 起暂停施工。发包人应承担由此增加的费用和延误的工期，并应向承包人支付合理利润。

（6）预付款应从每一个支付期应支付给承包人的工程进度款中扣回，直到扣回的金额达到合同约定的预付款金额为止。

（7）承包人的预付款保函的担保金额根据预付款扣回的数额相应递减，但在预付款全部扣回之前一直保持有效。发包人应在预付款扣完后的 14d 内将预付款保函退还给承包人。

2. 安全文明施工费

（1）安全文明施工费包括的内容和使用范围，应符合国家有关文件和计量规范的规定。

（2）发包人应在工程开工后的 28d 内预付不低于当年施工进度计划的安全文明施工费总额的 60%，其余部分应按照提前安排的原则进行分解，并应与进度款同期支付。

（3）发包人没有按时支付安全文明施工费的，承包人可催告发包人支付；发包人在付款期满后的 7d 内仍未支付的，若发生安全事故，发包人应承担相应责任。

（4）承包人对安全文明施工费应专款专用，在财务账目中应单独列项备查，不得挪作他用，否则发包人有权要求其限期改正；逾期未改正的，造成的损失和延误的工期应由承包人承担。

3. 进度款

（1）发承包双方应按照合同约定的时间、程序和方法，根据工程计量结果，办理期中价款结算，支付进度款。

（2）进度款支付周期应与合同约定的工程计量周期一致。

（3）已标价工程量清单中的单价项目，承包人应按工程计量确认的工程量与综合单价计算；综合单价发生调整的，以发承包双方确认调整的综合单价计算进度款。

（4）已标价工程量清单中的总价项目和按照 1.3.5 中"工程计量的要求"中"总价合同的计量"的第②条的规定形成的总价合同，承包人应按合同中约定的进度款支付分解，分别列入进度款支付申请中的安全文明施工费和本周期应支付的总价项目的金额中。

（5）发包人提供的甲供材料金额，应按照发包人签约提供的单价和数量从进度款支付中扣除，列入本周期应扣减的金额中。

（6）承包人现场签证和得到发包人确认的索赔金额应列入本周期应增加的金额中。

（7）进度款的支付比例按照合同约定，按期中结算价款总额计，不低于 60%，不高于 90%。

（8）承包人应在每个计量周期到期后的 7d 内向发包人提交已完工程进度款支付申请一式四份，详细说明此周期认为有权得到的款额，包括分包人已完工程的价款。支付申请应包括下列内容：

1）累计已完成的合同价款。

2）累计已实际支付的合同价款。

3）本周期合计完成的合同价款。

①本周期已完成单价项目的金额。

②本周期应支付的总价项目的金额。

③本周期已完成的计日工价款。

④本周期应支付的安全文明施工费。

⑤本周期应增加的金额。

4）本周期合计应扣减的金额。

①本周期应扣回的预付款。

②本周期应扣减的金额。

5）本周期实际应支付的合同价款。

（9）发包人应在收到承包人进度款支付申请后的 14d 内，根据计量结果和合同约定对申请内容予以核实，确认后向承包人出具进度款支付证书。若发承包双方对部分清单项目的计量结果出现争议，发包人应对无争议部分的工程计量结果向承包人出具进度款支付证书。

（10）发包人应在签发进度款支付证书后的 14d 内，按照支付证书列明的金额向承包人支付进度款。

（11）若发包人逾期未签发进度款支付证书，则视为承包人提交的进度款支付申请已被发包人认可，承包人可向发包人发出催告付款的通知。发包人应在收到通知后的 14d 内，按照承包人支付申请的金额向承包人支付进度款。

（12）发包人未按照（9）~（11）的规定支付进度款的，承包人可催告发包人支付，并有权获得延迟支付的利息；发包人在付款期满后的 7d 内仍未支付的，承包人可在付款期满后的第 8d 起暂停施工。发包人应承担由此增加的费用和延误的工期，向承包人支付合理利润，并应承担违约责任。

（13）发现已签发的任何支付证书有错、漏或重复的数额，发包人有权予以修正，承包人也有权提出修正申请。经发承包双方复核同意修正的，应在本次到期的进度款中支付或扣除。

1.3.8　竣工结算与支付

1. 一般规定

（1）工程完工后，发承包双方必须在合同约定时间内办理工程竣工结算。

（2）工程竣工结算应由承包人或受其委托具有相应资质的工程造价咨询人编制，并应由发包人或受其委托具有相应资质的工程造价咨询人核对。

（3）当发承包双方或一方对工程造价咨询人出具的竣工结算文件有异议时，可向工程造价管理机构投诉，申请对其进行执业质量鉴定。

（4）工程造价管理机构对投诉的竣工结算文件进行质量鉴定，宜按"工程造价鉴定"的相关规定进行。

（5）竣工结算办理完毕，发包人应将竣工结算文件报送工程所在地或有该工程管辖权的行业管理部门的工程造价管理机构备案，竣工结算文件应作为工程竣工验收备案、交付使用的必备文件。

2. 编制与复核

（1）工程竣工结算应根据下列依据编制和复核：

1）《建设工程工程量清单计价规范》（GB 50500—2013）。

2）工程合同。

3）发承包双方实施过程中已确认的工程量及其结算的合同价款。

4）发承包双方实施过程中已确认调整后追加（减）的合同价款。

5）建设工程设计文件及相关资料。

6）投标文件。

7）其他依据。

（2）分部分项工程和措施项目中的单价项目应依据发承包双方确认的工程量与已标

价工程量清单的综合单价计算；发生调整的，应以发承包双方确认调整的综合单价计算。

（3）措施项目中的总价项目应依据已标价工程量清单的项目和金额计算；发生调整的，应以发承包双方确认调整的金额计算，其中安全文明施工费应按 1.3.1 中"计价方式"的（5）的规定计算。

（4）其他项目应按下列规定计价：

1）计日工应按发包人实际签证确认的事项计算。

2）暂估价应按 1.3.6 中"暂估价"的规定计算。

3）总承包服务费应依据已标价工程量清单金额计算；发生调整的，应以发承包双方确认调整的金额计算。

4）索赔费用应依据发承包双方确认的索赔事项和金额计算。

5）现场签证费用应依据发承包双方签证资料确认的金额计算。

6）暂列金额应减去合同价款调整（包括索赔、现场签证）金额计算，如有余额归发包人。

（5）规费和税金应按 1.3.1 中"计价方式"的（6）的规定计算。规费中的工程排污费应按工程所在地环境保护部门规定的标准缴纳后按实列入。

（6）发承包双方在合同工程实施过程中已经确认的工程计量结果和合同价款，在竣工结算办理中应直接进入结算。

3. 竣工结算

（1）合同工程完工后，承包人应在经发承包双方确认的合同工程期中价款结算的基础上汇总编制完成竣工结算文件，应在提交竣工验收申请的同时向发包人提交竣工结算文件。

承包人未在合同约定的时间内提交竣工结算文件，经发包人催告后 14d 内仍未提交或没有明确答复的，发包人有权根据已有资料编制竣工结算文件，作为办理竣工结算和支付结算款的依据，承包人应予以认可。

（2）发包人应在收到承包人提交的竣工结算文件后的 28d 内核对。发包人经核实，认为承包人还应进一步补充资料和修改结算文件，应在上述时限内向承包人提出核实意见，承包人在收到核实意见后的 28d 内应按照发包人提出的合理要求补充资料，修改竣工结算文件，并应再次提交给发包人复核后批准。

（3）发包人应在收到承包人再次提交的竣工结算文件后的 28d 内予以复核，将复核结果通知承包人，并应遵守下列规定：

1）发包人、承包人对复核结果无异议的，应在 7d 内在竣工结算文件上签字确认，竣工结算办理完毕。

2）发包人或承包人对复核结果认为有误的，无异议部分按照 1）规定办理不完全竣工结算；有异议部分由发承包双方协商解决；协商不成的，应按照合同约定的争议解决方式处理。

（4）发包人在收到承包人竣工结算文件后的 28d 内，不核对竣工结算或未提出核对意见的，应视为承包人提交的竣工结算文件已被发包人认可，竣工结算办理完毕。

（5）承包人在收到发包人提出的核实意见后的 28d 内，不确认也未提出异议的，应视为发包人提出的核实意见已被承包人认可，竣工结算办理完毕。

（6）发包人委托工程造价咨询人核对竣工结算的，工程造价咨询人应在 28d 内核对完毕，核对结论与承包人竣工结算文件不一致的，应提交给承包人复核；承包人应在 14d 内将同意核对结论或不同意见的说明提交工程造价咨询人。工程造价咨询人收到承包人提出的异议后，应再次复核，复核无异议的，应按（3）条1）的规定办理，复核后仍有异议的，按（3）条2）的规定办理。

承包人逾期未提出书面异议的，应视为工程造价咨询人核对的竣工结算文件已经承包人认可。

（7）对发包人或发包人委托的工程造价咨询人指派的专业人员与承包人指派的专业人员经核对后无异议并签名确认的竣工结算文件，除非发承包人能提出具体、详细的不同意见，发承包人都应在竣工结算文件上签名确认，如其中一方拒不签认的，按下列规定办理：

1）若发包人拒不签认的，承包人可不提供竣工验收备案资料，并有权拒绝与发包人或其上级部门委托的工程造价咨询人重新核对竣工结算文件。

2）若承包人拒不签认的，发包人要求办理竣工验收备案的，承包人不得拒绝提供竣工验收资料，否则，由此造成的损失，承包人承担相应责任。

（8）合同工程竣工结算核对完成，发承包双方签字确认后，发包人不得要求承包人与另一个或多个工程造价咨询人重复核对竣工结算。

（9）发包人对工程质量有异议，拒绝办理工程竣工结算的，已竣工验收或已竣工未验收但实际投入使用的工程，其质量争议应按该工程保修合同执行，竣工结算应按合同约定办理；已竣工未验收且未实际投入使用的工程以及停工、停建工程的质量争议，双方应就有争议的部分委托有资质的检测鉴定机构进行检测，并应根据检测结果确定解决方案，或按工程质量监督机构的处理决定执行后办理竣工结算，无争议部分的竣工结算应按合同约定办理。

4. 结算款支付

（1）承包人应根据办理的竣工结算文件向发包人提交竣工结算款支付申请。申请包括下列内容：

1）竣工结算合同价款总额。

2）累计已实际支付的合同价款。

3）应预留的质量保证金。

4）实际应支付的竣工结算款金额。

（2）发包人应在收到承包人提交竣工结算款支付申请后 7d 内予以核实，向承包人签发竣工结算支付证书。

（3）发包人签发竣工结算支付证书后的 14d 内，应按照竣工结算支付证书列明的金额向承包人支付结算款。

（4）发包人在收到承包人提交的竣工结算款支付申请后 7d 内不予核实，不向承包人签发竣工结算支付证书的，视为承包人的竣工结算款支付申请已被发包人认可；发包人应在收到承包人提交的竣工结算款支付申请 7d 后的 14d 内，按照承包人提交的竣工结算款支付申请列明的金额向承包人支付结算款。

（5）发包人未按照（3）、（4）规定支付竣工结算款的，承包人可催告发包人支付，并有权获得延迟支付的利息。发包人在竣工结算支付证书签发后或者在收到承包人提交的竣工结算款支付申请7d后的56d内仍未支付的，除法律另有规定外，承包人可与发包人协商将该工程折价，也可直接向人民法院申请将该工程依法拍卖。承包人应就该工程折价或拍卖的价款优先受偿。

5. 质量保证金

（1）发包人应按照合同约定的质量保证金比例从结算款中预留质量保证金。

（2）承包人未按照合同约定履行属于自身责任的工程缺陷修复义务的，发包人有权从质量保证金中扣除用于缺陷修复的各项支出。经查验，工程缺陷属于发包人原因造成的，应由发包人承担查验和缺陷修复的费用。

（3）在合同约定的缺陷责任期终止后，发包人应按照1.3.8中"最终结清"的规定，将剩余的质量保证金返还给承包人。

6. 最终结清

（1）缺陷责任期终止后，承包人应按照合同约定向发包人提交最终结清支付申请。发包人对最终结清支付申请有异议的，有权要求承包人进行修正和提供补充资料。承包人修正后，应再次向发包人提交修正后的最终结清支付申请。

（2）发包人应在收到最终结清支付申请后的14d内予以核实，并应向承包人签发最终结清支付证书。

（3）发包人应在签发最终结清支付证书后的14d内，按照最终结清支付证书列明的金额向承包人支付最终结清款。

（4）发包人未在约定的时间内核实，又未提出具体意见的，应视为承包人提交的最终结清支付申请已被发包人认可。

（5）发包人未按期最终结清支付的，承包人可催告发包人支付，并有权获得延迟支付的利息。

（6）最终结清时，承包人被预留的质量保证金不足以抵减发包人工程缺陷修复费用的，承包人应承担不足部分的补偿责任。

（7）承包人对发包人支付的最终结清款有异议的，应按照合同约定的争议解决方式处理。

1.3.9 合同解除的价款结算与支付

（1）发承包双方协商一致解除合同的，应按照达成的协议办理结算和支付合同价款。

（2）由于不可抗力致使合同无法履行解除合同的，发包人应向承包人支付合同解除之日前已完成工程但尚未支付的合同价款，此外，还应支付下列金额：

1）1.3.6中"提前竣工（赶工补偿）"规定的由发包人承担的费用。

2）已实施或部分实施的措施项目应付价款。

3）承包人为合同工程合理订购且已交付的材料和工程设备货款。

4）承包人撤离现场所需的合理费用，包括员工遣送费和临时工程拆除、施工设备运离现场的费用。

5）承包人为完成合同工程而预期开支的任何合理费用，且该项费用未包括在本款其他各项支付之内。

发承包双方办理结算合同价款时，应扣除合同解除之日前发包人应向承包人收回的价款。当发包人应扣除的金额超过了应支付的金额，承包人应在合同解除后的56d内将其差额退还给发包人。

（3）因承包人违约解除合同的，发包人应暂停向承包人支付任何价款。发包人应在合同解除后28d内核实合同解除时承包人已完成的全部合同价款以及按施工进度计划已运至现场的材料和工程设备货款，按合同约定核算承包人应支付的违约金以及造成损失的索赔金额，并将结果通知承包人。发承包双方应在28d内予以确认或提出意见，并应办理结算合同价款。如果发包人应扣除的金额超过了应支付的金额，承包人应在合同解除后的56d内将其差额退还给发包人。发承包双方不能就解除合同后的结算达成一致的，按照合同约定的争议解决方式处理。

（4）因发包人违约解除合同的，发包人除应按照（2）的规定向承包人支付各项价款外，应按合同约定核算发包人应支付的违约金以及给承包人造成损失或损害的索赔金额费用。该笔费用应由承包人提出，发包人核实后应与承包人协商确定后的7d内向承包人签发支付证书。协商不能达成一致的，应按照合同约定的争议解决方式处理。

1.3.10 合同价款争议的解决

1. 监理或造价工程师暂定

（1）若发包人和承包人之间就工程质量、进度、价款支付与扣除、工期延期、索赔、价款调整等发生任何法律上、经济上或技术上的争议，首先应根据已签约合同的规定，提交合同约定职责范围内的总监理工程师或造价工程师解决，并应抄送另一方。总监理工程师或造价工程师在收到此提交件后14d内应将暂定结果通知发包人和承包人。发承包双方对暂定结果认可的，应以书面形式予以确认，暂定结果成为最终决定。

（2）发承包双方在收到总监理工程师或造价工程师的暂定结果通知之后的14d内未对暂定结果予以确认也未提出不同意见的，应视为发承包双方已认可该暂定结果。

（3）发承包双方或一方不同意暂定结果的，应以书面形式向总监理工程师或造价工程师提出，说明自己认为正确的结果，同时抄送另一方，此时该暂定结果成为争议。在暂定结果对发承包双方当事人履约不产生实质影响的前提下，发承包双方应实施该结果，直到按照发承包双方认可的争议解决办法被改变为止。

2. 管理机构的解释或认定

（1）合同价款争议发生后，发承包双方可就工程计价依据的争议以书面形式提请工程造价管理机构对争议以书面文件进行解释或认定。

（2）工程造价管理机构应在收到申请的10个工作日内就发承包双方提请的争议问题进行解释或认定。

（3）发承包双方或一方在收到工程造价管理机构书面解释或认定后仍可按照合同约定的争议解决方式提请仲裁或诉讼。除工程造价管理机构的上级管理部门作出了不同的解释或认定，或在仲裁裁决或法院判决中不予采信的外，工程造价管理机构作出的书面解释或认定应为最终结果，并应对发承包双方均有约束力。

3. 协商和解

（1）合同价款争议发生后，发承包双方任何时候都可以进行协商。协商达成一致的，双方应签订书面和解协议，和解协议对发承包双方均有约束力。

（2）如果协商不能达成一致协议，发包人或承包人都可以按合同约定的其他方式解决争议。

4. 调解

（1）发承包双方应在合同中约定或在合同签订后共同约定争议调解人，负责双方在合同履行过程中发生争议的调解。

（2）合同履行期间，发承包双方可协议调换或终止任何调解人，但发包人或承包人都不能单独采取行动。除非双方另有协议，在最终结清支付证书生效后，调解人的任期应即终止。

（3）如果发承包双方发生了争议，任何一方可将该争议以书面形式提交调解人，并将副本抄送另一方，委托调解人调解。

（4）发承包双方应按照调解人提出的要求，给调解人提供所需要的资料、现场进入权及相应设施。调解人应被视为不是在进行仲裁人的工作。

（5）调解人应在收到调解委托后 28d 内或由调解人建议并经发承包双方认可的其他期限内提出调解书，发承包双方接受调解书的，经双方签字后作为合同的补充文件，对发承包双方均具有约束力，双方都应立即遵照执行。

（6）当发承包双方中任一方对调解人的调解书有异议时，应在收到调解书后 28d 内向另一方发出异议通知，并应说明争议的事项和理由。但除非并直到调解书在协商和解或仲裁裁决、诉讼判决中作出修改，或合同已经解除，承包人应继续按照合同实施工程。

（7）当调解人已就争议事项向发承包双方提交了调解书，而任一方在收到调解书后 28d 内均未发出表示异议的通知时，调解书对发承包双方应均具有约束力。

5. 仲裁、诉讼

（1）发承包双方的协商和解或调解均未达成一致意见，其中的一方已就此争议事项根据合同约定的仲裁协议申请仲裁，应同时通知另一方。

（2）仲裁可在竣工之前或之后进行，但发包人、承包人、调解人各自的义务不得因在工程实施期间进行仲裁而有所改变。当仲裁是在仲裁机构要求停止施工的情况下进行时，承包人应对合同工程采取保护措施，由此增加的费用应由败诉方承担。

（3）在（1）～（4）的期限之内，暂定或和解协议或调解书已经有约束力的情况下，当发承包中一方未能遵守暂定或和解协议或调解书时，另一方可在不损害他可能具有的任何其他权利的情况下，将未能遵守暂定或不执行和解协议或调解书达成的事项提交仲裁。

（4）发包人、承包人在履行合同时发生争议，双方不愿和解、调解或者和解、调解不成，又没有达成仲裁协议的，可依法向人民法院提起诉讼。

1.3.11　工程造价鉴定

1. 一般鉴定

（1）在工程合同价款纠纷案件处理中，需作工程造价司法鉴定的，应委托具有相应资质的工程造价咨询人进行。

（2）工程造价咨询人接受委托时提供工程造价司法鉴定服务，应按仲裁、诉讼程序和要求进行，并应符合国家关于司法鉴定的规定。

（3）工程造价咨询人进行工程造价司法鉴定时，应指派专业对口、经验丰富的注册造价工程师承担鉴定工作。

（4）工程造价咨询人应在收到工程造价司法鉴定资料后 10d 内，根据自身专业能力和证据资料判断能否胜任该项委托，如不能，应辞去该项委托。工程造价咨询人不得在鉴定期满后以上述理由不作出鉴定结论，影响案件处理。

（5）接受工程造价司法鉴定委托的工程造价咨询人或造价工程师如是鉴定项目一方当事人的近亲属或代理人、咨询人以及其他关系可能影响鉴定公正的，应当自行回避；未自行回避，鉴定项目委托人以该理由要求其回避的，必须回避。

（6）工程造价咨询人应当依法出庭接受鉴定项目当事人对工程造价司法鉴定意见书的质询。如确因特殊原因无法出庭的，经审理该鉴定项目的仲裁机关或人民法院准许，可以书面形式答复当事人的质询。

2. 取证

（1）工程造价咨询人进行工程造价鉴定工作时，应自行收集以下（但不限于）鉴定资料：

1）适用于鉴定项目的法律、法规、规章、规范性文件以及规范、标准、定额。

2）鉴定项目同时期同类型工程的技术经济指标及其各类要素价格等。

（2）工程造价咨询人收集鉴定项目的鉴定依据时，应向鉴定项目委托人提出具体书面要求，其内容包括：

1）与鉴定项目相关的合同、协议及其附件。

2）相应的施工图纸等技术经济文件。

3）施工过程中的施工组织、质量、工期和造价等工程资料。

4）存在争议的事实及各方当事人的理由。

5）其他有关资料。

（3）工程造价咨询人在鉴定过程中要求鉴定项目当事人对缺陷资料进行补充的，应征得鉴定项目委托人同意，或者协调鉴定项目各方当事人共同签认。

（4）根据鉴定工作需要现场勘验的，工程造价咨询人应提请鉴定项目委托人组织各方当事人对被鉴定项目所涉及的实物标的进行现场勘验。

（5）勘验现场应制作勘验记录、笔录或勘验图表，记录勘验的时间、地点、勘验人、在场人、勘验经过、结果，由勘验人、在场人签名或者盖章确认。绘制的现场图应注明绘制的时间、测绘人姓名、身份等内容。必要时应采取拍照或摄像取证，留下影像资料。

（6）鉴定项目当事人未对现场勘验图表或勘验笔录等签字确认的，工程造价咨询人应提请鉴定项目委托人决定处理意见，并在鉴定意见书中作出表述。

3. 鉴定

（1）工程造价咨询人在鉴定项目合同有效的情况下应根据合同约定进行鉴定，不得任意改变双方合法的合意。

（2）工程造价咨询人在鉴定项目合同无效或合同条款约定不明确的情况下应根据法律法规、相关国家标准和《建设工程工程量清单计价规范》（GB 50500—2013）的规定，选择相应专业工程的计价依据和方法进行鉴定。

（3）工程造价咨询人出具正式鉴定意见书之前，可报请鉴定项目委托人向鉴定项目各方当事人发出鉴定意见书征求意见稿，并指明应书面答复的期限及其不答复的相应法律责任。

（4）工程造价咨询人收到鉴定项目各方当事人对鉴定意见书征求意见稿的书面复函后，应对不同意见认真复核，修改完善后再出具正式鉴定意见书。

（5）工程造价咨询人出具的工程造价鉴定书应包括下列内容：

1）鉴定项目委托人名称、委托鉴定的内容。

2）委托鉴定的证据材料。

3）鉴定的依据及使用的专业技术手段。

4）对鉴定过程的说明。

5）明确的鉴定结论。

6）其他需说明的事宜。

7）工程造价咨询人盖章及注册造价工程师签名盖执业专用章。

（6）工程造价咨询人应在委托鉴定项目的鉴定期限内完成鉴定工作，如确因特殊原因不能在原定期限内完成鉴定工作时，应按照相应法规提前向鉴定项目委托人申请延长鉴定期限，并应在此期限内完成鉴定工作。

经鉴定项目委托人同意等待鉴定项目当事人提交、补充证据的，质证所用的时间不应计入鉴定期限。

（7）对于已经出具的正式鉴定意见书中有部分缺陷的鉴定结论，工程造价咨询人应通过补充鉴定作出补充结论。

1.3.12　工程计价资料与档案

1. 计价资料

（1）发承包双方应当在合同中约定各自在合同工程中现场管理人员的职责范围，双方现场管理人员在职责范围内签字确认的书面文件是工程计价的有效凭证，但如有其他有效证据或经实证证明其是虚假的除外。

（2）发承包双方不论在何种场合对与工程计价有关的事项所给予的批准、证明、同意、指令、商定、确定、确认、通知和请求，或表示同意、否定、提出要求和意见等，均应采用书面形式，口头指令不得作为计价凭证。

（3）任何书面文件送达时，应由对方签收，通过邮寄应采用挂号、特快专递传送，或以发承包双方商定的电子传输方式发送，交付、传送或传输至指定的接收人的地址。如接收人通知了另外地址时，随后通信信息应按新地址发送。

（4）发承包双方分别向对方发出的任何书面文件，均应将其抄送现场管理人员，如系复印件应加盖合同工程管理机构印章，证明与原件相同。双方现场管理人员向对方所发任何书面文件，也应将其复印件发送给发承包双方，复印件应加盖合同工程管理机构印章，证明与原件相同。

（5）发承包双方均应当及时签收另一方送达其指定接收地点的来往信函，拒不签收的，送达信函的一方可以采用特快专递或者公证方式送达，所造成的费用增加（包括被迫采用特殊送达方式所发生的费用）和延误的工期由拒绝签收一方承担。

（6）书面文件和通知不得扣压，一方能够提供证据证明另一方拒绝签收或已送达的，应视为对方已签收并应承担相应责任。

2. 计价档案

（1）发承包双方以及工程造价咨询人对具有保存价值的各种载体的计价文件，均应收集齐全，整理立卷后归档。

（2）发承包双方和工程造价咨询人应建立完善的工程计价档案管理制度，并应符合国家和有关部门发布的档案管理相关规定。

（3）工程造价咨询人归档的计价文件，保存期不宜少于五年。

（4）归档的工程计价成果文件应包括纸质原件和电子文件，其他归档文件及依据可为纸质原件、复印件或电子文件。

（5）归档文件应经过分类整理，并应组成符合要求的案卷。

（6）归档可以分阶段进行，也可以在项目竣工结算完成后进行。

（7）向接受单位移交档案时，应编制移交清单，双方应签字、盖章后方可交接。

1.4 工程量清单计价表格

1.4.1 计价表格组成

1. 工程计价文件封面

（1）招标工程量清单封面：封-1。

（2）招标控制价封面：封-2。

（3）投标总价封面：封-3。

（4）竣工结算书封面：封-4。

（5）工程造价鉴定意见书封面：封-5。

2. 工程计价文件扉页

（1）招标工程量清单扉页：扉-1。

（2）招标控制价扉页：扉-2。

（3）投标总价扉页：扉-3。

（4）竣工结算总价扉页：扉-4。

（5）工程造价鉴定意见书扉页：扉-5

3. 工程计价总说明

总说明：表-01。

4. 工程计价汇总表

（1）建设项目招标控制价/投标报价汇总表：表-02。

（2）单项工程招标控制价/投标报价汇总表：表-03。

（3）单位工程招标控制价/投标报价汇总表：表-04。

（4）建设项目竣工结算汇总表：表-05。

（5）单项工程竣工结算汇总表：表-06。

（6）单位工程竣工结算汇总表：表-07。

5. 分部分项工程和措施项目计价表

（1）分部分项工程和单价措施项目清单与计价表：表-08。

（2）综合单价分析表：表-09。

（3）综合单价调整表：表-10。

（4）总价措施项目清单与计价表：表-11。

6. 其他项目计价表

（1）其他项目清单与计价汇总表：表-12。

（2）暂列金额明细表：表-12-1。

（3）材料（工程设备）暂估单价及调整表：表-12-2。

（4）专业工程暂估价及结算价表：表-12-3。

（5）计日工表：表-12-4。

（6）总承包服务费计价表：表-12-5。

（7）索赔与现场签证计价汇总表：表-12-6。

（8）费用索赔申请（核准）表：表-12-7。

（9）现场签证表：表-12-8。

7. 规费、税金项目计价表

规费、税金项目计价表：表-13。

8. 工程计量申请（核准）表

工程计量申请（核准）表：表-14。

9. 合同价款支付申请（核准）表

（1）预付款支付申请（核准）表：表-15。

（2）总价项目进度款支付分解表：表-16。

（3）进度款支付申请（核准）表：表-17。

（4）竣工结算款支付申请（核准）表：表-18。

（5）最终结清支付申请（核准）表：表-19。

10. 主要材料、工程设备一览表

（1）发包人提供材料和工程设备一览表：表-20。

（2）承包人提供主要材料和工程设备一览表（适用于造价信息差额调整法）：表-21。

（3）承包人提供主要材料和工程设备一览表（适用于价格指数差额调整法）：表-22。

工程量清单计价常用表格格式及填制说明请参见附录A。

1.4.2 计价表格使用规定

（1）工程计价表宜采用统一格式。各省、自治区、直辖市建设行政主管部门和行业建设主管部门可根据本地区、本行业的实际情况，在《建设工程工程量清单计价规范》（GB 50500—2013）中附录B至附录L计价表格的基础上补充完善。

（2）工程计价表格的设置应满足工程计价的需要，方便使用。

（3）工程量清单的编制应符合下列规定：

1）工程量清单编制使用表格包括：封-1、扉-1、表-01、表-08、表-11、表-12（不含表-12-6～表-12-8）、表-13、表-20、表-21或表-22。

2）扉页应按规定的内容填写、签字、盖章，由造价员编制的工程量清单应有负责审核的造价工程师签字、盖章。受委托编制的工程量清单，应有造价工程师签字、盖章以及工程造价咨询人盖章。

3）总说明应按下列内容填写：

①工程概况：建设规模、工程特征、计划工期、施工现场实际情况、自然地理条件、环境保护要求等。

②工程招标和专业工程发包范围。

③工程量清单编制依据。

④工程质量、材料、施工等的特殊要求。

⑤其他需要说明的问题。

（4）招标控制价、投标报价、竣工结算的编制应符合下列规定：

1）使用表格：

①招标控制价使用表格包括：封-2、扉-2、表-01、表-02、表-03、表-04、表-08、表-09、表-11、表-12（不含表-12-6～表-12-8）、表-13、表-20、表-21或表-22。

②投标报价使用的表格包括：封-3、扉-3、表-01、表-02、表-03、表-04、表-08、表-09、表-11、表-12（不含表-12-6～表-12-8）、表-13、表-16、招标文件提供的表-20、表-21或表-22。

③竣工结算使用的表格包括：封-4、扉-4、表-01、表-05、表-06、表-07、表-08、表-09、表-10、表-11、表-12、表-13、表-14、表-15、表-16、表-17、表-18、表-19、表-20、表-21或表-22。

2）扉页应按规定的内容填写、签字、盖章，除承包人自行编制的投标报价和竣工结算外，受委托编制的招标控制价、投标报价、竣工结算，由造价员编制的应有负责审核的造价工程师签字、盖章以及工程造价咨询人盖章。

3）总说明应按下列内容填写：

①工程概况：建设规模、工程特征、计划工期、合同工期、实际工期、施工现场及变化情况、施工组织设计的特点、自然地理条件、环境保护要求等。

②编制依据等。

（5）工程造价鉴定应符合下列规定：

1）工程造价鉴定使用表格包括：封-5、扉-5、表-01、表-05～表-20、表-21或表-22。

2）扉页应按规定内容填写、签字、盖章，应有承担鉴定和负责审核的注册造价工程师签字、盖执业专用章。

3）说明应按1.3.11中"鉴定"的（1）～（6）的规定填写。

（6）投标人应按招标文件的要求，附工程量清单综合单价分析表。

1.5 《清单计价规范》简介

为了更加广泛深入地推行工程量清单计价，规范建设工程发承包双方的计量、计价行为制定好准则；为了与当前国家相关法律、法规和政策性的变化规定相适应，使其能够正确地贯彻执行；为了适应新技术、新工艺、新材料日益发展的需要，措施规范的内容不断更新完善；为了总结实践经验，进一步建立健全我国统一的建设工程计价、计量规范标准体系，住房城乡建设部标准定额司组织相关单位对《建设工程工程量清单计价规范》（GB 50500—2008）（简称"08 规范"）进行了修编，于 2013 年颁布实施了《建设工程工程量清单计价规范》（GB 50500—2013）（简称"13 规范"）、《仿古建筑工程工程量计算规范》（GB 50855—2013）等 9 本计量规范。

1.5.1 "13 规范"修编必要性

1. 相关法律等的变化，需要修改计价规范

《中华人民共和国社会保险法》的实施；《中华人民共和国建筑法》关于实行工伤保险，鼓励企业为从事危险作业的职工办理意外伤害保险的修订；国家发展改革委、财政部关于取消工程定额测定费的规定；财政部开征地方教育附加等规费方面的变化，需要修改计价规范。

《建筑市场管理条例》的起草，《建筑工程施工发承包计价管理办法》的修订，为"08 规范"的修改提供了基础。

2. "08 规范"的理论探讨和实践总结，需要修改计价规范

"08 规范"实施以来，在工程建设领域得到了充分肯定，从《建筑》、《建筑经济》、《建筑时报》、《工程造价》、《造价师》等报纸杂志刊登的文章来看，"08 规范"对工程计价产生了重大影响。一些法律工作者从法律角度对强制性条文进行了点评；一些理论工作者对规范条文进行了理论探索；一些实际工作者对单价合同、总价合同的适用问题，对竣工结算应尽可能使用前期计价资料问题，以及计价规范应更具操作性等提出了很多好的建议。

3. 一些作为探索的条文说明，经过实践需要进入计价规范

"08 规范"出台时，一些不成熟的条文采用了条文说明或宣贯教材引路的方式。经过实践，有的已经形成共识，如计价风险分担、物价波动的价格指数调整、招标控制价的投诉处理等，需要进入计价规范正文，增大执行效力。

4. 附录部分的不足，需要尽快修改完善

（1）有的专业分类不明确，需要重新定义划分，增补"城市轨道交通"、"爆破工程"等专业。

（2）一些项目划分不适用，设置不合理。

（3）有的项目特征描述不能体现项目自身价值，存在缺乏表述或难于描述的现象。

（4）有的项目计量单位不符合工程项目的实际情况。

（5）有的计算规则界线划分不清，导致计量扯皮。

（6）未考虑市场成品化生产的现状。

（7）与传统的计价定额衔接不够，不便于计量与计价。

5. 附录部分需要增加新项目，删除淘汰项目

随着科技的发展，为了满足计量、计价的需要，应增补新技术、新工艺、新材料的项目，同时，应删除技术规范已经淘汰的项目。

6. 有的计量规定需要进一步重新定义和明确

"08 规范"附录个别规定需重新定义和划分，例如：土石类别的划分一直沿用"普氏分类"，桩基工程又采用分级，而国家相关标准又未使用；施工排水与安全文明施工费中的排水两者不明确；钢筋工程有关"搭接"的计算规定含糊等。

7. "08 规范"对于计价、计量的表现形式有待改变

"08 规范"正文部分主要是有关计价方面的规定，附录部分主要是有关计量的规定。对于计价而言，无论什么专业都应该是一致的；而计量，随着专业的不同存在不一样的规定，将其作为附录处理，不方便操作和管理，也不利于不同专业计量规范的修订和增补。为此，计价、计量规范体系表现形式的改变，是很有必要的。

1.5.2 "13 规范"修编原则

1. 计价规范

（1）依法原则

建设工程计价活动受《中华人民共和国合同法》（以下简称《合同法》）等多部法律、法规的管辖。因此，"13 规范"与"08 规范"一样，对规范条文做到依法设置。例如，有关招标控制价的设置，就遵循了《政府采购法》的相关规定，以有效的遏制哄抬标价的行为；有关招标控制价投诉的设置，就遵循了《招标投标法》的相关规定，既维护了当事人的合法权益，又保证了招标活动的顺利进行；有关合理工期的设置，就遵循了《建设工程质量管理条例》的相关规定，以促使施工作业有序进行，确保工程质量和安全；有关工程结算的设置，就遵循了《合同法》以及相关司法解释的相关规定。

（2）权责对等原则

在建设工程施工活动中，不论发包人或承包人，有权利就必然有责任。"13 规范"仍然坚持这一原则，杜绝只有权利没有责任的条款。如"08 规范"关于工程量清单编制质量的责任由招标人承担的规定，就有效遏制了招标人以强势地位设置工程量偏差由投标人承担的做法。

（3）公平交易原则

建设工程计价从本质上讲，就是发包人与承包人之间的交易价格，在社会主义市场经济条件下应做到公平进行。"08 规范"关于计价风险合理分担的条文，及其在条文说明中对于计价风险的分类和风险幅度的指导意见，就得到了工程建设各方的认同，因此，"13 规范"将其正式条文化。

（4）可操作性原则

"13 规范"尽量避免条文点到就止，十分重视条文有无可操作性。例如招标控制价的投诉问题，"08 规范"仅规定可以投诉，但没有操作方面的规定，"13 规范"在总结黑龙江、山东、四川等地做法的基础上，对投诉时限、投诉内容、受理条件、复查结论等作了较为详细的规定。

（5）从约原则

建设工程计价活动是发承包双方在法律框架下签约、履约的活动。因此，遵从合同约定，履行合同义务是双方的应尽之责。"13 规范"在条文上坚持"按合同约定"的规定，但在合同约定不明或没有约定的情况下，发承包双方发生争议时不能协商一致，规范的规定就会在处理争议方面发挥积极作用。

2. 计量规范

（1）项目编码唯一性原则

"13 规范"虽然将"08 规范"附录独立，新修编为 9 个计量规范，但项目编码仍按"03 规范"、"08 规范"设置的方式保持不变。前两位定义为每本计量规范的代码，使每个项目清单的编码都是唯一的，没有重复。

（2）项目设置简明适用原则

"13 计量规范"在项目设置上以符合工程实际、满足计价需要为前提，力求增加新技术、新工艺、新材料的项目，删除技术规范已经淘汰的项目。

（3）项目特征满足组价原则

"13 计量规范"在项目特征上，对凡是体现项目自身价值的都作出规定，不以工作内容已有，而不在项目特征中作出要求。

1）对工程计价无实质影响的内容不作规定，如现浇混凝土梁底板标高等。

2）对应由投标人根据施工方案自行确定的不作规定，如预裂爆破的单孔深度及装药量等。

3）对应由投标人根据当地材料供应及构件配料决定的不作规定，如混凝土拌合料的石子种类及粒径、砂的种类等。

4）对应由施工措施解决并充分体现竞争要求的，注明了特征描述时不同的处理方式，如弃土运距等。

（4）计量单位方便计量原则

计量单位应以方便计量为前提，注意与现行工程定额的规定衔接。如有两个或两个以上计量单位均可满足某工程项目计量要求的，均予以标注，由招标人根据工程实际情况选用。

（5）工程量计算规则统一原则

"13 计量规范"不使用"估算"之类的词语；对使用两个或两个以上计量单位的，分别规定了不同计量单位的工程量计算规则；对易引起争议的，用文字说明，如钢筋的搭接如何计量等。

1.5.3 "13 规范"特点

"13 规范"全面总结了"03 规范"实施 10 年来的经验，针对存在的问题，对"08 规范"进行全面修订，与之比较，具有如下特点：

1. 确立了工程计价标准体系的形成

"03 规范"发布以来，我国又相继发布了《建筑工程建筑面积计算规范》（GB/T 50353—2005）、《水利工程工程量清单计价规范》（GB 50501—2007）、《建设工程计价设备材料划分标准》（GB/T 50531—2009），此次修订，共发布 10 本工程计价、计量规范，特别是 9 个专业工程计量规范的出台，使整个工程计价标准体系明晰了，为下一步工程计价标准的制定打下了坚实的基础。

2. 扩大了计价计量规范的适用范围

"13 计价、计量规范"明确规定，"本规范适用于建设工程发承包及实施阶段的计价活动"、"13 计量规范"并规定"××工程计价，必须按本规范规定的工程量计算规则进行工程计量"。而非"08 规范"规定的"适用于工程量清单计价活动"。表明了不分何种计价方式，必须执行计价计量规范，对规范发承包双方计价行为有了统一的标准。

3. 深化了工程造价运行机制的改革

"13 规范"坚持了"政府宏观调控、企业自主报价、竞争形成价格、监管行之有效"的工程造价管理模式的改革方向。在条文设置上，使其工程计量规则标准化、工程计价行为规范化、工程造价形成市场化。

4. 强化了工程计价计量的强制性规定

"13 规范"在保留"08 规范"强制性条文的基础上，又在一些重要环节新增了部分强制性条文，在规范发承包双方计价行为方面得到了加强。

5. 注重了与施工合同的衔接

"13 规范"明确定义为适用于"工程施工发承包及实施阶段……"因此，在名词、术语、条文设置上尽可能与施工合同相衔接，既重视规范的指引和指导作用，又充分尊重发承包双方的意思自治，为造价管理与合同管理相统一搭建了平台。

6. 明确了工程计价风险分担的范围

"13 规范"在"08 规范"计价风险条文的基础上，根据现行法律法规的规定，进一步细化、细分了发承包阶段工程计价风险，并提出了风险的分类负担规定，为发承包双方共同应对计价风险提供了依据。

7. 完善了招标控制价制度

自"08 规范"总结了各地经验，统一了招标控制价称谓，在《中华人民共和国招标投标法实施条例》（以下简称《招标投标法实施条例》）中又以最高投标限价得到了肯定。"13 规范"从编制、复核、投诉与处理对招标控制价作了详细规定。

8. 规范了不同合同形式的计量与价款交付

"13 规范"针对单价合同、总价合同给出了明确定义，指明了其在计量和合同价款中的不同之处，提出了单价合同中的总价项目和总价合同的价款支付分解及支付的解决办法。

9. 统一了合同价款调整的分类内容

"13 规范"按照形成合同价款调整的因素，归纳为 5 类 14 个方面，并明确将索赔也纳入合同价款调整的内容，每一方面均有具体的条文规定，为规范合同价款调整提供了依据。

10. 确立了施工全过程计价控制与工程结算的原则

"13 规范"从合同约定到竣工结算的全过程均设置了可操作性的条文，体现了发承包双方应在施工全过程中管理工程造价，明确规定竣工结算应依据施工过程中的发承包双方确认的计量、计价资料办理的原则，为进一步规范竣工结算提供了依据。

11. 提供了合同价款争议解决的方法

"13 规范"将合同价款争议专列一章，根据现行法律规定立足于把争议解决在萌芽状态，为及时并有效解决施工过程中的合同价款争议，提出了不同的解决方法。

12. 增加了工程造价鉴定的专门规定

由于不同的利益诉求，一些施工合同纠纷采用仲裁、诉讼的方式解决，这时，工程造价鉴定意见就成了一些施工合同纠纷案件裁决或判决的主要依据。因此，工程造价鉴定除应按照工程计价规定外，还应符合仲裁或诉讼的相关法律规定，"13 规范"对此作了规定。

13. 细化了措施项目计价的规定

"13 规范"根据措施项目计价的特点，按照单价项目、总价项目分类列项，明确了措施项目的计价方式。

14. 增强了规范的操作性

"13 规范"尽量避免条文点到为止，增加了操作方面的规定。"13 计量规范"在项目划分上体现简明适用；项目特征既体现本项目的价值，又方便操作人员的描述；计量单位和计算规则，既方便了计量的选择，又考虑了与现行计价定额的衔接。

15. 保持了规范的先进性

此次修订增补了建筑市场新技术、新工艺、新材料的项目，删去了淘汰的项目。对土石分类重新进行了定义，实现了与现行国家标准的衔接。

2 市政工程造价构成与计算

2.1 我国现行工程造价构成

我国现行工程造价的构成主要划分为设备及工具、器具购置费用、建筑安装工程费用、工程建设其他费用、预备费、建设期贷款利息、固定资产投资方向调节税等几项。具体构成内容如图 2-1 所示。

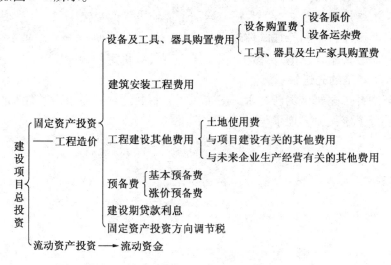

图 2-1　我国现行工程造价构成

2.2 市政工程造价构成与计算

2.2.1 设备及工具、器具购置费

1. 设备购置费

设备购置费是指达到固定资产标准，为建设工程项目购置或自制的各种国产或进口设备及工具、器具的费用。设备购置费是由设备原价和设备运杂费构成。

$$设备购置费 = 设备原价 + 设备运杂费 \tag{2-1}$$

上式中，设备原价指国产设备或进口设备的原价；设备运杂费指除设备原价之外的关于设备采购、运输、途中包装及仓库保管等方向支出费用的总和。

2. 工具、器具及生产家具购置费

工具、器具及生产家具购置费是指新建或扩建项目初步设计规定的，保证初期正常生

产必须购置的没有达到固定资产标准的设备、仪器、工卡模具、器具、生产家具和备品备件等的购置费用。一般以设备购置费为计算基数，按照部门或行业规定的工具、器具及生产家具费率计算。计算公式为：

$$工具、器具及生产家具购置费 = 设备购置费 × 定额费率 \qquad (2-2)$$

2.2.2 建筑安装工程费

1. 按费用构成要素划分建筑安装工程费用项目

建筑安装工程费按照费用构成要素划分：由人工费、材料（包含工程设备，下同）费、施工机具使用费、企业管理费、利润、规费和税金组成。其中人工费、材料费、施工机具使用费企业管理费和利润包含在分部分项工程费、措施项目费、其他项目费中，如图2-2所示。

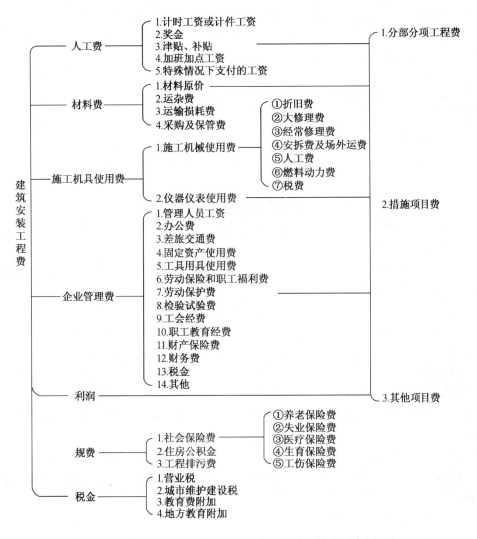

图2-2　建筑安装工程费用项目组成（按费用构成要素划分）

49

（1）人工费

人工费指按工资总额构成规定，支付给从事建筑安装工程施工的生产工人和附属生产单位工人的各项费用，其内容包括：

1）计时工资或计件工资是指按计时工资标准和工作时间或对已做工作按计件单价支付给个人的劳动报酬。

2）奖金是指对超额劳动和增收节支支付给个人的劳动报酬。如节约奖、劳动竞赛奖等。

3）津贴补贴是指为了补偿职工特殊或额外的劳动消耗和因其他特殊原因支付给个人的津贴，以及为了保证职工工资水平不受物价影响支付给个人的物价补贴。如流动施工津贴、特殊地区施工津贴、高温（寒）作业临时津贴、高空津贴等。

4）加班加点工资是指按规定支付的在法定节假日工作的加班工资和在法定日工作时间外延时工作的加点工资。

5）特殊情况下支付的工资是指根据国家法律、法规和政策规定，因病、工伤、产假、计划生育假、婚丧假、事假、探亲假、定期休假、停工学习、执行国家或社会义务等原因按计时工资标准或计时工资标准的一定比例支付的工资。

（2）材料费

材料费指施工过程中耗费的原材料、辅助材料、构配件、零件、半成品或成品、工程设备的费用。内容包括：

1）材料原价是指材料、工程设备的出厂价格或商家供应价格。

2）运杂费是指材料、工程设备自来源地运至工地仓库或指定堆放地点所发生的全部费用。

3）运输损耗费是指材料在运输装卸过程中不可避免的损耗。

4）采购及保管费是指为组织采购、供应和保管材料、工程设备的过程中所需要的各项费用。包括采购费、仓储费、工地保管费、仓储损耗。

工程设备是指构成或计划构成永久工程一部分的机电设备、金属结构设备、仪器装置及其他类似的设备和装置。

（3）施工机具使用费

施工机具使用费指施工作业所发生的施工机械、仪器仪表使用费或其租赁费。

1）施工机械使用费以施工机械台班耗用量乘以施工机械台班单价表示，施工机械台班单价应由下列7项费用组成：

①折旧费指施工机械在规定的使用年限内，陆续收回其原值的费用。

②大修理费指施工机械按规定的大修理间隔台班进行必要的大修理，以恢复其正常功能所需的费用。

③经常修理费指施工机械除大修理以外的各级保养和临时故障排除所需的费用。包括为保障机械正常运转所需替换设备与随机配备工具附具的摊销和维护费用，机械运转中日常保养所需润滑与擦拭的材料费用及机械停滞期间的维护和保养费用等。

④安拆费及场外运费安拆费指施工机械（大型机械除外）在现场进行安装与拆卸所需的人工、材料、机械和试运转费用以及机械辅助设施的折旧、搭设、拆除等费用；场外运费指施工机械整体或分体自停放地点运至施工现场或由一施工地点运至另一施工地点的

运输、装卸、辅助材料及架线等费用。

⑤人工费指机上司机（司炉）和其他操作人员的人工费。

⑥燃料动力费指施工机械在运转作业中所消耗的各种燃料及水、电等。

⑦税费指施工机械按照国家规定应缴纳的车船使用税、保险费及年检费等。

2）仪器仪表使用费是指工程施工所需使用的仪器仪表的摊销及维修费用。

（4）企业管理费

企业管理费指建筑安装企业组织施工生产和经营管理所需的费用。内容包括：

1）管理人员工资是指按规定支付给管理人员的计时工资、奖金、津贴补贴、加班加点工资及特殊情况下支付的工资等。

2）办公费是指企业管理办公用的文具、纸张、账表、印刷、邮电、书报、办公软件、现场监控、会议、水电、烧水和集体取暖降温（包括现场临时宿舍取暖降温）等费用。

3）差旅交通费是指职工因公出差、调动工作的差旅费、住勤补助费，市内交通费和误餐补助费，职工探亲路费，劳动力招募费，职工退休、退职一次性路费，工伤人员就医路费，工地转移费以及管理部门使用的交通工具的油料、燃料等费用。

4）固定资产使用费是指管理和试验部门及附属生产单位使用的属于固定资产的房屋、设备、仪器等的折旧、大修、维修或租赁费。

5）工具用具使用费是指企业施工生产和管理使用的不属于固定资产的工具、器具、家具、交通工具和检验、试验、测绘、消防用具等的购置、维修和摊销费。

6）劳动保险和职工福利费是指由企业支付的职工退职金、按规定支付给离休干部的经费、集体福利费、夏季防暑降温、冬季取暖补贴、上下班交通补贴等。

7）劳动保护费是企业按规定发放的劳动保护用品的支出。如工作服、手套、防暑降温饮料以及在有碍身体健康的环境中施工的保健费用等。

8）检验试验费是指施工企业按照有关标准规定，对建筑以及材料、构件和建筑安装物进行一般鉴定、检查所发生的费用，包括自设试验室进行试验所耗用的材料等费用。不包括新结构、新材料的试验费，对构件做破坏性试验及其他特殊要求检验试验的费用和建设单位委托检测机构进行检测的费用，对此类检测发生的费用，由建设单位在工程建设其他费用中列支。但对施工企业提供的具有合格证明的材料进行检测不合格的，该检测费用由施工企业支付。

9）工会经费是指企业按《工会法》规定的全部职工工资总额比例计提的工会经费。

10）职工教育经费是指按职工工资总额的规定比例计提，企业为职工进行专业技术和职业技能培训，专业技术人员继续教育、职工职业技能鉴定、职业资格认定以及根据需要对职工进行各类文化教育所发生的费用。

11）财产保险费是指施工管理用财产、车辆等的保险费用。

12）财务费：是指企业为施工生产筹集资金或提供预付款担保、履约担保、职工工资支付担保等所发生的各种费用。

13）税金是指企业按规定缴纳的房产税、车船使用税、土地使用税、印花税等。

14）其他包括技术转让费、技术开发费、投标费、业务招待费、绿化费、广告费、公证费、法律顾问费、审计费、咨询费、保险费等。

（5）利润

利润指施工企业完成所承包工程获得的盈利。

（6）规费

规费指按国家法律、法规规定，由省级政府和省级有关权力部门规定必须缴纳或计取的费用，其中包括：

1）社会保险费：

①养老保险费是指企业按照规定标准为职工缴纳的基本养老保险费。

②失业保险费是指企业按照规定标准为职工缴纳的失业保险费。

③医疗保险费是指企业按照规定标准为职工缴纳的基本医疗保险费。

④生育保险费是指企业按照规定标准为职工缴纳的生育保险费。

⑤工伤保险费是指企业按照规定标准为职工缴纳的工伤保险费。

2）住房公积金是指企业按规定标准为职工缴纳的住房公积金。

3）工程排污费是指按规定缴纳的施工现场工程排污费。

其他应列而未列入的规费，按实际发生计取。

（7）税金

税金指国家税法规定的应计入建筑安装工程造价内的营业税、城市维护建设税、教育费附加以及地方教育附加。

2. 按造价形式划分建筑安装工程费用项目

建筑安装工程费按照工程造价形成由分部分项工程费、措施项目费、其他项目费、规费、税金组成，分部分项工程费、措施项目费、其他项目费包含人工费、材料费、施工机具使用费、企业管理费和利润，如图2-3所示。

（1）分部分项工程费

分部分项工程费指各专业工程的分部分项工程应予列支的各项费用。

1）专业工程是指按现行国家计量规范划分的房屋建筑与装饰工程、仿古建筑工程、通用安装工程、市政工程、园林绿化工程、矿山工程、构筑物工程、城市轨道交通工程、爆破工程等各类工程。

2）分部分项工程指按现行国家计量规范对各专业工程划分的项目。如市政工程划分的土石方工程、道路工程、桥涵工程、隧道工程、管网工程、水处理工程、生活垃圾处理工程、路灯工程、钢筋工程及拆除工程等。

各类专业工程的分部分项工程划分见现行国家或行业计量规范。

（2）措施项目费

措施项目费指为完成建设工程施工，发生于该工程施工前和施工过程中的技术、生活、安全、环境保护等方面的费用，其内容包括：

1）安全文明施工费：

①环境保护费是指施工现场为达到环保部门要求所需要的各项费用。

②文明施工费是指施工现场文明施工所需要的各项费用。

③安全施工费是指施工现场安全施工所需要的各项费用。

④临时设施费是指施工企业为进行建设工程施工所必须搭设的生活和生产用的临时建筑物、构筑物和其他临时设施费用。包括临时设施的搭设、维修、拆除、清理费或摊销

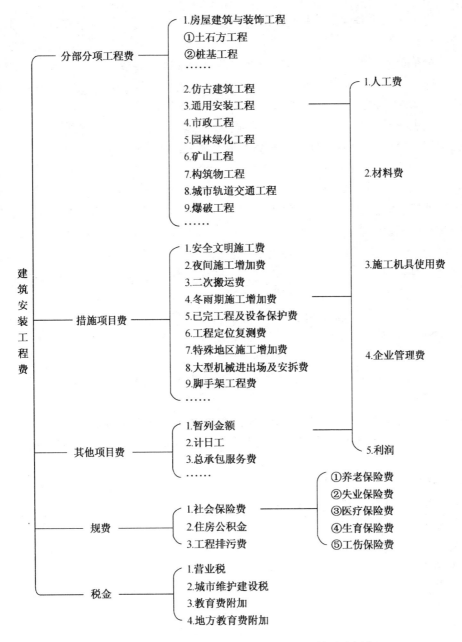

图 2-3 建筑安装工程费用项目组成（按造价形式划分）

费等。

2）夜间施工增加费是指因夜间施工所发生的夜班补助费、夜间施工降效、夜间施工照明设备摊销及照明用电等费用。

3）二次搬运费是指因施工场地条件限制而发生的材料、构配件、半成品等一次运输不能到达堆放地点，必须进行二次或多次搬运所发生的费用。

4）冬雨期施工增加费是指在冬期或雨期施工需增加的临时设施、防滑、排除雨雪，人工及施工机械效率降低等费用。

5）已完工程及设备保护费是指竣工验收前，对已完工程及设备采取的必要保护措施所发生的费用。

6）工程定位复测费是指工程施工过程中进行全部施工测量放线和复测工作的费用。

7）特殊地区施工增加费是指工程在沙漠或其边缘地区、高海拔、高寒、原始森林等特殊地区施工增加的费用。

8）大型机械设备进出场及安拆费是指机械整体或分体自停放场地运至施工现场或由一个施工地点运至另一个施工地点，所发生的机械进出场运输及转移费用及机械在施工现场进行安装、拆卸所需的人工费、材料费、机械费、试运转费和安装所需的辅助设施的费用。

9）脚手架工程费是指施工需要的各种脚手架搭、拆、运输费用以及脚手架购置费的摊销（或租赁）费用。

措施项目及其包含的内容详见各类专业工程的现行国家或行业计量规范。

（3）其他项目费

1）暂列金额是指建设单位在工程量清单中暂定并包括在工程合同价款中的一笔款项。用于施工合同签订时尚未确定或者不可预见的所需材料、工程设备、服务的采购，施工中可能发生的工程变更、合同约定调整因素出现时的工程价款调整以及发生的索赔、现场签证确认等的费用。

2）计日工是指在施工过程中，施工企业完成建设单位提出的施工图纸以外的零星项目或工作所需的费用。

3）总承包服务费是指总承包人为配合、协调建设单位进行的专业工程发包，对建设单位自行采购的材料、工程设备等进行保管以及施工现场管理、竣工资料汇总整理等服务所需的费用。

（4）规费

规费定义同2.1.1中第1条的（6）。

（5）税金

税金定义同2.1.1中第1条（7）。

3. 建筑安装工程费用参考计算方法

（1）各费用构成要素参考计算方法

1）人工费：

$$人工费 = \sum（工日消耗量 \times 日工资单价） \tag{2-3}$$

$$日工资单价 = \frac{生产工人平均月工资（计时计件）+平均月（奖金+津贴补贴+特殊情况下支付的工资）}{年平均每月法定工作日} \tag{2-4}$$

注：公式（2-3）主要适用于施工企业投标报价时自主确定人工费，也是工程造价管理机构编制计价定额确定定额人工单价或发布人工成本信息的参考依据。

$$人工费 = \sum（工程工日消耗量 \times 日工资单价） \tag{2-5}$$

日工资单价是指施工企业平均技术熟练程度的生产工人在每工作日（国家法定工作时间内）按规定从事施工作业应得的日工资总额。

工程造价管理机构确定日工资单价应通过市场调查、根据工程项目的技术要求，参考实物工程量人工单价综合分析确定,最低日工资单价不得低于工程所在地人力资源和社会保障部门所发布的最低工资标准的:普工 1.3 倍、一般技工 2 倍、高级技工 3 倍。

工程计价定额不可只列一个综合工日单价,应根据工程项目技术要求和工种差别适当划分多种日人工单价,确保各分部工程人工费的合理构成。

注:公式(2-5)适用于工程造价管理机构编制计价定额时确定定额人工费,是施工企业投标报价的参考依据。

2)材料费:

①材料费:

$$材料费 = \sum (材料消耗量 \times 材料单价) \tag{2-6}$$

$$材料单价 = \{(材料原价 + 运杂费) \times [1 + 运输损耗率(\%)]\}$$
$$\times [1 + 采购保管费率(\%)] \tag{2-7}$$

②工程设备费:

$$工程设备费 = \sum (工程设备量 \times 工程设备单价) \tag{2-8}$$

$$工程设备单价 = (设备原价 + 运杂费) \times [1 + 采购保管费率(\%)] \tag{2-9}$$

3)施工机具使用费:

①施工机械使用费:

$$施工机械使用费 = \sum (施工机械台班消耗量 \times 机械台班单价) \tag{2-10}$$

$$机械台班单价 = 台班折旧费 + 台班大修费 + 台班经常修理费 + 台班安拆费$$
$$及场外运费 + 台班人工费 + 台班燃料动力费 + 台班车船税费 \tag{2-11}$$

注:工程造价管理机构在确定计价定额中的施工机械使用费时,应根据《建筑施工机械台班费用计算规则》结合市场调查编制施工机械台班单价。施工企业可以参考工程造价管理机构发布的台班单价,自主确定施工机械使用费的报价,如租赁施工机械,公式为:施工机械使用费 = $\sum$(施工机械台班消耗量 × 机械台班租赁单价)

②仪器仪表使用费:

$$仪器仪表使用费 = 工程使用的仪器仪表摊销费 + 维修费 \tag{2-12}$$

4)企业管理费费率:

①以分部分项工程费为计算基础:

$$企业管理费费率(\%) = \frac{生产工人年平均管理费}{年有效施工天数 \times 人工单价} \times 人工费占分部分项目工程费比例(\%) \tag{2-13}$$

②以人工费和机械费合计为计算基础:

$$企业管理费费率(\%) = \frac{生产工人年平均管理费}{年有效施工天数 \times (人工单价 + 每一工日机械使用费)} \times 100\% \tag{2-14}$$

③以人工费为计算基础:

$$企业管理费费率(\%) = \frac{生产工人年平均管理费}{年有效施工天数 \times 人工单价} \times 100\% \tag{2-15}$$

注:上述公式适用于施工企业投标报价时自主确定管理费,是工程造价管理机构编制计价定额确定企业管理费的参考依据。

工程造价管理机构在确定计价定额中企业管理费时，应以定额人工费或（定额人工费＋定额机械费）作为计算基数，其费率根据历年工程造价积累的资料，辅以调查数据确定，列入分部分项工程和措施项目中。

5）利润：

①施工企业根据企业自身需求并结合建筑市场实际自主确定，列入报价中。

②工程造价管理机构在确定计价定额中利润时，应以定额人工费或（定额人工费＋定额机械费）作为计算基数，其费率根据历年工程造价积累的资料，并结合建筑市场实际确定，以单位（单项）工程测算，利润在税前建筑安装工程费的比重可按不低于5%且不高于7%的费率计算。利润应列入分部分项工程和措施项目中。

6）规费：

①社会保险费和住房公积金应以定额人工费为计算基础，根据工程所在地省、自治区、直辖市或行业建设主管部门规定费率计算。

$$社会保险费和住房公积金 = \sum（工程定额人工费 \times 社会保险费和住房公积金费率）$$

(2-16)

式中：社会保险费和住房公积金费率可以每万元发承包价的生产工人人工费和管理人员工资含量与工程所在地规定的缴纳标准综合分析取定。

②工程排污费等其他应列而未列入的规费应按工程所在地环境保护等部门规定的标准缴纳，按实计取列入。

7）税金：

税金计算公式：

$$税金 = 税前造价 \times 综合税率（\%）$$

(2-17)

综合税率：

①纳税地点在市区的企业：

$$综合税率（\%）= \frac{1}{1 - 3\% - (3\% \times 7\%) - (3\% \times 3\%) - (3\% \times 2\%)} - 1$$

(2-18)

②纳税地点在县城、镇的企业：

$$综合税率（\%）= \frac{1}{1 - 3\% - (3\% \times 5\%) - (3\% \times 3\%) - (3\% \times 2\%)} - 1$$

(2-19)

③纳税地点不在市区、县城、镇的企业：

$$综合税率（\%）= \frac{1}{1 - 3\% - (3\% \times 1\%) - (3\% \times 3\%) - (3\% \times 2\%)} - 1$$

(2-20)

④实行营业税改增值税的，按纳税地点现行税率计算。

（2）建筑安装工程计价参考计算

1）分部分项工程费：

$$分部分项工程费 = \sum（分部分项工程量 \times 综合单价）$$

(2-21)

式中：综合单价包括人工费、材料费、施工机具使用费、企业管理费和利润以及一定范围的风险费用（下同）。

2）措施项目费：

①国家计量规范规定应予计量的措施项目，其计算公式为：

$$措施项目费 = \sum (措施项目工程量 \times 综合单价) \qquad (2\text{-}22)$$

②国家计量规范规定不宜计量的措施项目计算方法如下：

a. 安全文明施工费：

$$安全文明施工费 = 计算基数 \times 安全文明施工费费率（\%） \qquad (2\text{-}23)$$

计算基数应为定额基价（定额分部分项工程费+定额中可以计量的措施项目费）、定额人工费或（定额人工费+定额机械费），其费率由工程造价管理机构根据各专业工程的特点综合确定。

b. 夜间施工增加费：

$$夜间施工增加费 = 计算基数 \times 夜间施工增加费费率（\%） \qquad (2\text{-}24)$$

c. 二次搬运费：

$$二次搬运费 = 计算基数 \times 二次搬运费费率（\%） \qquad (2\text{-}25)$$

d. 冬雨期施工增加费：

$$冬雨期施工增加费 = 计算基数 \times 冬雨期施工增加费费率（\%） \qquad (2\text{-}26)$$

e. 已完工程及设备保护费：

$$已完工程及设备保护费 = 计算基数 \times 已完工程及设备保护费费率（\%） \qquad (2\text{-}27)$$

上述 a~e 项措施项目的计费基数应为定额人工费或（定额人工费+定额机械费），其费率由工程造价管理机构根据各专业工程特点和调查资料综合分析后确定。

3）其他项目费：

①暂列金额由建设单位根据工程特点，按有关计价规定估算，施工过程中由建设单位掌握使用、扣除合同价款调整后如有余额，归建设单位。

②计日工由建设单位和施工企业按施工过程中的签证计价。

③总承包服务费由建设单位在招标控制价中根据总包服务范围和有关计价规定编制，施工企业投标时自主报价，施工过程中按签约合同价执行。

4）规费和税金：

建设单位和施工企业均应按照省、自治区、直辖市或行业建设主管部门发布标准计算规费和税金，不得作为竞争性费用。

（3）相关问题的说明

1）各专业工程计价定额的编制及其计价程序，均按上述计算方法实施。

2）各专业工程计价定额的使用周期原则上为 5 年。

3）工程造价管理机构在定额使用周期内，应及时发布人工、材料、机械台班价格信息，实行工程造价动态管理，如遇国家法律、法规、规章或相关政策变化以及建筑市场物价波动较大时，应适时调整定额人工费、定额机械费以及定额基价或规费费率，使建筑安装工程费能反映建筑市场实际。

4）建设单位在编制招标控制价时，应按照各专业工程的计量规范和计价定额以及工程造价信息编制。

5）施工企业在使用计价定额时除不可竞争费用外，其余仅作参考，由施工企业投标时自主报价。

4. 建筑安装工程计价程序

建设单位工程招标控制价计价程序见表 2-1。

施工企业工程投标报价计价程序见表2-2。

建设单位工程招标控制价计价程序　　　　　　表 2-1

工程名称：　　　　　　　　　　　　　　　　标段：

序　号	内　　　容	计 算 方 法	金额（元）
1	分部分项工程费	按计价规定计算	
1.1			
1.2			
1.3			
1.4			
1.5			
2	措施项目费	按计价规定计算	
2.1	其中：安全文明施工费	按规定标准计算	
3	其他项目费		
3.1	其中：暂列金额	按计价规定估算	
3.2	其中：专业工程暂估价	按计价规定估算	
3.3	其中：计日工	按计价规定估算	
3.4	其中：总承包服务费	按计价规定估算	
4	规费	按规定标准计算	
5	税金（扣除不列入计税范围的工程设备金额）	（1＋2＋3＋4）×规定税率	
招标控制价合计＝1＋2＋3＋4＋5			

施工企业工程投标报价计价程序　　　　　　表 2-2

工程名称：　　　　　　　　　　　　　　　　标段：

序　号	内　　　容	计 算 方 法	金额（元）
1	分部分项工程费	自主报价	
1.1			
1.2			
1.3			
1.4			
1.5			

序号	内 容	计 算 方 法	金额（元）
2	措施项目费	自主报价	
2.1	其中：安全文明施工费	按规定标准计算	
3	其他项目费		
3.1	其中：暂列金额	按招标文件提供金额计列	
3.2	其中：专业工程暂估价	按招标文件提供金额计列	
3.3	其中：计日工	自主报价	
3.4	其中：总承包服务费	自主报价	
4	规费	按规定标准计算	
5	税金（扣除不列入计税范围的工程设备金额）	（1＋2＋3＋4）×规定税率	
投标报价合计＝1＋2＋3＋4＋5			

竣工结算计价程序见表 2-3。

竣工结算计价程序　　　　　　　　　　　　　　表 2-3

工程名称：　　　　　　　　　　　　　　　　标段：

序号	内 容	计 算 方 法	金额（元）
1	分部分项工程费	按合约约定计算	
1.1			
1.2			
1.3			
1.4			
1.5			
2	措施项目费	按合约约定计算	
2.1	其中：安全文明施工费	按规定标准计算	
3	其他项目费		
3.1	其中：专业工程暂估价	按合约约定计算	
3.2	其中：计日工	按计日工签证计算	
3.3	其中：总承包服务费	按合约约定计算	
3.4	索赔与现场签证	按发承包双方确认数额计算	
4	规费	按规定标准计算	
5	税金（扣除不列入计税范围的工程设备金额）	（1＋2＋3＋4）×规定税率	
投标报价合计＝1＋2＋3＋4＋5			

2.2.3 工程建设其他费用

工程建设其他费用是指从工程筹建到工程竣工验收交付使用止的整个建设期间，除建筑安装工程费用和设备、工器具购置费以外的，为保证工程建设顺利完成和交付使用后能够正常发挥效用而发生的一些费用。

1. 土地使用费

任何一个建设项目都固定于一定地点与地面相连接，必须占用一定量的土地，必然就要发生为获得建设用地而支付的费用，这就是土地使用费。土地使用费是指通过划拨方式取得土地使用权而支付的土地征用及迁移补偿费，或者通过土地使用权出让方式取得土地使用权而支付的土地使用权出让金。

2. 与项目建设有关的其他费用

根据项目的不同，与项目建设有关的其他费用的构成也不尽相同，一般包括以下各项。在进行工程估算及概算中可根据实际情况进行计算。内容包括：建设单位管理费；勘察设计费；研究试验费；建设单位临时设施费；工程监理费；工程保险费；引进技术和进口设备其他费用；工程承包费。

3. 与未来企业生产经营有关的其他费用

（1）联合试运转费

联合试运转是指新建企业或改扩建企业在工程竣工验收前，按照设计的生产工艺流程和质量标准对整个企业进行联合试运转所发生的费用支出与联合试运转期间的收入部分的差额部分。联合试运转费用一般根据不同性质的项目按需进行试运转的工艺设备购置费的百分比计算。

（2）生产准备费

生产准备费是指新建企业或新增生产能力的企业，为保证竣工交付使用进行必要的生产准备所发生的费用。

（3）办公和生活家具购置费

办公和生活家具购置费是指为保证新建、改建、扩建项目初期正常生产、使用和管理所必须购置的办公和生活家具、用具的费用。

2.2.4 预备费、建设期贷款利息

1. 预备费

（1）基本预备费

基本预备费是指在初步设计及概算内难以预料的工程费用。基本预备费是按设备及工具、器具购置费，建筑安装工程费用和工程建设其他费用三者之和为计取基础，乘以基本预备费率进行计算。

基本预备费 =（设备及工具、器具购置费 + 建筑安装工程费用 + 工程建设其他费用）

　　　　　　×基本预备费率　　　　　　　　　　　　　　　　　　　　　　（2-28）

基本预备费率的取值应执行国家及部门的有关规定。

（2）涨价预备费

涨价预备费是指建设项目在建设期间内由于价格等变化引起工程造价变化的预测留费

用。费用内容包括人工、设备、材料、施工机械的价差费；建筑安装工程费及工程建设其他费用调整；利率、汇率调整等增加的费用。

涨价预备的测算方法，一般根据国家规定的投资综合价格指数，按估算年份价格水平的投资额为基数，采用复利方法计算，计算公式为：

$$PF = \sum_{t=1}^{n} I_t \left[(1+f)^t - 1 \right] \qquad (2-29)$$

式中　PF——涨价预备费；

　　　n——建设期年份数；

　　　I_t——建设期中第 t 年的投资计划额，包括设备及工具、器具购置费、建筑安装工程费、工程建设其他费用及基本预备费；

　　　f——年均投资价格上涨率。

2. 建设期贷款利息

为了筹措建设项目资金所发生的各项费用，包括工程建设期间投资贷款利息、企业债券发行费、国外借款手续费和承诺费、汇兑净损失及调整外汇手续费、金融机构手续费以及为筹措建设资金发生的其他财务费用等，统称财务费。其中最主要的是在工程项目建设期投资贷款而产生的利息。

建设期投资贷款利息是指建设项目使用银行或其他金融机构的贷款，在建设期应归还的借款的利息，可按下式计算：

$$q_j = \left(P_{j-1} + \frac{1}{2} A_j \right) \cdot i \qquad (2-30)$$

式中　q_j——建设期第 j 年应计利息；

　　P_{j-1}——建设期第 $(j-1)$ 年末贷款累计金额与利息累计金额之和；

　　　A_j——建设期第 j 年贷款金额；

　　　i——年利率。

2.2.5　固定资产投资方向调节税

为了贯彻国家产业政策，控制投资规模，引导投资方向，调整投资结构，加强重点建设，促进国民经济稳定发展，国家将根据国民经济的运行趋势和全社会固定资产投资状况，对进行固定资产投资的单位和个人开征或暂缓征收固定资产投资方的调节税（该税征收对象不含中外合资经营企业、中外合作经营企业和外资企业）。

投资方向调节税根据国家产业政策和项目经济规模实行差别税率，各固定资产投资项目按其单位工程分别确定适用的税率。计税依据为固定资产投资项目实际完成的投资额，其中更新改造项目为建筑工程实际完成的投资额。投资方向调节税按固定资产投资项目的单位工程年度计划投资额预缴。年度终了后，按年度实际投资结算，多退少补。项目竣工后按全部实际投资进行清算，多退少补。

2.2.6　铺底流动资金

流动资金是指生产经营性项目投产后，为进行正常生产运营，用于购买原材料、燃料，支付工资及其他经营费用等所需的周转资金。流动资金估算一般是参照现有同类企业的状况采用分项详细估算法，个别情况或者小型项目可采用扩大指标法。

1. 分项详细估算法

对计算流动资金需要掌握的流动资产和流动负债这两类因素应分别进行估算。在可行性研究中，为简化计算，仅对存货、现金、应收账款这三项流动资产和应付账款这项流动负债进行估算。

2. 扩大指标估算法

（1）按建设投资的一定比例估算，例如国外化工企业的流动资金，一般是按建设投资的15%～20%计算。

（2）按经营成本的一定比例估算。

（3）按年销售收入的一定比例估算。

（4）按单位产量占用流动资金的比例估算。

流动资金一般在投产前开始筹措。在投产第一年开始按生产负荷进行安排，其借款部分按全年计算利息。流动资金利息应计入财务费用。项目计算期末回收全部流动资金。

3　市政工程清单计价工程量计算

3.1　工程量计算基本原理

3.1.1　工程量的概念

工程量是以规定的物理计量单位或自然计量单位所表示的各个具体分项工程或构配体的数量。

物理计量单位是指法定计量单位，如长度单位 m、面积单位 m²、体积单位 m³、质量单位 kg 等。自然计量单位，一般是以物体的自然形态表示的计量单位，如套、组、台、件、个等。

工程量是确定市政工程费用、编制施工规划、安排工程施工进度、编制材料供应计划以及进行工程统计和经济核算的重要依据。

3.1.2　工程量计算规则

工程量计算规则是确定分部分项工程数量的基本规则，是实施工程量清单计价提供工程量数据的最基础的资料之一，不同的计算规则，会有不同的分部分项工程量。

3.1.3　工程量计算依据

工程量计算依据主要包括以下内容：

（1）施工图纸及设计说明、相关图集、设计变更、图纸答疑、会审记录等。

（2）工程施工合同、招标文件的商务条款。

（3）工程量计算规则。工程量清单计价规范中详细规定了各分部分项工程中实体项目的工程量计算规则，分部分项工程量的计算应严格按照这一规定进行。除另有说明外，清单项目工程量的计量按设计图示以工程实体的净值考虑。

3.1.4　工程量计算形式

工程量计算一般采取表格的形式，一般应包括所计算工程量的项目名称、工程量计算式、单位和工程量数量等内容，可参见表 3-1，表中工程量计算式应注明轴线或部位，且应简明扼要，以便进行审查和校核。

表 3-1

工程名称：

序号	清单项目编码	清单项目名称	计 算 式	工程量合计	计量单位

3.1.5 工程量计算顺序

为了避免漏算或重算，提高计算的准确程度，工程量的计算应按照一定的顺序进行。应根据具体工程和个人习惯来确定具体的计算顺序，一般包括以下几种：

1. 单位工程计算顺序

单位工程计算顺序一般按计价规范清单列项顺序计算，即按照计价规范上的分章或分部分项工程顺序来计算工程量。

2. 单个分部分项工程计算顺序

按一定顺序计算工程量的目的是防止漏项少算或重复多算的现象发生，具体方法可参见表 3-2。

单个分部分项工程计算顺序　　　　　　　　　　　　表 3-2

序号	计 算 顺 序	内 容 说 明
1	按照顺时针方向计算	按照顺时针方向计算是指先从平面图的左上角开始，自左至右，然后再由上而下，最后转回到左上角为止，这样按顺时针方向转圈依次进行计算
2	按"先横后竖、从上而下、先左后右"计算	按"先横后竖、从上而下、先左后右"计算是指在平面图上从左上角开始，按"先横后竖、从上而下、先左后右"的顺序计算工程量
3	按图纸分项编号顺序计算	按图纸分项编号顺序计算法是指按照图纸上所标注结构构件、配件的编号顺序进行计算

3.1.6 工程量计算注意事项

工程量计算应注意以下几点：

（1）严格按照规范规定的工程量计算规则计算工程量。注意按一定顺序计算。

（2）工程量计量单位必须与清单计价规范中规定的计量单位相一致。

（3）计算口径要一致。根据施工图列出的工程量清单项目的口径（明确清单项目的工程内容与计算范围）必须与清单计价规范中相应清单项目的口径相一致。所以计算工程量除必须熟悉施工图纸外，还必须熟悉每个清单项目所包括的工程内容和范围。

（4）力求分层分段计算。要结合施工图纸尽量做到结构按楼层，内装修按楼层分房间，外装修按施工层分立面计算，或按施工方案的要求分段计算，或按使用的材料不同分别进行计算。这样，在计算工程量时既可避免漏项，又可为安排施工进度和编制资源计划提供数据。

3.1.7 用统筹法计算工程量

运用统筹法计算工程量，就是分析工程量计算中各分部分项工程量计算之间的固有规律和相互之间的依赖关系，运用统筹法原理和统筹图图解来合理安排工程量的计算程序，以达到节约时间、简化计算、提高工效、为及时准确地编制工程预算提供科学数据的目的。

实践表明，每个分部分项工程量计算虽有着各自的特点，但都离不开计算"线"、"面"之类的基数，另外，某些分部分项工程的工程量计算结果往往是另一些分部分项工程的工程量计算的基础数据，因此，根据这个特性，运用统筹法原理，对每个分部分项工程的工程量进行分析，然后依据计算过程的内在联系，按先主后次，统筹安排计算程序，可以简化繁琐的计算，形成统筹计算工程量的计算方法。

1. 统筹法计算工程量的基本要点

统筹法计算工程量的基本要点见表 3-3。

统筹法计算工程量的基本要点　　　　　　　　　　　表 3-3

序号	基 本 要 点	内 容 说 明
1	统筹程序，合理安排	工程量计算程序的安排是否合理，关系着计量工作的效率高低，进度快慢。按施工顺序进行工程量计算，往往不能充分利用数据间的内在联系而形成重复计算，浪费时间和精力，有时还易出现差错
2	利用基数，连续计算	就是以"线"或"面"为基数，利用连乘或加减，算出与它有关的分部分项工程量。"线"和"面"指的是长度和面积，常用的基数为"三线一面"，"三线"是指建筑物的外墙中心线、外墙外边线和内墙净长线；"一面"是指建筑物的底层建筑面积
3	一次算出，多次使用	在工程量计算过程中，往往有一些不能用"线"、"面"基数进行连续计算的项目，首先，将常用数据一次算出，汇编成工程量计算手册（即"册"），其次也要把那些规律较明显的一次算出，也编入册。当需计算有关的工程量时，只要查手册就可快速算出所需要的工程量。这样可以减少按图逐项进行繁琐而重复计算的工作量，亦能保证计算的及时与准确性
4	结合实际，灵活机动	用"线"、"面"、"册"计算工程量，是一般常用的工程量计算方法，实践证明，在一般工程上完全可以利用。但在特殊工程上，就不能完全用"线"或"面"的一个数作为基数，而必须结合实际灵活地计算

2. 统筹图

运用统筹法计算工程量，就是要根据统筹法原理对计价规范中清单列项和工程量计算规则，设计出"计算工程量程序统筹图"。统筹图以"三线一面"作为基数，连续计算与之有共性关系的分部分项工程量，而与基数共性关系的分部分项工程量则用"册"或图示尺寸进行计算。

（1）统筹图的主要内容

统筹图主要包括计算工程量的主次程序线、基数、分部分项工程量计算式及计算单位。主要程序线是指在"线"、"面"基数上连续计算项目的线，次要程序线是指在分部分项项目上连续计算的线。

（2）计算程序的统筹安排

统筹图的计算程序安排应遵循以下原则：

1）先主后次，统筹安排。用统筹法计算各分项工程量是从"线"、"面"基数的计算开始的。计算顺序必须本着先主后次原则统筹安排，才能达到连续计算的目的。先算的项目要为后算的项目创造条件，后算的项目就能在先算的基础上简化计算，有些项目只和基数有关系，与其他项目之间没有关系，先算后算均可，前后之间要参照定额程序安排，以方便计算。

2）共性合在一起，个性分别处理。分部分项工程量计算程序的安排，是根据分部分项工程之间共性与个性的关系，采取共性合在一起，个性分别处理的办法。

3）独立项目单独处理。对于一些独立项目的工程量计算，不能合在一起，也不能用"线"、"面"基数计算时，需要单独处理。可采用预先编制"册"的方法解决，只要查阅"册"即可得出所需要的各项工程量。或者利用按表格形式填写计算的方法。与"线"、"面"基数没有关系又不能预先编入"册"的项目，按图示尺寸分别计算。

3.2 土石方工程清单计价工程量计算

3.2.1 清单工程量计算规则

1. 土方工程

土方工程工程量清单项目设置、项目特征描述的内容、计量单位及工程量计算规则，应按表3-4的规定执行。

土方工程（编号：040101）   表3-4

项目编码	项目名称	项目特征	计量单位	工程量计算规则	工程内容
040101001	挖一般土方	1. 土壤类别 2. 挖土深度	m³	按设计图示尺寸以体积计算	1. 排地表水 2. 土方开挖 3. 围护（挡土板）及拆除 4. 基底钎探 5. 场内运输
040101002	挖沟槽土方			按设计图示尺寸以基础垫层底面积乘以挖土深度计算	
040101003	挖基坑土方				
040101004	暗挖土方	1. 土壤类别 2. 平洞、斜洞（坡度） 3. 运距		按设计图示断面乘以长度以体积计算	1. 排地表水 2. 土方开挖 3. 场内运输
040101005	挖淤泥、流砂	1. 挖掘深度 2. 运距		按设计图示位置、界限以体积计算	1. 开挖 2. 运输

2. 石方工程

石方工程工程量清单项目设置、项目特征描述的内容、计量单位及工程量计算规则，应按表3-5的规定执行。

石方工程（编号：040102）　　　　　　　　　　　表3-5

项目编码	项目名称	项目特征	计量单位	工程量计算规则	工程内容
040102001	挖一般石方	1. 岩石类别 2. 开凿深度	m³	按设计图示尺寸以体积计算	1. 排地表水 2. 石方开凿 3. 修整底、边 4. 场内运输
040102002	挖沟槽石方			按设计图示尺寸以基础垫层底面积乘以挖石深度计算	
040102003	挖基坑石方				

3. 回填方及土石方运输

回填方及土石方运输工程量清单项目设置、项目特征描述的内容、计量单位及工程量计算规则，应按表3-6的规定执行。

回填方及土石方运输（编码：040103）　　　　　　　表3-6

项目编码	项目名称	项目特征	计量单位	工程量计算规则	工程内容
040103001	回填方	1. 密实度要求 2. 填方材料品种 3. 填方粒径要求 4. 填方来源、运距	m³	1. 按挖方清单项目工程量加原地面线至设计要求标高间的体积，减基础、构筑物等埋入体积计算 2. 按设计图示尺寸以体积计算	1. 运输 2. 回填 3. 压实
040103002	余方弃置	1. 废弃料品种 2. 运距		按挖方清单项目工程量减利用回填方体积（正数）计算	余方点装料运输至弃置点

3.2.2　清单相关问题及说明

1. 土方工程

（1）沟槽、基坑、一般土方的划分为：底宽≤7m且底长＞3倍底宽为沟槽，底长≤3倍底宽且底面积≤150m² 为基坑。超出上述范围则为一般土方。

（2）土壤的分类应按表3-7确定。

（3）如土壤类别不能准确划分时，招标人可注明为综合，由投标人根据地勘报告决定报价。

（4）土方体积应按挖掘前的天然密实体积计算。

（5）挖沟槽、基坑土方中的挖土深度，一般指原地面标高至槽、坑底的平均高度。

（6）挖沟槽、基坑、一般土方因工作面和放坡增加的工程量，是否并入各土方工程量中，按各省、自治区、直辖市或行业建设主管部门的规定实施。如并入各土方工程量中，编制工程量清单时，可按表3-8、表3-9规定计算；办理工程结算时，按经发包人认可的施工组织设计规定计算。

土壤分类表

表 3-7

土壤分类	土 壤 名 称	开 挖 方 法
一、二类土	粉土、砂土（粉砂、细砂、中砂、粗砂、砾砂）、粉质黏土、弱中盐渍土、软土（淤泥质土、泥炭、泥炭质土）、软塑红黏土、冲填土	用锹，少许用镐、条锄开挖。机械能全部直接铲挖满载者
三类土	黏土、碎石土（圆砾、角砾）、混合土、可塑红黏土、硬塑红黏土、强盐渍土、素填土、压实填土	主要用镐、条锄，少许用锹开挖。机械需部分刨松方能铲挖满载者或可直接铲挖但不能满载者
四类土	碎石土（卵石、碎石、漂石、块石）、坚硬红黏土、超盐渍土、杂填土	全部用镐、条锄挖掘，少许用撬棍挖掘。机械需普遍刨松方能铲挖满载者

注：本表土的名称及其含义按现行国家标准《岩土工程勘察规范》（GB 50021—2001）（2009 年局部修订版）定义。

放坡系数表

表 3-8

土壤类别	放坡起点深度/m	机 械 挖 土			人工挖土
		在沟槽、坑内作业	在沟槽侧、坑边上作业	顺沟槽方向坑上作业	
一、二类土	1.20	1:0.33	1:0.75	1:0.50	1:0.50
三类土	1.50	1:0.25	1:0.67	1:0.33	1:0.33
四类土	2.00	1:0.10	1:0.33	1:0.25	1:0.25

注：1. 沟槽、基坑中土类别不同时，分别按其放坡起点、放坡系数，依不同土类别厚度加权平均计算。

2. 计算放坡时，在交接处的重复工程量不予扣除，原槽、坑做基础垫层时，放坡自垫层上表面开始计算。

3. 本表按《全国统一市政工程预算定额》（GYD-301—1999）整理，并增加机械挖土顺沟槽方向坑上作业的放坡系数。

管沟底部每侧工作面宽度（单位：mm）

表 3-9

管道结构宽	混凝土管道基础90°	混凝土管道基础>90°	金属管道	构 筑 物	
				无防潮层	有防潮层
500 以内	400	400	300	400	600
1000 以内	500	500	400		
2500 以内	600	500	400		
2500 以上	700	600	500		

注：1. 管道结构宽：有管座按管道基础外缘，无管座按管道外径计算；构筑物按基础外缘计算。

2. 本表按《全国统一市政工程预算定额》（GYD-301—1999）整理，并增加管道结构宽 2500mm 以上的工作面宽度值。

（7）挖沟槽、基坑、一般土方和暗挖土方清单项目的工作内容中仅包括了土方场内平衡所需的运输费用，如需土方外运时，按 040103002"余方弃置"项目编码列项。

（8）挖方出现流砂、淤泥时，如设计未明确，在编制工程量清单时，其工程数量可为暂估值。结算时，应根据实际情况由发包人与承包人双方现场签证确认工程量。

（9）挖淤泥、流砂的运距可以不描述，但应注明由投标人根据施工现场实际情况自行考虑决定报价。

2. 石方工程

（1）沟槽、基坑、一般石方的划分为：底宽≤7m且底长>3倍底宽为沟槽；底长≤3倍底宽且底面积≤150m² 为基坑；超出上述范围则为一般石方。

（2）岩石的分类应按表3-10确定。

岩石分类表　　　　　　　　　　　　　　　　　　　　　　　　　表3-10

岩石分类		代 表 性 岩 石	开 挖 方 法
极软岩		1. 全风化的各种岩石 2. 各种半成岩	部分用手凿工具、部分用爆破法开挖
软质岩	软 岩	1. 强风化的坚硬岩或较硬岩 2. 中等风化——强风化的较软岩 3. 未风化——微风化的页岩、泥岩、泥质砂岩等	用风镐和爆破法开挖
	较软岩	1. 中等风化——强风化的坚硬岩或较硬岩 2. 未风化——微风化的凝灰岩、千枚岩、泥灰岩、砂质泥岩等	用爆破法开挖
硬质岩	较硬岩	1. 微风化的坚硬岩 2. 未风化——微风化的大理岩、板岩、石灰岩、白云岩、钙质砂岩等	用爆破法开挖
	坚硬岩	未风化——微风化的花岗岩、闪长岩、辉绿岩、玄武岩、安山岩、片麻岩、石英岩、石英砂岩、硅质砾岩、硅质石灰岩等	

注：本表依据现行国家标准《工程岩体分级标准》（GB 50218-1994）和《岩土工程勘察规范》（GB 50021—2001）（2009年局部修订版）整理。

（3）石方体积应按挖掘前的天然密实体积计算。

（4）挖沟槽、基坑、一般石方因工作面和放坡增加的工程量，是否并入各石方工程量中，按各省、自治区、直辖市或行业建设主管部门的规定实施。如并入各石方工程量中，编制工程量清单时，其所需增加的工程数量可为暂估值，且在清单项目中予以注明；办理工程结算时，按经发包人认可的施工组织设计规定计算。

（5）挖沟槽、基坑、一般石方清单项目的工作内容中仅包括了石方场内平衡所需的运输费用，如需石方外运时，按040103002"余方弃置"项目编码列项。

（6）石方爆破按现行国家标准《爆破工程工程量计算规范》（GB 50862—2013）相关项目编码列项。

3. 回填方及土石方运输

（1）填方材料品种为土时，可以不描述。

（2）填方粒径，在无特殊要求情况下，项目特征可以不描述。

（3）对于沟、槽坑等开挖后再进行回填方的清单项目，其工程量计算规则按第1条确定；场地填方等按第2条确定。其中，对工程量计算规则1，当原地面线高于设计要求标高时，则其体积为负值。

（4）回填方总工程量中若包括场内平衡和缺方内运两部分时，应分别编码列项。

（5）余方弃置和回填方的运距可以不描述，但应注明由投标人根据施工现场实际情况自行考虑决定报价。

（6）回填方如需缺方内运，且填方材料品种为土方时，是否在综合单价中计入购买土方的费用，由投标人根据工程实际情况自行考虑决定报价。

4. 其他问题

（1）隧道石方开挖按"隧道工程"中相关项目编码列项。

（2）废料及余方弃置清单项目中，如需发生弃置、堆放费用的，投标人应根据当地有关规定计取相应费用，并计入综合单价中。

3.2.3　土石方工程量计算方法

1. 大型土石方工程量计算

（1）横断面计算方法

横断面法适用于地形起伏变化较大或形状狭长的地带，其方法是：

首先，根据地形图及总平面图，在要计算的场地上划出若干个横断面，相邻两横断面之间的间隔距离视地形变化而定。在起伏变化大的地段，布置密一些（即距离短一些）；反之则可适当长一些。如线路横断面在平坦地区，可取 50m 间隔，山坡地区可取 20m，遇到变化大的地段再加测断面。

然后，实测每个横断面上各特征点的标高，量出各点之间的距离（如果测区已有比较精确的大比例尺地形图，也可在图上设置横断面，用比例尺直接量取距离，按等高线求算高程，方法简捷，就其精度来说没有实测的高），按比例把每个横断面绘制到厘米方格纸上，并套上相应的设计断面，则自然地面和设计地面两轮廓线之间的部分，即是需要计算的施工部分。

具体计算步骤为：

1）划横断面：根据地形图（或直接测量）及竖向布置图，将要计算的场地划分横断面 $A-A'$、$B-B'$、$C-C'$……。划分原则为垂直于等高线，或垂直于主要建筑物边长。横断面之间的间距可不等，地形变化复杂的间距宜小，反之宜大些，但最大不大于100m。

2）画断面图形：按比例画制每个横断面的自然地面和设计地面的轮廓线。设计地面轮廓线与自然地面轮廓线之间的部分即为填方和挖方的断面。

3）计算横断面面积：按表3-11中的面积计算公式，计算每个断面的填方或挖方断面积。

4）计算土方量：根据截面面积计算土方量，公式为：

$$V = \frac{1}{2}(F_1 + F_2)L \tag{3-1}$$

式中　V——相邻两断面间的土方量，m^3；

F_1，F_2——相邻两断面的挖（填）方截面积，m^2；

　　L——相邻两断面间的间距，m。

5）汇总：填写土方量汇总表。

（2）方格网计算方法

方格网法适用于地形比较平坦或面积比较大的工程项目，如大型工业厂房及住宅区、车站、机场、广场等的场地平整。

序号	图示	面积计算公式	
1		$F = h(b + nh)$	(3-2)
2		$F = h\left[b + \dfrac{h(m+n)}{2}\right]$	(3-3)
3		$F = b\dfrac{h_1 + h_2}{2} + nh_1h_2$	(3-4)
4		$F = h_1\dfrac{a_1 + a_2}{2} + h_2\dfrac{a_2 + a_3}{2} + h_3\dfrac{a_3 + a_4}{2} + h_4\dfrac{a_4 + a_5}{2}$	(3-5)
5		$F = \dfrac{a}{2}(h_0 + 2h + h_n)$ $h = h_1 + h_2 + h_3 + \cdots + h_n$	(3-6)

  方格网法与断面法一样，既可实测，也可在图上进行。如果施工区域已有 1:500 或 1:1000 近期测定的比较准确的地形图，即可在图上进行。根据地形起伏情况，选择适当的方格网，一般常用 20m × 20m 的方格。如地形复杂或精度要求高，可选用 10m × 10m 或 5m × 5m 方格；反之，可用大方格；但最大不宜超过 50m × 50m，按比例绘制到地形图上，按等高线求算每方格点地面的高程（此过程相当于实测过程），然后按坐标关系将设计标高套到方格网上，也算出每方格点的设计高程，根据地面高和设计高，求出每点施工高，标出正负，以示挖填。从方格点和方格边上找出挖填零点（即设计高和地面高相等，不挖不填的点），连接相邻零点，即可绘出开挖零线，据此，用几何方法按每格（可能是整方格，也可能是三角形或五边形）所围面积乘以各角点的平均高，得每格体积，按挖填分别相加汇总，即可得总工程量。此方格网图下一步可用作土方平衡调配之用。

  实测方格网的区别仅在于按坐标在现场放出方格网，用水准点或三角高程测定每个方格点的地面高程，其余步骤均与上法（在地形图上定方格网）相同。

  实际上，横断面法和方格网法的几何原理是相同的。只不过前者是纵向分段，用断面积乘水平距离来计算体积；后者是纵横分格，用平面积乘垂直距离（平均高）来计算体积。

  具体计算步骤为：

  1）划方格网：根据已有地形图划分方格网，方格大小一般为 20m × 20m、40m ×

40m，并根据地形图套出方格各点的设计标高和地面标高，求出各点的施工挖土或填土高度。

2）计算零点位置：计算确定方格网中两端角点施工高度符号不同的方格边上零点位置，标于图上，并将各零点连接起来，即得到各种不同底面积的计算图形，建筑场地被零线划分为挖方区和填方区。

3）计算土方量：按底面积图形和表 3-12 的体积计算公式，计算每个方格内的挖、填土方量。

方格网点常用计算公式　　　　　　　　　　　　　表 3-12

序号	图　　示	计　算　方　法
1		方格内四角全为挖方或填方： $$V = \frac{a^2}{4}(h_1 + h_2 + h_3 + h_4) \qquad (3\text{-}7)$$
2		三角锥体，当三角锥体全为挖方或填方： $$F = \frac{a^2}{2}; \quad V = \frac{a^2}{6}(h_1 + h_2 + h_3) \qquad (3\text{-}8)$$
3		方格网内，一对角线为零线，另两角点一为挖方一为填方： $$F_{挖} = F_{填} = \frac{a^2}{2} \qquad (3\text{-}9)$$ $$V_{挖} = \frac{a^2}{6}h_1; \quad V_{填} = \frac{a^2}{6}h_2 \qquad (3\text{-}10)$$
4		方格网内，三角为挖（填）方，一角为填（挖）方： $$b = \frac{ah_4}{h_1 + h_4}; \quad c = \frac{ah_4}{h_3 + h_4} \qquad (3\text{-}11)$$ $$F_{填} = \frac{1}{2}bc; \quad F_{挖} = a^2 - \frac{1}{2}bc \qquad (3\text{-}12)$$ $$V_{填} = \frac{h_4}{6}bc = \frac{a^2 h_4^3}{6(h_1 + h_4)(h_3 + h_4)} \qquad (3\text{-}13)$$ $$V_{挖} = \frac{a^2}{6} - (2h_1 + h_2 + 2h_3 - h_4) + V_{填} \qquad (3\text{-}14)$$
5		方格网内，两角为挖，两角为填： $$b = \frac{ah_1}{h_1 + h_4}; \quad c = \frac{ah_2}{h_2 + h_3}; \quad d = a - b; \quad c = a - e \qquad (3\text{-}15)$$ $$F_{挖} = \frac{1}{2}(b + c)a; \quad F_{填} = \frac{1}{2}(d + e)a \qquad (3\text{-}16)$$ $$V_{挖} = \frac{a}{4}(h_1 + h_2)\frac{b + c}{2} = \frac{a}{8}(b + c)(h_1 + h_2) \qquad (3\text{-}17)$$ $$V_{填} = \frac{a}{4}(h_3 + h_4)\frac{d + e}{2} = \frac{a}{8}(d + e)(h_3 + h_4) \qquad (3\text{-}18)$$

4）汇总：将计算出来的每个方格的挖填土方量汇总，即得该建筑场地挖、填的总土方量。

2. 挖沟槽土石方工程量计算

挖沟槽土方工程工程量计算公式如下：

$$外墙沟槽：V_挖 = S_断 L_{外中} \tag{3-19}$$

$$内墙沟槽：V_挖 = S_断 L_{基底净长} \tag{3-20}$$

$$管道沟槽：V_挖 = S_断 L_中 \tag{3-21}$$

其中沟槽断面有如下形式：

（1）钢筋混凝土基础有垫层

1）两面放坡沟槽断面形式如图3-1所示，其断面面积：

$$S_断 = [(b + 2 \times 0.3) + mh]h + (b' + 2 \times 0.1)h' \tag{3-22}$$

2）不放坡无挡土板沟槽断面形式如图3-2所示，其断面面积：

$$S_断 = (b + 2 \times 0.3)h + (b' + 2 \times 0.1)h' \tag{3-23}$$

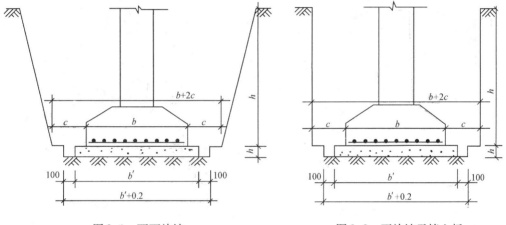

图3-1　两面放坡　　　　　　　　　　图3-2　不放坡无挡土板

3）不放坡加两面挡土板沟槽断面形式如图3-3所示，其断面面积：

$$S_断 = (b + 2 \times 0.3 + 2 \times 0.1)h + (b' + 2 \times 0.1)h' \tag{3-24}$$

4）一面放坡一面挡土板沟槽形式如图3-4所示，其断面面积：

$$S_断 = (b + 2 \times 0.3 + 0.1 + 0.5mh)h + (b' + 2 \times 0.1)h' \tag{3-25}$$

（2）基础有其他垫层

1）两面放坡沟槽形式如图3-5所示，其断面面积：

$$S_断 = (b' + mh) + b'h' \tag{3-26}$$

2）不放坡无挡土板沟槽形式如图3-6所示，其断面面积：

$$S_断 = b'(h + h') \tag{3-27}$$

（3）基础无垫层

1）两面放坡沟槽形式如图3-7所示，其断面面积：

$$S_断 = [(b + 2c) + mh]h \tag{3-28}$$

2）不放坡无挡土板沟槽形式如图3-8所示，其断面面积：

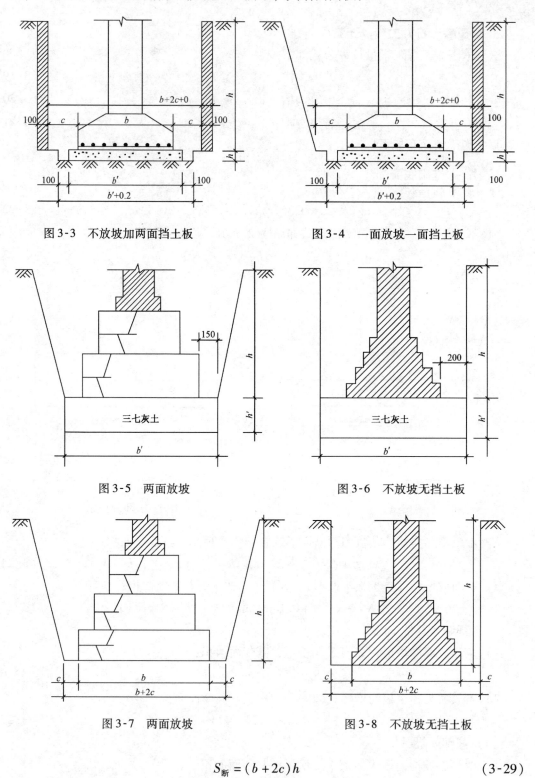

图3-3 不放坡加两面挡土板   图3-4 一面放坡一面挡土板

图3-5 两面放坡   图3-6 不放坡无挡土板

图3-7 两面放坡   图3-8 不放坡无挡土板

$$S_{断} = (b + 2c)h \qquad\qquad (3-29)$$

3）不放坡加两面挡土板沟槽形式如图3-9所示，其断面面积：

74

$$S_{断} = (b + 2c + 2 \times 0.1)h \qquad (3\text{-}30)$$

4）一面放坡一面挡土板沟槽形式如图 3-10 所示，其断面面积：

$$S_{断} = (b + 2c + 0.1 + 0.5mh)h \qquad (3\text{-}31)$$

式中　$S_{断}$——沟槽断面面积，m^2；

　　　m——放坡系数；

　　　c——工作面宽度，m；

　　　h——从室外设计地面至基础底深度，即垫层上基槽开挖深度，m；

　　　h'——基础垫层高度，m；

　　　b——基础底面宽度，m；

　　　b'——垫层宽度，m。

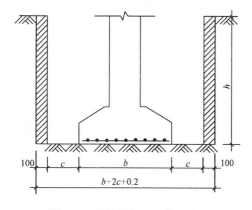 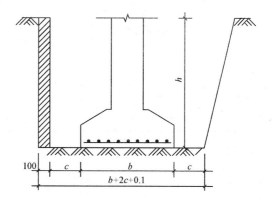

图 3-9　不放坡加两面挡土板　　　　　图 3-10　一面放坡一面加挡土板

3. 边坡土方工程量计算

为了保持土体的稳定和施工安全，挖方和填方的周边都应修筑成适当的边坡。边坡的表示方法如图 3-11（a）所示。图中的 m 为边坡底的宽度 b 与边坡高度 h 的比，称为坡度系数。当边坡高度 h 为已知时，所需边坡底宽 b 即等于 mh（$1 : m = h : b$）。若边坡高度较大，可在满足土体稳定的条件下，根据不同的土层及其所受的压力，将边坡修筑成折线形，如图 3-11（b）所示，以减小土方工程量。

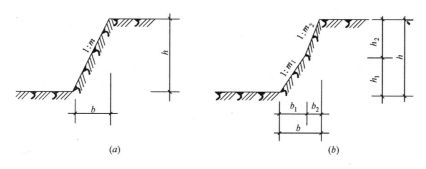

（a）　　　　　　　　　　　（b）

图 3-11　土体边坡表示方法

（a）直线形边坡坡度表示方法；（b）折线形边坡坡度表示方法

边坡的坡度系数（边坡宽度：边坡高度）根据不同的填挖高度（深度）、土的物理性质和工程的重要性，在设计文件中应有明确的规定。常用的挖方边坡坡度和填方高度限值，见表3-13和表3-14。

水文地质条件良好时永久性土工构筑物挖方的边坡坡度　　　表3-13

项　　次	挖　方　性　质	边坡坡度
1	在天然湿度、层理均匀，不易膨胀的黏土、粉质黏土、粉土和砂土（不包括细砂、粉砂）内挖方，深度不超过3m	1:1 ~ 1:1.25
2	土质同上，深度为3 ~ 12m	1:1.25 ~ 1:1.50
3	干燥地区内土质结构未经破坏的干燥黄土及类黄土，深度不超过12m	1:0.1 ~ 1:1.25
4	在碎石和泥灰岩土内的挖方，深度不超过12m，根据土的性质、层理特性和挖方深度确定	1:0.5 ~ 1:1.5

填方边坡为1:1.5时的高度限制　　　表3-14

项次	土的种类	填方高度/m	项次	土的种类	填方高度/m
1	黏土类土、黄土、类黄土	6	4	中砂和粗砂	10
2	粉质黏土、泥灰岩土	6 ~ 7	5	砾石和碎石土	10 ~ 12
3	粉土	6 ~ 8	6	易风化的岩石	12

3.2.4　土石方工程工程量计算实例

【例3-1】某基坑如图3-12所示，基坑为矩形放坡，采用人工开挖，土质为四类，不支挡土板，留工作面，室外标高为－0.300m，取土或余土外运工程量（填方密实度为95%，余土运至3km处弃置）。求该基坑的挖土、回填土工程量。

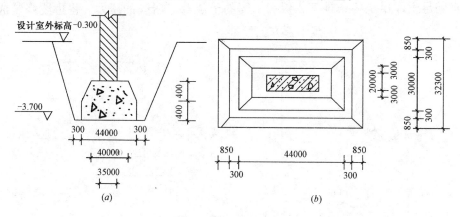

图3-12　基坑示意图
（a）断面图；（b）平面图

【解】

清单工程量计算表见表3-15，分部分项工程和单价措施项目清单与计价表见表3-16。

清单工程量计算表　　　　　　　　　　表3-15

工程名称：某基坑开挖工程

序号	清单项目编码	清单项目名称	计　　算　　式	工程量合计	计量单位
1	040101003001	挖基坑土方	$V_1 = [44 + 0.3 \times 2 + (3.7 - 0.3) \times 0.25 \times 2] \times [30 + 0.3 \times 2 + (3.7 - 0.3) \times 0.25 \times 2] \times (3.7 - 0.3)$	5084.67	m^3
2	040103001001	回填方	$\dfrac{x}{x + 0.4} = \dfrac{40}{44}$　　$x = 4m$　$x + 0.4 = 4.4$ $V_2 = 5084.67 - [44 \times 30 \times 0.4 + \dfrac{1}{3} \times (44 \times 30 \times 4.4 - 40 \times 26 \times 4) + 35 \times 20 \times (3.7 - 0.3 - 0.8)]$	2539.34	m^3
3	040103002001	余方弃置	$V_3 = 5084.67 - 2539.34$	2545.33	m^3

分部分项工程和单价措施项目清单与计价表　　　　　　　　表3-16

工程名称：某基坑开挖工程

序号	项目编码	项目名称	项目特征描述	计量单位	工程量	金额（元）	
						综合单价	合价
1	040101003001	挖基坑土方	1. 土壤类别：四类土 2. 挖土深度：3.4m	m^3	5084.67		
2	040103001001	回填方	密实度要求：99.5%	m^3	2539.34		
3	040103002001	余方弃置	运距：3km	m^3	2545.33		

【例3-2】 某建筑场地的方格网布置、设计标高和自然地面标高如图3-13所示。场地总面积为80m×40m，各方格的边长均为20m。根据设计要求，泄水坡度为$i_x = 0.3\%$，$i_y = 0.2\%$。试计算挖土方、填土方工程量。

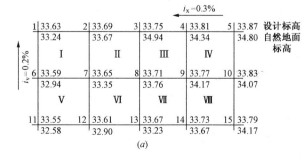
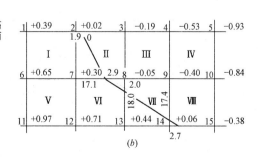

图3-13　方格网布置

【解】以 5 点的 33.87m 为起点，算出每一点的设计标高，标注在图上。计算出每一点的施工高度，注在图 3-13（b）上。

计算零点位置：

在 2~3 线上，$b = \dfrac{20 \times 0.02}{0.02 + 0.19} = 1.9\text{m}$

在 7~8 线上，$b = \dfrac{20 \times 0.3}{0.3 + 0.05} = 17.1\text{m}$

在 8~13 线上，$b = \dfrac{20 \times 0.44}{0.44 + 0.05} = 18\text{m}$

在 9~14 线上，$b = \dfrac{20 \times 0.0 = 4}{0.4 + 0.06} = 17.4\text{m}$

在 14~15 线上，$b = \dfrac{20 \times 0.06}{0.06 + 0.38} = 2.7\text{m}$

计算各方面工程量：

方格 Ⅰ、Ⅲ、Ⅳ、Ⅴ，底面均为正方形。

$$V_{\text{I}(-)} = \frac{20 \times 20}{4} \times (0.39 + 0.02 + 0.3 + 0.65) = 136\text{m}^3$$

$$V_{\text{II}(+)} = \frac{20 \times 20}{4} \times (0.19 + 0.53 + 0.4 + 0.05) = 117\text{m}^3$$

$$V_{\text{IV}(+)} = \frac{20 \times 20}{4} \times (0.53 + 0.93 + 0.84 + 0.4) = 270\text{m}^3$$

$$V_{\text{V}(-)} = \frac{20 \times 20}{4} \times (0.65 + 0.3 + 0.71 + 0.97) = 263\text{m}^3$$

方格 Ⅱ、Ⅶ，底面均为两个梯形。

$$V_{\text{I}(-)} = \frac{a}{8}(b + c)(h_1 + h_2) = \frac{20}{8} \times (1.9 + 17.1) \times (0.02 + 0.3) = 15.2\text{m}^3$$

$$V_{\text{II}(+)} = \frac{a}{8}(d + e)(h_3 + h_4) = \frac{20}{8} \times (18.1 + 2.9) \times (0.19 + 0.05) = 12.6\text{m}^3$$

$$V_{\text{VII}(+)} = \frac{20}{8} \times (2 + 17.4) \times (0.05 + 0.4) = 21.88\text{m}^3$$

$$V_{\text{VIII}(-)} = \frac{20}{8} \times (18 + 2.6) \times (0.44 + 0.06) = 25.75\text{m}^3$$

方格 Ⅵ、Ⅶ 底面为一个三角形和一个五边形。

$$V_{\text{VI}} = \frac{h}{6} \times b \times c = \frac{0.05}{6} \times 2.9 \times 2 = 0.05\text{m}^3$$

$$V_{\text{VII}(-)} = \frac{a^2}{6}(2h_1 + h_2 + 2h_3 - h_4) + V_{(+)}$$

$$= \frac{20 \times 20}{6}(2 \times 0.3 + 0.71 + 2 \times 0.44 - 0.55) + 0.55 = 142.71\text{m}^3$$

$$V_{\text{VII}(-)} = \frac{h}{6} \times b \times c = \frac{0.06}{6} \times 2.7 \times 2.6 = 0.07\text{m}^3$$

$$V_{\text{VII}(+)} = \frac{20 \times 20}{6}(2 \times 0.4 + 0.84 + 2 \times 0.38 - 0.06) + 0.07 = 156.07\text{m}^3$$

工程量汇总：
$$\sum V_{挖} = 117 + 270 + 12.6 + 21.83 + 0.05 + 156.07 = 577.55m^3$$
$$\sum V_{填} = 136 + 263 + 15.2 + 25.75 + 142.71 + 0.07 = 582.73m^3$$

【例3-3】某排水工程，采用钢筋混凝土承插管，管径 $\phi600$。管道长度100m，土方开挖深度平均为3m，回填至原地面标高，余土外运。土方类别为三类土，采用人工开挖及回填，回填压实率为95%（图3-14）。试根据以下要求列出该管道土方工程的分部分项工程量清单。

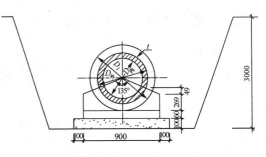

图3-14 实例工程图

（1）沟槽土方因工作面和放坡增加的工程量，并入清单土方工程量中。

（2）暂不考虑检查井等所增加土方的因素。

（3）混凝土管道外径为 $\phi720$，管道基础（不含垫层）每米混凝土工程量为 $0.227m^3$。

【解】

清单工程量计算表见表3-17 分部分项工程和单价措施项目清单与计价表见表3-18。

清单工程量计算表　　　　　　　　　　表3-17

工程名称：某排水工程

序号	清单项目编码	清单项目名称	计 算 式	工程量合计	计量单位
1	040101002001	挖沟槽土方	$(0.9 + 0.5 \times 2 + 0.33 \times 3) \times 3 \times 100$	867	m^3
2	040103001001	回 填 方	$867 - 74.42$	792.58	m^3
3	040103002001	余方弃置	$(1.1 \times 0.1 + 0.227 + 3.1416 \times 0.36 \times 0.36) \times 100$	74.42	m^3

分部分项工程和单价措施项目清单与计价表　　　　　　　　　表3-18

工程名称：某排水工程

序号	项目编码	项目名称	项目特征描述	计量单位	工程量	金额（元） 综合单价	合价
1	040101002001	挖沟槽土方	1. 土壤类别：三类土 2. 挖土深度：平均3m	m^2	867		
2	040103001001	回填方	1. 密实度要求：95% 2. 填方材料品种：原土回填 3. 填方来源、运距：就地回填	m^2	792.58		
3	040103002001	余方弃置	1. 废弃料品种：土方 2. 运距：由投标单位自行考虑	m^2	74.42		

3.3 道路工程清单计价工程量计算

3.3.1 清单工程量计算规则

1. 路基处理

路基处理工程量清单项目设置、项目特征描述的内容、计量单位及工程量计算规则，应按表 3-19 的规定执行。

路基处理（编码：040201）　　　　　表 3-19

项目编码	项目名称	项目特征	计量单位	工程量计算规则	工程内容
040201001	预压地基	1. 排水竖井种类、断面尺寸、排列方式、间距、深度 2. 预压方法 3. 预压荷载、时间 4. 砂垫层厚度	m^2	按设计图示尺寸以加固面积计算	1. 设置排水竖井、盲沟、滤水管 2. 铺设砂垫层、密封膜 3. 堆载、卸载或抽气设备安拆、抽真空 4. 材料运输
040201002	强夯地基	1. 夯击能量 2. 夯击遍数 3. 地耐力要求 4. 夯填材料种类			1. 铺设夯填材料 2. 强夯 3. 夯填材料运输
040201003	振冲密实（不填料）	1. 地层情况 2. 振密深度 3. 孔距 4. 振冲器功率			1. 振冲加密 2. 泥浆运输
040201004	掺石灰	含灰量	m^3	按设计图示尺寸以体积计算	1. 掺石灰 2. 夯实
040201005	掺干土	1. 密实度 2. 掺土率			1. 掺干土 2. 夯实
040201006	掺石	1. 材料品种、规格 2. 掺石率			1. 掺石 2. 夯实
040201007	抛石挤淤	材料品种、规格			1. 抛石挤淤 2. 填塞垫平、压实
040201008	袋装砂井	1. 直径 2. 填充料品种 3. 深度	m	按设计图示尺寸以长度计算	1. 制作砂袋 2. 定位沉管 3. 下砂袋 4. 拔管
040201009	塑料排水板	材料品种、规格			1. 安装排水板 2. 沉管插板 3. 拔管

项目编码	项目名称	项目特征	计量单位	工程量计算规则	工程内容
040201010	振冲桩（填料）	1. 地层情况 2. 空桩长度、桩长 3. 桩径 4. 填充材料种类	1. m 2. m³	1. 以米计量，按设计图示尺寸以桩长计算 2. 以立方米计量，按设计桩截面乘以桩长以体积计算	1. 振冲成孔、填料、振实 2. 材料运输 3. 泥浆运输
040201011	砂石桩	1. 地层情况 2. 空桩长度、桩长 3. 桩径 4. 成孔方法 5. 材料种类、级配		1. 以米计量，按设计图示尺寸以桩长（包括桩尖）计算 2. 以立方米计量，按设计桩截面乘以桩长（包括桩尖）以体积计算	1. 成孔 2. 填充、振实 3. 材料运输
040201012	水泥粉煤灰碎石桩	1. 地层情况 2. 空桩长度、桩长 3. 桩径 4. 成孔方法 5. 混合料强度等级		按设计图示尺寸以桩长（包括桩尖）计算	1. 成孔 2. 混合料制作、灌注、养护 3. 材料运输
040201013	深层水泥搅拌桩	1. 地层情况 2. 空桩长度、桩长 3. 桩截面尺寸 4. 水泥强度等级、掺量			1. 预搅下钻、水泥浆制作、喷浆搅拌提升成桩 2. 材料运输
040201014	粉喷桩	1. 地层情况 2. 空桩长度、桩长 3. 桩径 4. 粉体种类、掺量 5. 水泥强度等级、石灰粉要求	m	按设计图示尺寸以桩长计算	1. 预搅下钻、喷粉搅拌提升成桩 2. 材料运输
040201015	高压水泥旋喷桩	1. 地层情况 2. 空桩长度、桩长 3. 桩截面 4. 旋喷类型、方法 5. 水泥强度等级、掺量			1. 成孔 2. 水泥浆制作、高压旋喷注浆 3. 材料运输
040201016	石灰桩	1. 地层情况 2. 空桩长度、桩长 3. 桩径 4. 成孔方法 5. 掺和料种类、配合比		按设计图示尺寸以桩长（包括桩尖）计算	1. 成孔 2. 混合料制作、运输、夯填

项目编码	项目名称	项目特征	计量单位	工程量计算规则	工程内容
040201017	灰土（土）挤密桩	1. 地层情况 2. 空桩长度、桩长 3. 桩径 4. 成孔方法 5. 灰土级配	m	按设计图示尺寸以桩长（包括桩尖）计算	1. 成孔 2. 灰土拌和、运输、填充、夯实
040201018	柱锤冲扩桩	1. 地层情况 2. 空桩长度、桩长 3. 桩径 4. 成孔方法 5. 桩体材料种类、配合比		按设计图示尺寸以桩长计算	1. 安拔套管 2. 冲孔、填料、夯实 3. 桩体材料制作、运输
040201019	地基注浆	1. 地层情况 2. 成孔深度、间距 3. 浆液种类及配合比 4. 注浆方法 5. 水泥强度等级、用量	1. m 2. m³	1. 以米计量，按设计图示尺寸以深度计算 2. 以立方米计量，按设计图示尺寸以加固体积计算	1. 成孔 2. 注浆导管制作、安装 3. 浆液制作、压浆 4. 材料运输
040201020	褥垫层	1. 厚度 2. 材料品种、规格及比例	1. m² 2. m³	1. 以平方米计量，按设计图示尺寸以铺设面积计算 2. 以立方米计量，按设计图示尺寸以铺设体积计算	1. 材料拌和、运输 2. 铺设 3. 压实
040201021	土工合成材料	1. 材料品种、规格 2. 搭接方式	m²	按设计图示尺寸以面积计算	1. 基层整平 2. 铺设 3. 固定
040201022	排水沟、截水沟	1. 断面尺寸 2. 基础、垫层：材料品种、厚度 3. 砌体材料 4. 砂浆强度等级 5. 伸缩缝填塞 6. 盖板材质、规格	m	按设计图示以长度计算	1. 模板制作、安装、拆除 2. 基础、垫层铺筑 3. 混凝土拌和、运输、浇筑 4. 侧墙浇捣或砌筑 5. 勾缝、抹面 6. 盖板安装
040201023	盲沟	1. 材料品种、规格 2. 断面尺寸			铺筑

2. 道路基层

道路基层工程量清单项目设置、项目特征描述的内容、计量单位及工程量计算规则，应按表3-20的规定执行。

道路基层（编码：040202）　　　　　　　　　表3-20

项目编码	项目名称	项 目 特 征	计量单位	工程量计算规则	工 程 内 容
040202001	路床（槽）整形	1. 部位 2. 范围	m²	按设计道路底基层图示尺寸以面积计算，不扣除各类井所占面积	1. 放样 2. 整修路拱 3. 碾压成型
040202002	石灰稳定土	1. 含灰量 2. 厚度		按设计图示尺寸以面积计算，不扣除各类井所占面积	1. 拌和 2. 运输 3. 铺筑 4. 找平 5. 碾压 6. 养护
040202003	水泥稳定土	1. 水泥含量 2. 厚度			
040202004	石灰、粉煤灰、土	1. 配合比 2. 厚度			
040202005	石灰、碎石、土	1. 配合比 2. 碎石规格 3. 厚度			
040202006	石灰、粉煤灰、碎（砾）石	1. 配合比 2. 碎（砾）石规格 3. 厚度			
040202007	粉煤灰	厚度			
040202008	矿渣				
040202009	砂砾石	1. 石料规格 2. 厚度			
040202010	卵石				
040202011	碎石				
040202012	块石				
040202013	山皮石				
040202014	粉煤灰三渣	1. 配合比 2. 厚度			
040202015	水泥稳定碎（砾）石	1. 水泥含量 2. 石料规格 3. 厚度			
040202016	沥青稳定碎石	1. 沥青品种 2. 石料规格 3. 厚度			

3. 道路面层

道路面层工程量清单项目设置、项目特征描述的内容、计量单位及工程量计算规则，应按表3-21的规定执行。

项目编码	项目名称	项 目 特 征	计量单位	工程量计算规则	工 程 内 容
040203001	沥青表面处治	1. 沥青品种 2. 层数			1. 喷油、布料 2. 碾压
040203002	沥青贯入式	1. 沥青品种 2. 石料规格 3. 厚度			1. 摊铺碎石 2. 喷油、布料 3. 碾压
040203003	透层、粘层	1. 材料品种 2. 喷油量			1. 清理下承面 2. 喷油、布料
040203004	封层	1. 材料品种 2. 喷油量 3. 厚度			1. 清理下承面 2. 喷油、布料 3. 压实
040203005	黑色碎石	1. 材料品种 2. 石料规格 3. 厚度			1. 清理下承面 2. 拌和、运输 3. 摊铺、整型 4. 压实
040203006	沥青混凝土	1. 沥青品种 2. 沥青混凝土种类 3. 石料粒料 4. 掺合料 5. 厚度	m²	按设计图示尺寸以面积计算，不扣除各种井所占面积，带平石的面层应扣除平石所占面积	1. 清理下承面 2. 拌和、运输 3. 摊铺、整型 4. 压实
040203007	水泥混凝土	1. 混凝土强度等级 2. 掺合料 3. 厚度 4. 嵌缝材料			1. 模板制作、安装、拆除 2. 混凝土拌和、运输、浇筑 3. 拉毛 4. 压痕或刻防滑槽 5. 伸缝 6. 缩缝 7. 锯缝、嵌缝 8. 路面养护
040203008	块料面层	1. 块料品种、规格 2. 垫层:材料品种、厚度、强度等级			1. 铺筑垫层 2. 铺砌块料 3. 嵌缝、勾缝
040203009	弹性面层	1. 材料品种 2. 厚度			1. 配料 2. 铺贴

4. 人行道及其他

人行道及其他工程量清单项目设置、项目特征描述的内容、计量单位及工程量计算规则，应按表 3-22 的规定执行。

项目编码	项目名称	项 目 特 征	计量单位	工程量计算规则	工 程 内 容
040204001	人行道整形碾压	1. 部位 2. 范围	m²	按设计人行道图示尺寸以面积计算，不扣除侧石、树池和各类井所占面积	1. 放样 2. 碾压
040204002	人行道块料铺设	1. 块料品种、规格 2. 基础、垫层：材料品种、厚度 3. 图形	m²	按设计图示尺寸以面积计算，不扣除各类井所占面积，但应扣除侧石、树池所占面积	1. 基础、垫层铺筑 2. 块料铺设
040204003	现浇混凝土人行道及进口坡	1. 混凝土强度等级 2. 厚度 3. 基础、垫层：材料品种、厚度			1. 模板制作、安装、拆除 2. 基础、垫层铺筑 3. 混凝土拌和、运输、浇筑
040204004	安砌侧（平、缘）石	1. 材料品种、规格 2. 基础、垫层：材料品种、厚度		按设计图示中心线长度计算	1. 开槽 2. 基础、垫层铺筑 3. 侧（平、缘）石安砌
040204005	现浇侧（平、缘）石	1. 材料品种 2. 尺寸 3. 形状 4. 混凝土强度等级 5. 基础、垫层：材料品种、厚度	m		1. 模板制作、安装、拆除 2. 开槽 3. 基础、垫层铺筑 4. 混凝土拌和、运输、浇筑
040204006	检查井升降	1. 材料品种 2. 检查井规格 3. 平均升（降）高度	座	按设计图示路面标高与原有的检查井发生正负高差的检查井的数量计算	1. 提升 2. 降低
040204007	树池砌筑	1. 材料品种、规格 2. 树池尺寸 3. 树池盖面材料品种	个	按设计图示数量计算	1. 基础、垫层铺筑 2. 树池砌筑 3. 盖面材料运输、安装
040204008	预制电缆沟铺设	1. 材料品种 2. 规格尺寸 3. 基础、垫层：材料品种、厚度 4. 盖板品种、规格	m	按设计图示中心线长度计算	1. 基础、垫层铺筑 2. 预制电缆沟安装 3. 盖板安装

5. 交通管理设施

交通管理设施工程量清单项目设置、项目特征描述的内容、计量单位及工程量计算规则，应按表 3-23 的规定执行。

项目编码	项目名称	项目特征	计量单位	工程量计算规则	工程内容
040205001	人（手）孔井	1. 材料品种 2. 规格尺寸 3. 盖板材质、规格 4. 基础、垫层：材料品种、厚度	座	按设计图示数量计算	1. 基础、垫层铺筑 2. 井身砌筑 3. 勾缝（抹面） 4. 井盖安装
040205002	电缆保护管	1. 材料品种 2. 规格	m	按设计图示以长度计算	敷设
040205003	标杆	1. 类型 2. 材质 3. 规格尺寸 4. 基础、垫层：材料品种、厚度 5. 油漆品种	根	按设计图示数量计算	1. 基础、垫层铺筑 2. 制作 3. 喷漆或镀锌 4. 底盘、拉盘、卡盘及杆件安装
040205004	标志板	1. 类型 2. 材质、规格尺寸 3. 板面反光膜等级	块		制作、安装
040205005	视线诱导器	1. 类型 2. 材料品种	只		安装
040205006	标线	1. 材料品种 2. 工艺 3. 线型	1. m 2. m²	1. 以米计量，按设计图示以长度计算 2. 以平方米计量，按设计图示尺寸以面积计算	1. 清扫 2. 放样 3. 画线 4. 护线
040205007	标记	1. 材料品种 2. 类型 3. 规格尺寸	1. 个 2. m²	1. 以个计量，按设计图示数量计算 2. 以平方米计量，按设计图示尺寸以面积计算	
040205008	横道线	1. 材料品种 2. 形式	m²	按设计图示尺寸以面积计算	
040205009	清除标线	清除方法			清除
040205010	环形检测线圈	1. 类型 2. 规格、型号	个	按设计图示数量计算	1. 安装 2. 调试
040205011	值警亭	1. 类型 2. 规格 3. 基础、垫层：材料品种、厚度	座	按设计图示数量计算	1. 基础、垫层铺筑 2. 安装

项目编码	项目名称	项目特征	计量单位	工程量计算规则	工程内容
040205012	隔离护栏	1. 类型 2. 规格、型号 3. 材料品种 4. 基础、垫层：材料品种、厚度	m	按设计图示以长度计算	1. 基础、垫层铺筑 2. 制作、安装
040205013	架空走线	1. 类型 2. 规格、型号			架线
040205014	信号灯	1. 类型 2. 灯架材质、规格 3. 基础、垫层：材料品种、厚度 4. 信号灯规格、型号、组数	套	按设计图示数量计算	1. 基础、垫层铺筑 2. 灯架制作、镀锌、喷漆 3. 底盘、拉盘、卡盘及杆件安装 4. 信号灯安装、调试
040205015	设备控制机箱	1. 类型 2. 材质、规格尺寸 3. 基础、垫层：材料品种、厚度 4. 配置要求	台		1. 基础、垫层铺筑 2. 安装 3. 调试
040205016	管内配线	1. 类型 2. 材质 3. 规格、型号	m	按设计图示以长度计算	配线
040205017	防撞筒(墩)	1. 材料品种 2. 规格、型号	个	按设计图示数量计算	制作、安装
040205018	警示柱	1. 类型 2. 材料品种 3. 规格、型号	根	按设计图示数量计算	制作、安装
040205019	减速垄	1. 材料品种 2. 规格、型号	m	按设计图示以长度计算	
040205020	监控摄像机	1. 类型 2. 规格、型号 3. 支架形式 4. 防护罩要求	台	按设计图示数量计算	1. 安装 2. 调试
040205021	数码相机	1. 规格、型号 2. 立杆材质、形式 3. 基础、垫层：材料品种、厚度	套	按设计图示数量计算	1. 基础、垫层铺筑 2. 安装 3. 调试
040205022	道闸机	1. 类型 2. 规格、型号 3. 基础、垫层：材料品种、厚度			

项目编码	项目名称	项目特征	计量单位	工程量计算规则	工程内容
040205023	可变信息情报板	1. 类型 2. 规格、型号 3. 立（横）杆材质、形式 4. 配置要求 5. 基础、垫层：材料品种、厚度	套	按设计图示数量计算	1. 基础、垫层铺筑 2. 安装 3. 调试
040205024	交通智能系统调试	系统类别	系统		系统调试

3.3.2 清单相关问题及说明

1. 路基处理

（1）地层情况按表3-7和表3-10的规定，并根据岩土工程勘察报告按单位工程各地层所占比例（包括范围值）进行描述。对无法准确描述的地层情况，可注明由投标人根据岩土工程勘察报告自行决定报价。

（2）项目特征中的桩长应包括桩尖，空桩长度＝孔深－桩长，孔深为自然地面至设计桩底的深度。

（3）如采用碎石、粉煤灰、砂等作为路基处理的填方材料时，应按土石方工程中"回填方"项目编码列项。

（4）排水沟、截水沟清单项目中，当侧墙为混凝土时，还应描述侧墙的混凝土强度等级。

2. 道路基层

（1）道路工程厚度应以压实后为准。

（2）道路基层设计截面如为梯形时，应按其截面平均宽度计算面积，并在项目特征中对截面参数加以描述。

3. 道路面层

水泥混凝土路面中传力杆和拉杆的制作、安装应按"钢筋工程"中相关项目编码列项。

4. 交通管理设施

（1）本节清单项目如发生破除混凝土路面、土石方开挖、回填夯实等，应分别按"拆除工程"及"土石方工程"中相关项目编码列项。

（2）除清单项目特殊注明外，各类垫层应按《市政工程工程量计算规范》（GB 50857—2013）附录中相关项目编码列项。

（3）立电杆按"路灯工程"中相关项目编码列项。

（4）值警亭按半成品现场安装考虑，实际采用砖砌等形式的，按现行国家标准《房屋建筑与装饰工程工程量计算规范》（GB 50854—2013）中相关项目编码列项。

（5）与标杆相连的，用于安装标志板的配件应计入标志板清单项目内。

3.3.3　工程量计算实例

【例3-4】某道路 K0+000～K0+600 为水泥混凝土结构，道路两边铺侧缘石，路面宽度为 13m，且路基两侧分别加宽 0.5m。道路沿线有混凝土井为 25 座，其中混凝土井与设计图示标高产生正负高差，道路结构图如图 3-15 所示，试计算工程量。

【解】

清单工程量计算表见表 3-24，分部分项工程和单价措施项目清单与计价表见表 3-25。

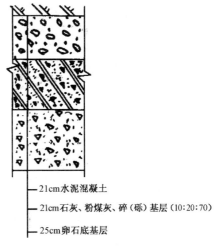

—21cm水泥混凝土

—21cm石灰、粉煤灰、碎（砾）基层（10：20：70）

—25cm卵石底基层

图 3-15　道路结构图

清单工程量计算表　　　　　　　　　　　　　表 3-24

工程名称：

序号	清单项目编码	清单项目名称	计算式	工程量合计	计量单位
1	040202010001	卵石	600×13	7800	m²
2	040202006001	石灰、粉煤灰、碎（砾）石	600×13	7800	m²
3	040203007001	水泥混凝土	600×13	7800	m²
4	040204004001	安砌侧（平、缘）石	600×2	1200	m
5	040504002001	混凝土井	设计图示数量	25	座

分部分项工程和单价措施项目清单与计价表　　　　　　　　　　　　　表 3-25

工程名称：

序号	项目编码	项目名称	项目特征描述	计量单位	工程量	金额（元）	
						综合单价	合价
1	040202010001	卵石	25cm厚卵石底基层	m²	7800		
2	040202006001	石灰、粉煤灰、碎（砾）石	21cm厚石灰、粉煤灰、砂砾基层（10：20：70）	m²	7800		
3	040203007001	水泥混凝土	21cm厚水泥混凝土面层	m²	7800		
4	040204004001	安砌侧（平、缘）石	C30混凝土缘石安砌	m	1200		
5	040504002001	混凝土井	C30混凝土检查井	座	25		

【例3-5】某市道路结构图如图3-16所示，全长500m，人行道两侧的宽度均为7m，路幅宽度为28m，路缘石宽度为20cm，且路基每侧加宽值为0.5m，求人行道工程量和侧石工程量。其中侧石大样图如图3-17所示，横断面如图3-18所示。

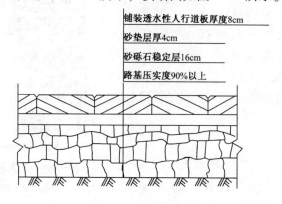

图3-16　人行道结构示意图

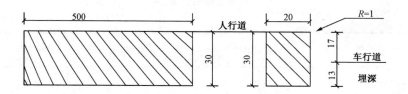

图3-17　侧石大样图（单位：cm）

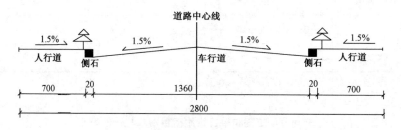

图3-18　道路横断面图（单位：cm）

【解】
清单工程量计算表见表3-26，分部分项工程和单价措施项目清单与计价表见表3-27。

清单工程量计算表　　　　　　　　　　　　　　表3-26

工程名称：

序号	清单项目编码	清单项目名称	计　算　式	工程量合计	计量单位
1	040201020001	褥垫层	$2 \times 500 \times 7$	7000	m^2
2	040202008001	砂砾石	$2 \times 500 \times 7$	7000	m^2
3	040204002001	人行道块料铺设	$2 \times 500 \times 7$	7000	m^2
4	040204004001	安砌侧（平、缘）石	2×500	1000	m

90

分部分项工程和单价措施项目清单与计价表　　表 3-27

工程名称：

序号	项目编码	项目名称	项目特征描述	计量单位	工程量	金额（元）	
						综合单价	合价
1	040201020001	褥垫层	砂垫层厚4cm	m²	7000		
2	040202008001	砂砾石	砂砾石稳定层厚16cm	m²	7000		
3	040204002001	人行道块料铺设	透水性人行道板厚8cm	m²	7000		
4	040204004001	安砌侧（平、缘）石	C30混凝土缘石安砌 450cm×30cm×20cm	m	1000		

【例3-6】某市一号道路桩号 K0＋150～K0＋450 为沥青混凝土结构，道路结构如图 3-19所示。路面修筑宽度为 11.5m，路肩各宽 1m，路面两边铺侧缘石。试编制工程量清单和工程量清单报价表。

【解】

（1）工程量清单编制

1）计算工程量：

道路长度为 450－150＝300（m）

挖一般土方（一、二类土）：1890m³，填方（密实度 95%）：1645m³

余土外运（运距 10km）：1890－1645＝245（m³）

砂砾石底层（20cm 厚）：300×11.5＝3450（m²）

石灰炉渣基层（18cm 厚）：300×11.5＝3450（m²）

粗粒式沥青混凝土（4cm 厚）：300×11.5＝3450（m²）

细粒式沥青混凝土（2cm 厚）：300×11.5＝3450（m²）

侧缘石：300×2＝600（m）

2）根据计算出的工程量编制分部分项工程和单价措施项目清单与计价表见表 3-28。

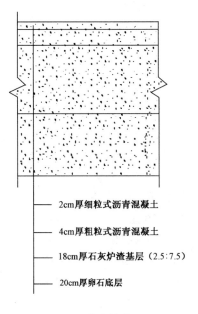

2cm厚细粒式沥青混凝土
4cm厚粗粒式沥青混凝土
18cm厚石灰炉渣基层（2.5：7.5）
20cm厚卵石底层

图 3-19　道路结构图

分部分项工程和单价措施项目清单与计价表　　表 3-28

工程名称：一号道路工程　　　　标段：0＋150～0＋450　　　　第　页　共　页

序号	项目编号	项目名称	项目特征描述	计量单位	工程数量	金额/元		
						综合单价	合价	其中 暂估价
1	040101001001	挖一般土方	挖一般土方，四类土	m³	1890			
2	040103001001	回填方	填方，密实度95%	m³	1645			
3	040103002001	余方弃置	余土外运，运距5km	m³	245			
4	040202006001	石灰、粉煤灰、碎（砾）石	石灰炉渣（2.5：7.5），18cm厚	m²	3450			

序号	项目编号	项目名称	项目特征描述	计量单位	工程数量	金额/元		
						综合单价	合价	其中暂估价
5	040202009001	砂砾石	砂砾石底层，20cm厚	m²	3450			
6	040203006001	沥青混凝土	粗粒式沥青混凝土，4cm厚，最大粒径5cm，石油沥青	m²	3450			
7	040203006002	沥青混凝土	细粒式沥青混凝土，2cm厚，最大粒径3cm，石油沥青	m²	3450			
8	040204004001	安砌侧（平、缘）石	侧缘石安砌，600m	m	600			
		合　计						

（2）工程量清单计价

1）首先确定施工方案：

①土石方施工方案：挖方数量不大，采用人工开挖；土方平衡时考虑用手推车，运距在200m以内；余方弃置采用人工装车，自卸车外运；路基填土采用压路机碾压、每层厚度不超过30cm，并分层检验，达到要求后填筑下一层；路床整形碾压按路宽每边再加宽30cm，路床碾压面积为：（11.5+0.6）×300＝3630m²；路肩整形碾压面积为：2×300＝600m²。

②砂砾石底层采用人工铺装，压路机碾压。

③石灰炉渣基层用拌和机拌和、机械铺装、压路机碾压，顶层用人工洒水养护。

④用喷洒机喷洒粘层沥青。

⑤机械摊铺沥青混凝土，粗粒式沥青混凝土用厂拌运到现场，运距5km，到场价为680.82元/m³；细粒式沥青混凝土到场价为812.6元/m³。

⑥定额采用全国市政工程预算定额；管理费按直接费的17%，利润按直接费的8%。

⑦侧缘石每块8元。

2）工程量计算：

①路床面积：300×（11.5+0.6）＝3630m²

②砂砾石基层面积：300×11.5＝3450m²

③石灰炉渣基层面积：3450m²

④沥青混凝土面积：3450m²

⑤安砌路缘石长度：300×2＝600m

综合单价分析表见表3-29～表3-36，该道路工程分部分项工程和单价措施项目清单与计价表见表3-37。

工程名称：一号道路工程　　　　　标段：0+150～0+450　　　　　第 页 共 页

项目编码	040101001001	项目名称		挖一般土方		计量单位		m³		工程量		1890

清单综合单价组成明细

定额编号	定额项目名称	定额单位	数量	单价				合价			
				人工费	材料费	机械费	管理费和利润	人工费	材料费	机械费	管理费和利润
1-3	人工挖土方，四类土	100m³	0.01	1129.34	—	—	282.34	11.29	—	—	2.82
1-45	双轮车运土，运距50m	100m³	0.01	431.65	—	—	107.91	4.32	—	—	1.08
1-46	增运150m	100m³	0.01	256.17	—	—	64.04	2.56	—	—	0.64
人工单价			小　计					18.17	—	—	4.54
22.47 元/工日			未计价材料费								
清单项目综合单价								22.71			

注："数量"栏为"投标方工程量÷招标方工程量÷定额单位数量"，如"0.01"为"1890÷1890÷100"。

工程名称：一号道路工程　　　　　标段：0+150～0+450　　　　　第 页 共 页

项目编码	040103001001	项目名称		回填方		计量单位		m³		工程量		1645

清单综合单价组成明细

定额编号	定额项目名称	定额单位	数量	单价				合价			
				人工费	材料费	机械费	管理费和利润	人工费	材料费	机械费	管理费和利润
1-359	压路机碾压（密实度95%）	1000m³	0.001	134.82	6.75	1803.45	486.25	0.14	0.007	1.80	0.49
2-1	路床碾压检验	100m²	0.022	8.09	—	73.69	20.44	0.18	—	1.62	0.45
2-2	人行道整形碾压	100m²	0.004	38.65	—	7.91	11.64	0.16	—	0.03	0.05
人工单价			小　计					0.48	0.007	3.45	0.99
22.47 元/工日			未计价材料费								
清单项目综合单价								4.93			

注："数量"栏为"投标方工程量÷招标方工程量÷定额单位数量"，如"0.001"为"1645÷1645÷1000"。

综合单价分析表

表 3-31

工程名称：一号道路工程　　　标段：0+150~0+450　　　第　页　共　页

项目编码	040103002001	项目名称	余方弃置	计量单位	m³	工程量	245

清单综合单价组成明细

定额编号	定额项目名称	定额单位	数量	单价				合价			
				人工费	材料费	机械费	管理费和利润	人工费	材料费	机械费	管理费和利润
1-49	人工装汽车运土方	100m³	0.01	37.76	—		9.44	0.38			0.09
1-272	自卸汽车外运5km	1000m³	0.001	—	5.40	10691.79	2674.30	—	0.005	10.69	2.67
人工单价			小　计					0.38	0.005	10.69	2.76
22.47 元/工日			未计价材料费								
清单项目综合单价								13.84			

注："数量"栏为"投标方工程量÷招标方工程量÷定额单位数量"，如"0.001"为"245÷245÷1000"。

综合单价分析表

表 3-32

工程名称：一号道路工程　　　标段：0+150~0+450　　　第　页　共　页

项目编码	040202006001	项目名称	石灰、粉煤灰、碎（砾）石	计量单位	m²	工程量	245

清单综合单价组成明细

定额编号	定额项目名称	定额单位	数量	单价				合价			
				人工费	材料费	机械费	管理费和利润	人工费	材料费	机械费	管理费和利润
2-157	石灰炉渣基层厚20cm	100m²	0.01	90.33	1748.98	167.53	501.71	0.90	17.49	1.68	5.02
2-158	减2cm	100m²	0.01	−5.84	−174.56	−1.66	−45.52	−0.06	−1.75	−0.02	−0.46
2-178	顶层多合土养生，人工洒水	100m²	0.01	6.29	0.66	—	1.74	0.06	0.007	—	0.02
人工单价			小　计					0.90	15.75	1.66	4.58
22.47 元/工日			未计价材料费								
清单项目综合单价								22.89			

注："数量"栏为"投标方工程量÷招标方工程量÷定额单位数量"，如"0.01"为"3450÷3450÷100"。

94

综合单价分析表

表 3-33

工程名称：一号道路工程　　　　标段：0 + 150 ~ 0 + 450　　　　第 页 共 页

| 项目编码 | 040202009001 | 项目名称 | 砂砾石 | 计量单位 | m² | 工程量 | 3450 |

清单综合单价组成明细

定额编号	定额项目名称	定额单位	数量	单价				合价			
				人工费	材料费	机械费	管理费和利润	人工费	材料费	机械费	管理费和利润
2-182	天然砂砾石垫层，厚20cm	100m²	0.01	160.66	1084.61	71.63	329.23	1.61	10.85	0.72	3.29
	人工单价		小　计					1.61	10.85	0.72	3.29
	22.47 元/工日		未计价材料费								
	清单项目综合单价							16.47			

注："数量"栏为"投标方工程量÷招标方工程量÷定额单位数量"，如"0.01"为"3450÷3450÷100"。

综合单价分析表

表 3-34

工程名称：一号道路工程　　　　标段：0 + 150 ~ 0 + 450　　　　第 页 共 页

| 项目编码 | 040203006001 | 项目名称 | 沥青混凝土 | 计量单位 | m² | 工程量 | 3450 |

清单综合单价组成明细

定额编号	定额项目名称	定额单位	数量	单价				合价			
				人工费	材料费	机械费	管理费和利润	人工费	材料费	机械费	管理费和利润
2-267	粗粒式沥青混凝土路面4cm厚	100m²	0.01	49.43	12.30	146.72	52.11	0.49	0.12	1.47	0.52
2-249	喷洒石油沥青	100m²	0.01	1.80	146.33	19.11	41.81	0.02	1.46	0.19	0.42
	人工单价		小　计					0.51	1.58	1.66	0.94
	22.47 元/工日		未计价材料费					14.40			
	清单项目综合单价							19.09			

材料费明细	主要材料名称、规格、型号	单位	数量	单价/元	合价/元	暂估单价/元	暂估合价/元
	沥青混凝土	m³	0.04	360	14.40		
	其他材料费			—	14.40	—	

注："数量"栏为"投标方工程量÷招标方工程量÷定额单位数量"，如"0.01"为"3450÷3450÷100"。

工程名称：一号道路工程　　　　　标段：0+150~0+450　　　　　第 页 共 页

项目编码	040203006002	项目名称	沥青混凝土	计量单位	m²	工程量	3450

清单综合单价组成明细

定额编号	定额项目名称	定额单位	数量	单　价				合　价			
				人工费	材料费	机械费	管理费和利润	人工费	材料费	机械费	管理费和利润
2-284	细粒式沥青混凝土，2cm 厚	100m²	0.01	37.08	6.24	78.74	30.52	0.37	0.062	0.79	0.31
人工单价		小　计						0.37	0.062	0.79	0.31
22.47 元/工日		未计价材料费						8.40			
		清单项目综合单价						9.93			

材料费明细	主要材料名称、规格、型号		单位	数量	单价/元	合价/元	暂估单价/元	暂估合价/元
	细（微）粒沥青混凝土		m³	0.02	420	8.40		
	其他材料费				—	8.40	—	

注："数量"栏为"投标方工程量÷招标方工程量÷定额单位数量"，如"0.01"为"3450÷3450÷100"。

工程名称：一号道路工程　　　　　标段：0+150~0+450　　　　　第 页 共 页

项目编码	040204004001	项目名称	安砌侧(平、缘)石	计量单位	m	工程量	600

清单综合单价组成明细

定额编号	定额项目名称	定额单位	数量	单　价				合　价			
				人工费	材料费	机械费	管理费和利润	人工费	材料费	机械费	管理费和利润
2-331	砂垫层	100m²	0.002	13.93	57.42	—	17.84	0.03	0.12	—	0.04
2-334	混凝土缘石	100m	0.01	114.6	34.19	—	37.20	1.15	0.34	—	0.37
人工单价		小　计						1.18	0.46	—	0.41
22.47 元/工日		未计价材料费						5.10			
		清单项目综合单价						7.15			

材料费明细	主要材料名称、规格、型号		单位	数量	单价/元	合价/元	暂估单价/元	暂估合价/元
	细（微）粒沥青混凝土		m	1.02	5.00	5.10		
	其他材料费				—	5.10	—	

注："数量"栏为"投标方工程量÷招标方工程量÷定额单位数量"，如"0.01"为"600÷600÷100"。

工程名称：一号道路工程　　　　标段：0 + 150 ~ 0 + 450　　　　第　页　共　页

序号	项目编号	项目名称	项目特征描述	计量单位	工程数量	金额/元		
						综合单价	合价	其中 暂估价
1	040101001001	挖一般土方	挖一般土方，四类土	m³	1890	22.71	42921.90	
2	040103001001	填方	填方，密实度95%	m³	1645	4.93	8109.85	
3	040103002001	余方弃置	余土外运，运距5km	m³	245	13.84	3390.80	
4	040202006001	石灰、粉煤灰、碎（砾）石	石灰炉渣（2.5：7.5），18cm 厚	m²	3450	22.89	78970.50	
5	040202009001	砂砾石	砂砾石底层，20cm 厚	m²	3450	16.47	56821.50	
6	040203006001	沥青混凝土	粗粒式沥青混凝土，4cm 厚，最大粒径5cm，石油沥青	m²	3450	19.09	65860.50	
7	040203006002	沥青混凝土	细粒式沥青混凝土，2cm 厚，最大粒径3cm	m²	3450	9.93	34258.50	
8	040204004001	安砌侧（平、缘）石	侧缘石安砌，600m	m	600	7.15	4290.00	
	合　　计						294623.60	

3.4　桥涵工程清单计价工程量计算

3.4.1　清单工程量计算规则

1. 桩基

桩基工程量清单项目设置、项目特征描述的内容、计量单位及工程量计算规则，应按表 3-38 的规定执行。

2. 基坑和边坡支护

基坑与边坡支护工程量清单项目设置、项目特征描述的内容、计量单位及工程量计算规则，应按表 3-39 的规定执行。

3. 现浇混凝土构件

现浇混凝土构件工程量清单项目设置、项目特征描述的内容、计量单位及工程量计算规则，应按表 3-40 的规定执行。

桩基（编号：040301）   表 3-38

项目编码	项目名称	项目特征	计量单位	工程量计算规则	工程内容
040301001	预制钢筋混凝土方桩	1. 地层情况 2. 送桩深度、桩长 3. 桩截面 4. 桩倾斜度 5. 混凝土强度等级	1. m 2. m³ 3. 根	1. 以米计量，按设计图示尺寸以桩长（包括桩尖）计算 2. 以立方米计量，按设计图示桩长（包括桩尖）乘以桩的断面积计算 3. 以根计量，按设计图示数量计算	1. 工作平台搭拆 2. 桩就位 3. 桩机移位 4. 沉桩 5. 接桩 6. 送桩
040301002	预制钢筋混凝土管桩	1. 地层情况 2. 送桩深度、桩长 3. 桩外径、壁厚 4. 桩倾斜度 5. 桩尖设置及类型 6. 混凝土强度等级 7. 填充材料种类			1. 工作平台搭拆 2. 桩就位 3. 桩机移位 4. 桩尖安装 5. 沉桩 6. 接桩 7. 送桩 8. 桩芯填充
040301003	钢管桩	1. 地层情况 2. 送桩深度、桩长 3. 材质 4. 管径、壁厚 5. 桩倾斜度 6. 填充材料种类 7. 防护材料种类	1. t 2. 根	1. 以吨计量，按设计图示尺寸以质量计算 2. 以根计量，按设计图示数量计算	1. 工作平台搭拆 2. 桩就位 3. 桩机移位 4. 沉桩 5. 接桩 6. 送桩 7. 切割钢管、精割盖帽 8. 管内取土、余土弃置 9. 管内填芯、刷防护材料
040301004	泥浆护壁成孔灌注桩	1. 地层情况 2. 空桩长度、桩长 3. 桩径 4. 成孔方法 5. 混凝土种类、强度等级	1. m 2. m³ 3. 根	1. 以米计量，按设计图示尺寸以桩长（包括桩尖）计算 2. 以立方米计量，按不同截面在桩长范围内以体积计算 3. 以根计量，按设计图示数量计算	1. 工作平台搭拆 2. 桩机移位 3. 护筒埋设 4. 成孔、固壁 5. 混凝土制作、运输、灌注、养护 6. 土方、废浆外运 7. 打桩场地硬化及泥浆池、泥浆沟
040301005	沉管灌注桩	1. 地层情况 2. 空桩长度、桩长 3. 复打长度 4. 桩径 5. 沉管方法 6. 桩尖类型 7. 混凝土种类、强度等级	1. m 2. m³ 3. 根	1. 以米计量，按设计图示尺寸以桩长（包括桩尖）计算 2. 以立方米计量，按设计图示桩长（包括桩尖）乘以桩的断面积计算 3. 以根计量，按设计图示数量计算	1. 工作平台搭拆 2. 桩机移位 3. 打（沉）拔钢管 4. 桩尖安装 5. 混凝土制作、运输、灌注、养护

项目编码	项目名称	项目特征	计量单位	工程量计算规则	工 程 内 容
040301006	干作业成孔灌注桩	1. 地层情况 2. 空桩长度、桩长 3. 桩径 4. 扩孔直径、高度 5. 成孔方法 6. 混凝土种类、强度等级	1. m 2. m³ 3. 根	1. 以米计量，按设计图示尺寸以桩长（包括桩尖）计算 2. 以立方米计量，按设计图示桩长（包括桩尖）乘以桩的断面积计算 3. 以根计量，按设计图示数量计算	1. 工作平台搭拆 2. 桩机移位 3. 成孔、扩孔 4. 混凝土制作、运输、灌注、振捣、养护
040301007	挖孔桩土（石）方	1. 土（石）类别 2. 挖孔深度 3. 弃土（石）运距	m³	按设计图示尺寸（含护壁）截面积乘以挖孔深度以立方米计算	1. 排地表水 2. 挖土、凿石 3. 基底钎探 4. 土（石）方外运
040301008	人工挖孔灌注桩	1. 桩芯长度 2. 桩芯直径、扩底直径、扩底高度 3. 护壁厚度、高度 4. 护壁材料种类、强度等级 5. 桩芯混凝土种类、强度等级	1. m³ 2. 根	1. 以立方米计量，按桩芯混凝土体积计算 2. 以根计量，按设计图示数量计算	1. 护壁制作、安装 2. 混凝土制作、运输、灌注、振捣、养护
040301009	钻孔压浆桩	1. 地层情况 2. 桩长 3. 钻孔直径 4. 骨料品种、规格 5. 水泥强度等级	1. m 2. 根	1. 以米计量，按设计图示尺寸以桩长计算 2. 以根计量，按设计图示数量计算	1. 钻孔、下注浆管、投放骨料 2. 浆液制作、运输、压浆
040301010	灌注桩后注浆	1. 注浆导管材料、规格 2. 注浆导管长度 3. 单孔注浆量 4. 水泥强度等级	孔	按设计图示以注浆孔数计算	1. 注浆导管制作、安装 2. 浆液制作、运输、压浆
040301011	截桩头	1. 桩类型 2. 桩头截面、高度 3. 混凝土强度等级 4. 有无钢筋	1. m³ 2. 根	1. 以立方米计量，按设计桩截面乘以桩头长度以体积计算 2. 以根计量，按设计图示数量计算	1. 截桩头 2. 凿平 3. 废料外运
040301012	声测管	1. 材质 2. 规格型号	1. t 2. m	1. 按设计图示尺寸以质量计算 2. 按设计图示尺寸以长度计算	1. 检测管截断、封头 2. 套管制作、焊接 3. 定位、固定

项目编码	项目名称	项目特征	计量单位	工程量计算规则	工程内容
040302001	圆木桩	1. 地层情况 2. 桩长 3. 材质 4. 尾径 5. 桩倾斜度	1. m 2. 根	1. 以米计量，按设计图示尺寸以桩长（包括桩尖）计算 2. 以根计量，按设计图示数量计算	1. 工作平台搭拆 2. 桩机移位 3. 桩制作、运输、就位 4. 桩靴安装 5. 沉桩
040302002	预制钢筋混凝土板桩	1. 地层情况 2. 送桩深度、桩长 3. 桩截面 4. 混凝土强度等级	1. m³ 2. 根	1. 以立方米计量，按设计图示桩长（包括桩尖）乘以桩的断面积计算 2. 以根计量，按设计图示数量计算	1. 工作平台搭拆 2. 桩就位 3. 桩机移位 4. 沉桩 5. 接桩 6. 送桩
040302003	地下连续墙	1. 地层情况 2. 导墙类型、截面 3. 墙体厚度 4. 成槽深度 5. 混凝土种类、强度等级 6. 接头形式	m³	按设计图示墙中心线长乘以厚度乘以槽深，以体积计算	1. 导墙挖填、制作、安装、拆除 2. 挖土成槽、固壁、清底置换 3. 混凝土制作、运输、灌注、养护 4. 接头处理 5. 土方、废浆外运 6. 打桩场地硬化及泥浆池、泥浆沟
040302004	咬合灌注桩	1. 地层情况 2. 桩长 3. 桩径 4. 混凝土种类、强度等级 5. 部位	1. m 2. 根	1. 以米计量，按设计图示尺寸以桩长计算 2. 以根计量，按设计图示数量计算	1. 桩机移位 2. 成孔、固壁 3. 混凝土制作、运输、灌注、养护 4. 套管压拔 5. 土方、废浆外运 6. 打桩场地硬化及泥浆池、泥浆沟
040302005	型钢水泥土搅拌墙	1. 深度 2. 桩径 3. 水泥掺量 4. 型钢材质、规格 5. 是否拔出	m³	按设计图示尺寸以体积计算	1. 钻机移位 2. 钻进 3. 浆液制作、运输、压浆 4. 搅拌、成桩 5. 型钢插拔 6. 土方、废浆外运

项目编码	项目名称	项目特征	计量单位	工程量计算规则	工 程 内 容
040302006	锚杆（索）	1. 地层情况 2. 锚杆（索）类型、部位 3. 钻孔直径、深度 4. 杆体材料品种、规格、数量 5. 是否预应力 6. 浆液种类、强度等级	1. m 2. 根	1. 以米计量，按设计图示尺寸以钻孔深度计算 2. 以根计量，按设计图示数量计算	1. 钻孔、浆液制作、运输、压浆 2. 锚杆（索）制作、安装 3. 张拉锚固 4. 锚杆（索）施工平台搭设、拆除
040302007	土钉	1. 地层情况 2. 钻孔直径、深度 3. 置入方法 4. 杆体材料品种、规格、数量 5. 浆液种类、强度等级	1. m 2. 根	1. 以米计量，按设计图示尺寸以钻孔深度计算 2. 以根计量，按设计图示数量计算	1. 钻孔、浆液制作、运输、压浆 2. 土钉制作、安装 3. 土钉施工平台搭设、拆除
040302008	喷射混凝土	1. 部位 2. 厚度 3. 材料种类 4. 混凝土类别、强度等级	m²	按设计图示尺寸以面积计算	1. 修整边坡 2. 混凝土制作、运输、喷射、养护 3. 钻排水孔、安装排水管 4. 喷射施工平台搭设、拆除

现浇混凝土构件（编码：040303） 表 3-40

项目编码	项目名称	项目特征	计量单位	工程量计算规则	工 程 内 容
040303001	混凝土垫层	混凝土强度等级	m³	按设计图示尺寸以面积计算	1. 模板制作、安装、拆除 2. 混凝土拌和、运输、浇筑 3. 养护
040303002	混凝土基础	1. 混凝土强度等级 2. 嵌料（毛石）比例			
040303003	混凝土承台	混凝土强度等级			
040303004	混凝土墩（台）帽				
040303005	混凝土墩（台）身	1. 部位 2. 混凝土强度等级			
040303006	混凝土支撑梁及横梁				
040303007	混凝土墩（台）盖梁				

项目编码	项目名称	项目特征	计量单位	工程量计算规则	工 程 内 容
040303008	混凝土拱桥拱座	混凝土强度等级	m³	按设计图示尺寸以面积计算	1. 模板制作、安装、拆除 2. 混凝土拌和、运输、浇筑 3. 养护
040303009	混凝土拱桥拱肋				
040303010	混凝土拱上构件	1. 部位 2. 混凝土强度等级			
040303011	混凝土箱梁				
040303012	混凝土连续板	1. 部位 2. 结构形式 3. 混凝土强度等级			
040303013	混凝土板梁				
040303014	混凝土板拱	1. 部位 2. 混凝土强度等级			
040303015	混凝土挡墙墙身	1. 混凝土强度等级 2. 泄水孔材料品种、规格 3. 滤水层要求 4. 沉降缝要求			1. 模板制作、安装、拆除 2. 混凝土拌和、运输、浇筑 3. 养护 4. 抹灰 5. 泄水孔制作、安装 6. 滤水层铺筑 7. 沉降缝
040303016	混凝土挡墙压顶	1. 混凝土强度等级 2. 沉降缝要求			
040303017	混凝土楼梯	1. 结构形式 2. 底板厚度 3. 混凝土强度等级	1. m² 2. m³	1. 以平方米计量，按设计图示尺寸以水平投影面积计算 2. 以立方米计量，按设计图示尺寸以体积计算	1. 模板制作、安装、拆除 2. 混凝土拌和、运输、浇筑 3. 养护
040303018	混凝土防撞护栏	1. 断面 2. 混凝土强度等级	m	按设计图示尺寸以长度计算	
040303019	桥面铺装	1. 混凝土强度等级 2. 沥青品种 3. 沥青混凝土种类 4. 厚度 5. 配合比	m²	按设计图示尺寸以面积计算	1. 模板制作、安装、拆除 2. 混凝土拌和、运输、浇筑 3. 养护 4. 沥青混凝土铺装 5. 碾压

项目编码	项目名称	项目特征	计量单位	工程量计算规则	工 程 内 容
040303020	混凝土桥头搭板	混凝土强度等级	m³	按设计图示尺寸以体积计算	1. 模板制作、安装、拆除 2. 混凝土拌和、运输、浇筑 3. 养护
040303021	混凝土搭板枕梁				
040303022	混凝土桥塔身	1. 形状 2. 混凝土强度等级			
040303023	混凝土连系梁				
040303024	混凝土其他构件	1. 名称、部位 2. 混凝土强度等级			
040303025	钢管拱混凝土	混凝土强度等级			混凝土拌和、运输、压注

4. 预制混凝土构件

预制混凝土构件工程量清单项目设置、项目特征描述的内容、计量单位及工程量计算规则，应按表 3-41 的规定执行。

预制混凝土构件（编码：040304）   表 3-41

项目编码	项目名称	项目特征	计量单位	工程量计算规则	工 程 内 容
040304001	预制混凝土梁	1. 部位 2. 图集、图纸名称 3. 构件代号、名称 4. 混凝土强度等级 5. 砂浆强度等级	m³	按设计图示尺寸以体积计算	1. 模板制作、安装、拆除 2. 混凝土拌和、运输、浇筑 3. 养护 4. 构件安装 5. 接头灌缝 6. 砂浆制作 7. 运输
040304002	预制混凝土柱				
040304003	预制混凝土板				
040304004	预制混凝土挡土墙墙身	1. 图集、图纸名称 2. 构件代号、名称 3. 结构形式 4. 混凝土强度等级 5. 泄水孔材料种类、规格 6. 滤水层要求 7. 砂浆强度等级			1. 模板制作、安装、拆除 2. 混凝土拌和、运输、浇筑 3. 养护 4. 构件安装 5. 接头灌缝 6. 泄水孔制作、安装 7. 滤水层铺设 8. 砂浆制作 9. 运输
040304005	预制混凝土其他构件	1. 部位 2. 图集、图纸名称 3. 构件代号、名称 4. 混凝土强度等级 5. 砂浆强度等级			1. 模板制作、安装、拆除 2. 混凝土拌和、运输、浇筑 3. 养护 4. 构件安装 5. 接头灌浆 6. 砂浆制作 7. 运输

5. 砌筑

砌筑工程量清单项目设置、项目特征描述的内容、计量单位及工程量计算规则，应按表 3-42 的规定执行。

砌筑（编码：040305）

表 3-42

项目编码	项目名称	项目特征	计量单位	工程量计算规则	工程内容
040305001	垫层	1. 材料品种、规格 2. 厚度	m^3	按设计图示尺寸以体积计算	垫层铺筑
040305002	干砌块料	1. 部位 2. 材料品种、规格 3. 泄水孔材料品种、规格 4. 滤水层要求 5. 沉降缝要求			1. 砌筑 2. 砌体勾缝 3. 砌体抹面 4. 泄水孔制作、安装 5. 滤层铺设 6. 沉降缝
040305003	浆砌块料	1. 部位 2. 材料品种、规格 3. 砂浆强度等级 4. 泄水孔材料品种、规格 5. 滤水层要求 6. 沉降缝要求			
040305004	砖砌体				
040305005	护坡	1. 材料品种 2. 结构形式 3. 厚度 4. 砂浆强度等级	m^2	按设计图示尺寸以面积计算	1. 修整边坡 2. 砌筑 3. 砌体勾缝 4. 砌体抹面

6. 立交箱涵

立交箱涵工程量清单项目设置、项目特征描述的内容、计量单位及工程量计算规则，应按表 3-43 的规定执行。

立交箱涵（编码：040306）

表 3-43

项目编码	项目名称	项目特征	计量单位	工程量计算规则	工程内容
040306001	透水管	1. 材料品种、规格 2. 管道基础形式	m	按设计图示尺寸以长度计算	1. 基础铺筑 2. 管道铺设、安装
040306002	滑板	1. 混凝土强度等级 2. 石蜡层要求 3. 塑料薄膜品种、规格	m^3	按设计图示尺寸以体积计算	1. 模板制作、安装、拆除 2. 混凝土拌和、运输、浇筑 3. 养护 4. 涂石蜡层 5. 铺塑料薄膜

项目编码	项目名称	项目特征	计量单位	工程量计算规则	工 程 内 容
040306003	箱涵底板	1. 混凝土强度等级 2. 混凝土抗渗要求 3. 防水层工艺要求	m³	按设计图示尺寸以体积计算	1. 模板制作、安装、拆除 2. 混凝土拌和、运输、浇筑 3. 养护 4. 防水层铺涂
040306004	箱涵侧墙				1. 模板制作、安装、拆除 2. 混凝土拌和、运输、浇筑 3. 养护 4. 防水砂浆 5. 防水层铺涂
040306005	箱涵顶板				
040306006	箱涵顶进	1. 断面 2. 长度 3. 弃土运距	kt·m	按设计图示尺寸以被顶箱涵的质量,乘以箱涵的位移距离分节累计计算	1. 顶进设备安装、拆除 2. 气垫安装、拆除 3. 气垫使用 4. 钢刃角制作、安装、拆除 5. 挖土实顶 6. 土方场内外运输 7. 中继间安装、拆除
040306007	箱涵接缝	1. 材质 2. 工艺要求	m	按设计图示止水带长度计算	接缝

7. 钢结构

钢结构工程量清单项目设置、项目特征描述的内容、计量单位及工程量计算规则,应按表3-44的规定执行。

钢结构(编码:040307)   表3-44

项目编码	项目名称	项目特征	计量单位	工程量计算规则	工 程 内 容
040307001	钢箱梁	1. 材料品种、规格 2. 部位 3. 探伤要求 4. 防火要求 5. 补刷油漆品种、色彩、工艺要求	t	按设计图示尺寸以质量计算。不扣除孔眼的质量,焊条、铆钉、螺栓等不另增加质量	1. 拼装 2. 安装 3. 探伤 4. 涂刷防火涂料 5. 补刷油漆
040307002	钢板梁				
040307003	钢桁梁				
040307004	钢拱				
040307005	劲性钢结构				
040307006	钢结构叠合梁				
040307007	其他钢构件				
040307008	悬(斜拉)索	1. 材料品种、规格 2. 直径 3. 抗拉强度 4. 防护方式		按设计图示尺寸以质量计算	1. 拉索安装 2. 张拉、索力调整、锚固 3. 防护壳制作、安装
040307009	钢拉杆				1. 连接、紧锁件安装 2. 钢拉杆安装 3. 钢拉杆防腐 4. 钢拉杆防护壳制作、安装

8. 装饰

装饰工程量清单项目设置、项目特征描述的内容、计量单位及工程量计算规则，应按表 3-45 的规定执行。

装饰（编码：040308）　　　　　　　　　　　　　　　　　　表 3-45

项目编码	项目名称	项目特征	计量单位	工程量计算规则	工 程 内 容
040308001	水泥砂浆抹面	1. 砂浆配合比 2. 部位 3. 厚度	m²	按设计图示尺寸以面积计算	1. 基层清理 2. 砂浆抹面
040308002	剁斧石饰面	1. 材料 2. 部位 3. 形式 4. 厚度			1. 基层清理 2. 饰面
040308003	镶贴面层	1. 材质 2. 规格 3. 厚度 4. 部位			1. 基层清理 2. 镶贴面层 3. 勾缝
040308004	涂料	1. 材料品种 2. 部位			1. 基层清理 2. 涂料涂刷
040308005	油漆	1. 材料品种 2. 部位 3. 工艺要求			1. 除锈 2. 刷油漆

9. 其他

其他工程量清单项目设置、项目特征描述的内容、计量单位及工程量计算规则，应按表 3-46 的规定执行。

其他（编码：040309）　　　　　　　　　　　　　　　　　　表 3-46

项目编码	项目名称	项目特征	计量单位	工程量计算规则	工 程 内 容
040309001	金属栏杆	1. 栏杆材质、规格 2. 油漆品种、工艺要求	1. t 2. m	1. 按设计图示尺寸以质量计算 2. 按设计图示尺寸以延长米计算	1. 制作、运输、安装 2. 除锈、刷油漆
040309002	石质栏杆	材料品种、规格	m	按设计图示尺寸以长度计算	制作、运输、安装
040309003	混凝土栏杆	1. 混凝土强度等级 2. 规格尺寸			
040309004	橡胶支座	1. 材质 2. 规格、型号 3. 形式	个	按设计图示数量计算	支座安装
040309005	钢支座	1. 规格、型号 2. 形式			
040309006	盆式支座	1. 材质 2. 承载力			

项目编码	项目名称	项目特征	计量单位	工程量计算规则	工 程 内 容
040309007	桥梁伸缩装置	1. 材料品种 2. 规格、型号 3. 混凝土种类 4. 混凝土强度等级	m	以米计量，按设计图示尺寸以延长米计算	1. 制作、安装 2. 混凝土拌和、运输、浇筑
040309008	隔声屏障	1. 材料品种 2. 结构形式 3. 油漆品种、工艺要求	m^2	按设计图示尺寸以面积计算	1. 制作、安装 2. 除锈、刷油漆
040309009	桥面排（泄）水管	1. 材料品种 2. 管径	m	按设计图示以长度计算	进水口、排（泄）水管制作、安装
040309010	防水层	1. 部位 2. 材料品种、规格 3. 工艺要求	m^2	按设计图示尺寸以面积计算	防水层铺涂

3.4.2 清单相关问题及说明

清单项目各类预制桩均按成品构件编制，购置费用应计入综合单价中，如采用现场预制，包括预制构件制作的所有费用。当以体积为计量单位计算混凝土工程量时，不扣除构件内钢筋、螺栓、预埋铁件、张拉孔道和单个面积≤0.3m² 的孔洞所占体积，但应扣除型钢混凝土构件中型钢所占体积。桩基陆上工作平台搭拆工作内容包括在相应的清单项目中，若为水上工作平台搭拆，应按"措施项目"相关项目单独编码列项。

1. 桩基

（1）地层情况按表 3-7 和表 3-10 的规定，并根据岩土工程勘察报告按单位工程各地层所占比例（包括范围值）进行描述。对无法准确描述的地层情况，可注明由投标人根据岩土工程勘察报告自行决定报价。

（2）各类混凝土预制桩以成品桩考虑，应包括成品桩购置费，如果用现场预制，应包括现场预制桩的所有费用。

（3）项目特征中的桩截面、混凝土强度等级、桩类型等可直接用标准图代号或设计桩型进行描述。

（4）打试验桩和打斜桩应按相应项目编码单独列项，并应在项目特征中注明试验桩或斜桩（斜率）。

（5）项目特征中的桩长应包括桩尖，空桩长度 = 孔深 - 桩长，孔深为自然地面至设计桩底的深度。

（6）泥浆护壁成孔灌注桩是指在泥浆护壁条件下成孔，采用水下灌注混凝土的桩。其成孔方法包括冲击钻成孔、冲抓锥成孔、回旋钻成孔、潜水钻成孔、泥浆护壁的旋挖成孔等。

（7）沉管灌注桩的沉管方法包括捶击沉管法、振动沉管法、振动冲击沉管法、内夯沉管法等。

（8）干作业成孔灌注桩是指不用泥浆护壁和套管护壁的情况下，用钻机成孔后，下钢筋笼，灌注混凝土的桩，适用于地下水位以上的土层使用。其成孔方法包括螺旋钻成孔、螺旋钻成孔扩底、干作业的旋挖成孔等。

（9）混凝土灌注桩的钢筋笼制作、安装，按"钢筋工程"中相关项目编码列项。

（10）"桩基"工作内容未含桩基础的承载力检测、桩身完整性检测。

2. 基坑与边坡支护

（1）地层情况按表3-7和表3-10的规定，并根据岩土工程勘察报告按单位工程各地层所占比例（包括范围值）进行描述。对无法准确描述的地层情况，可注明由投标人根据岩土工程勘察报告自行决定报价。

（2）地下连续墙和喷射混凝土的钢筋网制作、安装，按"钢筋工程"中相关项目编码列项。基坑与边坡支护的排桩按"桩基"中相关项目编码列项。水泥土墙、坑内加固按"道路工程"中"路基工程"中相关项目编码列项。混凝土挡土墙、桩顶冠梁、支撑体系按"隧道工程"中相关项目编码列项。

3. 现浇混凝土构件

台帽、台盖梁均应包括耳墙、背墙。

4. 砌筑

（1）干砌块料、浆砌块料和砖砌体应根据工程部位不同，分别设置清单编码。

（2）"砌筑"清单项目中"垫层"指碎石、块石等非混凝土类垫层。

5. 立交箱涵

除箱涵顶进土方外，顶进工作坑等土方应按"土石方工程"中相关项目编码列项。

6. 装饰

如遇本清单项目缺项时，可按现行国家标准《房屋建筑与装饰工程工程量计算规范》（GB 50854—2013）中相关项目编码列项。

7. 其他

支座垫石混凝土按"现浇混凝土构件"中"混凝土基础"项目编码列项。

3.4.3　工程量计算实例

【例3-7】某涵洞为箱涵形式，如图3-20所示，其箱涵底板表面为水泥混凝土板，厚度为20cm，C20混凝土箱涵侧墙厚50cm，C20混凝土顶板厚30cm，涵洞长为15m，计算各部分工程量。

【解】

清单工程量计算表见表3-47，分部分项工程和单价措施项目清单与计价表见表3-48。

【例3-8】某T形预应力混凝土梁桥的横隔梁如图3-21所示，隔梁厚400mm计算单横隔梁的工程量。

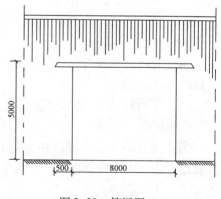

图3-20　箱涵洞

清单工程量计算表

表 3-47

工程名称：

序号	清单项目编码	清单项目名称	计　算　式	工程量合计	计量单位
1	040306003001	箱涵底板	$V_1 = 8 \times 15 \times 0.2$	24	m³
2	040306004001	箱涵侧墙	$V_2 = 15 \times 5 \times 0.5$ $V = 2V_2 = 2 \times 37.5$	75	m³
3	040306005001	箱涵顶板	$V = (8 + 0.5 \times 2) \times 0.3 \times 15$	40.5	m³

分部分项工程和单价措施项目清单与计价表

表 3-48

工程名称：

序号	项目编码	项目名称	项目特征描述	计量单位	工程量	金额（元）	
						综合单价	合价
1	040306003001	箱涵底板	箱涵底板表面为水泥混凝土板，厚度为20cm	m³	24		
2	040306004001	箱涵侧墙	侧墙厚50cm，C20混凝土	m³	75		
3	040306005001	箱涵顶板	顶板厚30cm，C20混凝土	m³	40.5		

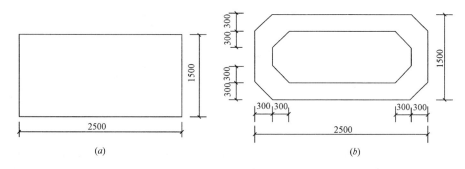

图 3-21　横隔梁

（a）中横隔梁；（b）端横隔梁

【解】

清单工程量计算表见表 3-49，分部分项工程和单价措施项目清单与计价表见表 3-50。

清单工程量计算表

表 3-49

工程名称：

序号	清单项目编码	清单项目名称	计　算　式	工程量合计	计量单位
1	040303006001	混凝土及横梁	$V = 2.5 \times 1.5 \times 0.4$	0.7	m³
2	040303006002	混凝土及横梁	$V = [(2.5 \times 1.5 - 4 \times 0.5 \times 0.3 \times 0.3) - (2.0 \times 1.0 - 4 \times 0.5 \times 0.3 \times 0.3)] \times 0.4$	1.5	m³

分部分项工程和单价措施项目清单与计价表　　　　　表 3-50

工程名称：

序号	项目编码	项目名称	项目特征描述	计量单位	工程量	金额（元）	
						综合单价	合价
1	040303006001	混凝土及横梁	T形预应力混凝土梁桥中横隔梁	m³	0.7		
2	040303006002	混凝土及横梁	T形预应力混凝土梁桥端横隔梁	m³	1.5		

【例 3-9】某桥梁重力式桥台，台身采用 M10 水泥砂浆砌块石，台帽采用 M10 水泥砂浆砌料石，如图 3-22 工程所示，共 2 个台座，长度 12m。φ100PVC 泄水管安装间距 3m。50×50 级配碎石反滤层、泄水孔进口二层土工布包裹。试列出该桥梁台身及台帽工程的分部分项工程量清单（不考虑基础及勾缝等内容）。

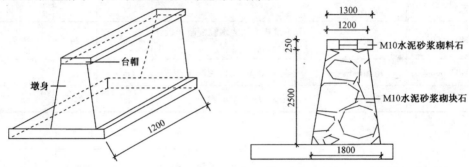

图 3-22　实例工程图

【解】

清单工程量计算表见表 3-51，分部分项工程和单价措施项目清单与计价表见表 3-52。

清单工程量计算表　　　　　　　　　　　　表 3-51

工程名称：某桥梁工程

序号	清单项目编码	清单项目名称	计　算　式	工程量合计	计量单位
1	040304004001	浆砌块石台帽	1.3×0.25×12×2	7.8	m³
2	040304005001	浆砌料石台身	(1.8+1.2)÷2×2.5×12×2	90	m³

分部分项工程和单价措施项目清单与计价表　　　　　表 3-52

工程名称：某桥梁工程

序号	项目编码	项目名称	项目特征描述	计量单位	工程量	金额（元）	
						综合单价	合价
1	040304004001	浆砌块石台帽	1. 部位：台帽 2. 材料品种、规格：块石 3. 砂浆强度等级：M10 水泥砂浆	m³	7.8		

序号	项目编码	项目名称	项目特征描述	计量单位	工程量	金额（元）	
						综合单价	合价
2	040304005001	浆砌料石台身	1. 部位：台身 2. 材料品种、规格：料石 3. 砂浆强度等级：M10 水泥砂浆 4. 泄水孔材料品种、规格：φ100PVC 泄水管 5. 滤水层要求：50×50 级配碎石反滤层、泄水孔进口二层土工布包裹	m³	90		

3.5 隧道工程清单计价工程量计算

3.5.1 清单工程量计算规则

1. 隧道岩石开挖

隧道岩石开挖工程量清单项目设置、项目特征描述的内容、计量单位及工程量计算规则，应按表 3-53 的规定执行。

隧道岩石开挖（编码：040401）　　　　　　　　　　　　表 3-53

项目编码	项目名称	项目特征	计量单位	工程量计算规则	工程内容
040401001	平洞开挖	1. 岩石类别 2. 开挖断面 3. 爆破要求 4. 弃碴运距	m³	按设计图示结构断面尺寸乘以长度以体积计算	1. 爆破或机械开挖 2. 施工面排水 3. 出碴 4. 弃碴场内堆放、运输 5. 弃碴外运
040401002	斜井开挖				
040401003	竖井开挖				
040401004	地沟开挖	1. 断面尺寸 2. 岩石类别 3. 爆破要求 4. 弃碴运距			
040401005	小导管	1. 类型 2. 材料品种 3. 管径、长度	m	按设计图示尺寸以长度计算	1. 制作 2. 布眼 3. 钻孔 4. 安装
040401006	管棚				
040401007	注浆	1. 浆液种类 2. 配合比	m³	按设计注浆量以体积计算	1. 浆液制作 2. 钻孔注浆 3. 堵孔

2. 岩石隧道衬砌

岩石隧道衬砌工程量清单项目设置、项目特征描述的内容、计量单位及工程量计算规则，应按表3-54的规定执行。

岩石隧道衬砌（编码：040402） 表3-54

项目编码	项目名称	项目特征	计量单位	工程量计算规则	工 程 内 容
040402001	混凝土仰拱衬砌	1. 拱跨径 2. 部位	m³	按设计图示尺寸以体积计算	1. 模板制作、安装、拆除 2. 混凝土拌和、运输、浇筑 3. 养护
040402002	混凝土顶拱衬砌	3. 厚度 4. 混凝土强度等级			
040402003	混凝土边墙衬砌	1. 部位 2. 厚度 3. 混凝土强度等级			
040402004	混凝土竖井衬砌	1. 厚度 2. 混凝土强度等级			
040402005	混凝土沟道	1. 断面尺寸 2. 混凝土强度等级			
040402006	拱部喷射混凝土	1. 结构形式 2. 厚度 3. 混凝土强度等级 4. 掺加材料品种、用量	m²	按设计图示尺寸以面积计算	1. 清洗基层 2. 混凝土拌和、运输、浇筑、喷射 3. 收回弹料 4. 喷射施工平台搭设、拆除
040402007	边墙喷射混凝土				
040402008	拱圈砌筑	1. 断面尺寸 2. 材料品种、规格 3. 砂浆强度等级	m³	按设计图示尺寸以体积计算	1. 砌筑 2. 勾缝 3. 抹灰
040402009	边墙砌筑	1. 厚度 2. 材料品种、规格 3. 砂浆强度等级			
040402010	砌筑沟道	1. 断面尺寸 2. 材料品种、规格 3. 砂浆强度等级			
040402011	洞门砌筑	1. 形状 2. 材料品种、规格 3. 砂浆强度等级			
040402012	锚杆	1. 直径 2. 长度 3. 锚杆类型 4. 砂浆强度等级	t	按设计图示尺寸以质量计算	1. 钻孔 2. 锚杆制作、安装 3. 压浆
040402013	充填压浆	1. 部位 2. 浆液成分强度	m³	按设计图示尺寸以体积计算	1. 打孔、安装 2. 压浆
040402014	仰拱填充	1. 填充材料 2. 规格 3. 强度等级		按设计图示回填尺寸以体积计算	1. 配料 2. 填充

项目编码	项目名称	项目特征	计量单位	工程量计算规则	工 程 内 容
040402015	透水管	1. 材质 2. 规格	m	按设计图示尺寸以长度计算	安装
040402016	沟道盖板	1. 材质 2. 规格尺寸 3. 强度等级			制作、安装
040402017	变形缝	1. 类别 2. 材料品种、规格 3. 工艺要求			
040402018	施工缝				
040402019	柔性防水层	材料品种、规格	m²	按设计图示尺寸以面积计算	铺设

3. 盾构掘进

盾构掘进工程量清单项目设置、项目特征描述的内容、计量单位及工程量计算规则，应按表3-55的规定执行。

盾构掘进（编号：040403）　　　　　　　　　　　　　　　　表3-55

项目编码	项目名称	项目特征	计量单位	工程量计算规则	工 程 内 容
040403001	盾构吊装及吊拆	1. 直径 2. 规格型号 3. 始发方式	台·次	按设计图示数量计算	1. 盾构机安装、拆除 2. 车架安装、拆除 3. 管线连接、调试、拆除
040403002	盾构掘进	1. 直径 2. 规格 3. 形式 4. 掘进施工段类别 5. 密封舱材料品种 6. 弃土(浆)运距	m	按设计图示掘进长度计算	1. 掘进 2. 管片拼装 3. 密封舱添加材料 4. 负环管片拆除 5. 隧道内管线路铺设、拆除 6. 泥浆制作 7. 泥浆处理 8. 土方、废浆外运
040403003	衬砌壁后压浆	1. 浆液品种 2. 配合比	m³	按管片外径和盾构壳体外径所形成的充填体积计算	1. 制浆 2. 送浆 3. 压浆 4. 封堵 5. 清洗 6. 运输
040403004	预制钢筋混凝土管片	1. 直径 2. 厚度 3. 宽度 4. 混凝土强度等级		按设计图示尺寸以体积计算	1. 运输 2. 试拼装 3. 安装

项目编码	项目名称	项目特征	计量单位	工程量计算规则	工 程 内 容
040403005	管片设置密封条	1. 管片直径、宽度、厚度 2. 密封条材料 3. 密封条规格	环	按设计图示数量计算	密封条安装
040403006	隧道洞口柔性接缝环	1. 材料 2. 规格 3. 部位 4. 混凝土强度等级	m	按设计图示以隧道管片外径周长计算	1. 制作、安装临时防水环板 2. 制作、安装、拆除临时止水缝 3. 拆除临时钢环板 4. 拆除洞口环管片 5. 安装钢环板 6. 柔性接缝环 7. 洞口钢筋混凝土环圈
040403007	管片嵌缝	1. 直径 2. 材料 3. 规格	环	按设计图示数量计算	1. 管片嵌缝槽表面处理、配料嵌缝 2. 管片手孔封堵
040403008	盾构机调头	1. 直径 2. 规格型号 3. 始发方式	台·次	按设计图示数量计算	1. 钢板、基座铺设 2. 盾构拆卸 3. 盾构调头、平行移运定位 4. 盾构拼装 5. 连接管线、调试
040403009	盾构机转场运输	1. 直径 2. 规格型号 3. 始发方式	台·次	按设计图示数量计算	1. 盾构机安装、拆除 2. 车架安装、拆除 3. 盾构机、车架转场运输
040403010	盾构基座	1. 材质 2. 规格 3. 部位	t	按设计图示尺寸以质量计算	1. 制作 2. 安装 3. 拆除

4. 管节顶升、旁通道

管节顶升、旁通道工程量清单项目设置、项目特征描述的内容、计量单位及工程量计算规则,应按表 3-56 的规定执行。

管节顶升、旁通道（编码：040404）　　　　　　　　　　表 3-56

项目编码	项目名称	项目特征	计量单位	工程量计算规则	工 程 内 容
040404001	钢筋混凝土顶升管节	1. 材质 2. 混凝土强度等级	m³	按设计图示尺寸以体积计算	1. 钢模板制作 2. 混凝土拌和、运输、浇筑 3. 养护 4. 管节试拼装 5. 管节场内外运输

项目编码	项目名称	项目特征	计量单位	工程量计算规则	工 程 内 容
040404002	垂直顶升设备安装、拆除	规格、型号	套	按设计图示数量计算	1. 基座制作和拆除 2. 车架、设备吊装就位 3. 拆除、堆放
040404003	管节垂直顶升	1. 断面 2. 强度 3. 材质	m	按设计图示以顶升长度计算	1. 管节吊运 2. 首节顶升 3. 中间节顶升 4. 尾节顶升
040404004	安装止水框、连系梁	材质	t	按设计图示尺寸以质量计算	制作、安装
040404005	阴极保护装置	1. 型号 2. 规格	组	按设计图示数量计算	1. 恒电位仪安装 2. 阳极安装 3. 阴极安装 4. 参变电极安装 5. 电缆敷设 6. 接线盒安装
040404006	安装取、排水头	1. 部位 2. 尺寸	个		1. 顶升口揭顶盖 2. 取排水头部安装
040404007	隧道内旁通道开挖	1. 土壤类别 2. 土体加固方式	m³	按设计图示尺寸以体积计算	1. 土体加固 2. 支护 3. 土方暗挖 4. 土方运输
040404008	旁通道结构混凝土	1. 断面 2. 混凝土强度等级	m³	按设计图示尺寸以体积计算	1. 模板制作、安装 2. 混凝土拌和、运输、浇筑 3. 洞门接口防水
040404009	隧道内集水井	1. 部位 2. 材料 3. 形式	座	按设计图示数量计算	1. 拆除管片建集水井 2. 不拆管片建集水井
040404010	防爆门	1. 形式 2. 断面	扇		1. 防爆门制作 2. 防爆门安装
040404011	钢筋混凝土复合管片	1. 图集、图纸名称 2. 构件代号、名称 3. 材质 4. 混凝土强度等级	m³	按设计图示尺寸以体积计算	1. 构件制作 2. 试拼装 3. 运输、安装
040404012	钢管片	1. 材质 2. 探伤要求	t	按设计图示以质量计算	1. 钢管片制作 2. 试拼装 3. 探伤 4. 运输、安装

5. 隧道沉井

隧道沉井工程量清单项目设置、项目特征描述的内容、计量单位及工程量计算规则，应按表3-57的规定执行。

隧道沉井（编码：040405）   表3-57

项目编码	项目名称	项目特征	计量单位	工程量计算规则	工程内容
040405001	沉井井壁混凝土	1. 形状 2. 规格 3. 混凝土强度等级	m³	按设计尺寸以外围井筒混凝土体积计算	1. 模板制作、安装、拆除 2. 刃脚、框架、井壁混凝土浇筑 3. 养护
040405002	沉井下沉	1. 下沉深度 2. 弃土运距		按设计图示井壁外围面积乘以下沉深度以体积计算	1. 垫层凿除 2. 排水挖土下沉 3. 不排水下沉 4. 触变泥浆制作、输送 5. 弃土外运
040405003	沉井混凝土封底	混凝土强度等级		按设计图示尺寸以体积计算	1. 混凝土干封底 2. 混凝土水下封底
040405004	沉井混凝土底板	混凝土强度等级			1. 模板制作、安装、拆除 2. 混凝土拌和、运输、浇筑 3. 养护
040405005	沉井填心	材料品种	m³	按设计图示尺寸以体积计算	1. 排水沉井填心 2. 不排水沉井填心
040405006	沉井混凝土隔墙	混凝土强度等级			1. 模板制作、安装、拆除 2. 混凝土拌和、运输、浇筑 3. 养护
040405007	钢封门	1. 材质 2. 尺寸	t	按设计图示尺寸以质量计算	1. 钢封门安装 2. 钢封门拆除

6. 混凝土结构

混凝土结构工程量清单项目设置、项目特征描述的内容、计量单位及工程量计算规则，应按表3-58的规定执行。

7. 沉管隧道

沉管隧道工程量清单项目设置、项目特征描述的内容、计量单位及工程量计算规则，应按表3-59的规定执行。

116

混凝土结构（编码：040406） 表 3-58

项目编码	项目名称	项目特征	计量单位	工程量计算规则	工 程 内 容
040406001	混凝土地梁	1. 类别、部位 2. 混凝土强度等级	m³	按设计图示尺寸以体积计算	1. 模板制作、安装、拆除 2. 混凝土拌和、运输、浇筑 3. 养护
040406002	混凝土底板				
040406003	混凝土柱				
040406004	混凝土墙				
040406005	混凝土梁				
040406006	混凝土平台、顶板				
040406007	圆隧道内架空路面	1. 厚度 2. 混凝土强度等级			
040406008	隧道内其他结构混凝土	1. 部位、名称 2. 混凝土强度等级			

沉管隧道（编码：040407） 表 3-59

项目编码	项目名称	项目特征	计量单位	工程量计算规则	工 程 内 容
040407001	预制沉管底垫层	1. 材料品种、规格 2. 厚度	m³	按设计图示沉管底面积乘以厚度以体积计算	1. 场地平整 2. 垫层铺设
040407002	预制沉管钢底板	1. 材质 2. 厚度	t	按设计图示尺寸以质量计算	钢底板制作、铺设
040407003	预制沉管混凝土板底	混凝土强度等级	m³	按设计图示尺寸以体积计算	1. 模板制作、安装、拆除 2. 混凝土拌和、运输、浇筑 3. 养护 4. 底板预埋注浆管
040407004	预制沉管混凝土侧墙				1. 模板制作、安装、拆除 2. 混凝土拌和、运输、浇筑 3. 养护
040407005	预制沉管混凝土顶板				
040407006	沉管外壁防锚层	1. 材质品种 2. 规格	m²	按设计图示尺寸以面积计算	铺设沉管外壁防锚层
040407007	鼻托垂直剪力键	材质	t	按设计图示尺寸以质量计算	1. 钢剪力键制作 2. 剪力键安装
040407008	端头钢壳	1. 材质、规格 2. 强度			1. 端头钢壳制作 2. 端头钢壳安装 3. 混凝土浇筑
040407009	端头钢封门	1. 材质 2. 尺寸			1. 端头钢封门制作 2. 端头钢封门安装 3. 端头钢封门拆除

项目编码	项目名称	项目特征	计量单位	工程量计算规则	工 程 内 容
040407010	沉管管段浮运临时供电系统	规格	套	按设计图示管段数量计算	1. 发电机安装、拆除 2. 配电箱安装、拆除 3. 电缆安装、拆除 4. 灯具安装、拆除
040407011	沉管管段浮运临时供排水系统				1. 泵阀安装、拆除 2. 管路安装、拆除
040407012	沉管管段浮运临时通风系统				1. 进排风机安装、拆除 2. 风管路安装、拆除
040407013	航道疏浚	1. 河床土质 2. 工况等级 3. 疏浚深度	m³	按河床原断面与管段浮运时设计断面之差以体积计算	1. 挖泥船开收工 2. 航道疏浚挖泥 3. 土方驳运、卸泥
040407014	沉管河床基槽开挖	1. 河床土质 2. 工况等级 3. 挖土深度		按河床原断面与槽设计断面之差以体积计算	1. 挖泥船开收工 2. 沉管基槽挖泥 3. 沉管基槽清淤 4. 土方驳运、卸泥
040407015	钢筋混凝土块沉石	1. 工况等级 2. 沉石深度	m³	按设计图示尺寸以体积计算	1. 预制钢筋混凝土块 2. 装船、驳运、定位沉石 3. 水下铺平石块
040407016	基槽抛铺碎石	1. 工况等级 2. 石料厚度 3. 沉石深度			1. 石料装运 2. 定位抛石、水下铺平石块
040407017	沉管管节浮运	1. 单节管段质量 2. 管段浮运距离	kt·m	按设计图示尺寸和要求以沉管管段质量和浮运距离的复合单位计算	1. 干坞放水、 2. 管段起浮定位 3. 管段浮运 4. 加载水箱制作、安装、拆除 5. 系缆柱制作、安装、拆除
040407018	管段沉放连接	1. 单节管段重量 2. 管段下沉深度	节	按设计图示数量计算	1. 管段定位 2. 管段压水下沉 3. 管段端面对接 4. 管节拉合
040407019	砂肋软体排覆盖	1. 材料品种 2. 规格	m²	按设计图示尺寸以沉管顶面积加侧面外表面积计算	水下覆盖软体排
040407020	沉管水下压石	1. 材料品种 2. 规格	m³	按设计图示尺寸以顶、侧压石的体积计算	1. 装石船开收工 2. 定位抛石、卸石 3. 水下铺石

续表

项目编码	项目名称	项目特征	计量单位	工程量计算规则	工 程 内 容
040407021	沉管接缝处理	1. 接缝连接形式 2. 接缝长度	条	按设计图示数量计算	1. 按缝拉合 2. 安装止水带 3. 安装止水钢板 4. 混凝土拌和、运输、浇筑
040407022	沉管底部压浆固封充填	1. 压浆材料 2. 压浆要求	m³	按设计图示尺寸以体积计算	1. 制浆 2. 管底压浆 3. 封孔

3.5.2　清单相关问题及说明

1. 隧道岩石开挖

弃碴运距可以不描述，但应注明由投标人根据施工现场实际情况自行考虑决定报价。

2. 岩石隧道衬砌

遇清单项目未列的砌筑构筑物时，应按"桥涵工程"中相关项目编码列项。

3. 盾构掘进

（1）衬砌壁后压浆清单项目在编制工程量清单时，其工程数量可为暂估量，结算时按现场签证数量计算。

（2）盾构基座系指常用的钢结构，如果是钢筋混凝土结构，应按"沉管隧道"中相关项目进行列项。

（3）钢筋混凝土管片按成品编制，购置费用应计入综合单价中。

4. 隧道沉井

沉井垫层按"桥涵工程"中相关项目编码列项。

5. 混凝土结构

（1）隧道洞内道路路面铺装应按"道路工程"相关清单项目编码列项。

（2）隧道洞内顶部和边墙内衬的装饰按"桥涵工程"相关清单项目编码列项。

（3）隧道内其他结构混凝土包括楼梯、电缆沟、车道侧石等。

（4）垫层、基础应按"桥涵工程"相关清单项目编码列项。

（5）隧道内衬弓形底板、侧墙、支承墙应按"混凝土结构"中的"混凝土底板"、"混凝土墙"的相关清单项目编码列项，并在项目特征中描述其类别、部位。

3.5.3　工程量计算实例

【例3-10】某隧道工程施工，全长为长258m，岩层为次坚石，无地下水，采用平洞开挖，光面爆破，并进行拱圈砌筑和边墙砌筑，砌筑材料为粗石料砂浆，其设计尺寸如图3-23所示，试编制该段隧道开挖和砌筑工程量清单。

【解】

清单工程量计算表见表3-60，分部分项工程和单价措施项目清单与计价表见表3-61。

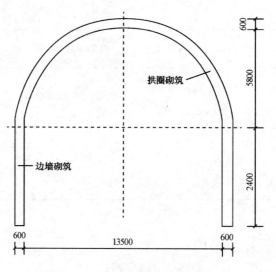

图 3-23　拱圈和边墙砌筑示意图

清单工程量计算表　　　　　　　　　　　　　　　表 3-60

工程名称：

序号	清单项目编码	清单项目名称	计算式	工程量合计	计量单位
1	040401001001	平洞开挖	$\left[\dfrac{1}{2} \times 3.14 \times (5.8+0.6)^2 + 2.4 \times (13.5+0.6 \times 2)\right] \times 258$	25694.22	m³
2	040402008001	拱圈砌筑	$\left(\dfrac{1}{2} \times 3.14 \times 6.4^2 - \dfrac{1}{2} \times 3.14 \times 5.8^2\right) \times 258$	2967	m³
3	040402009001	边墙砌筑	$2.4 \times 0.6 \times 258 \times 2$	743.04	m³

分部分项工程和单价措施项目清单与计价表　　　　　　　　表 3-61

工程名称：

序号	项目编码	项目名称	项目特征描述	计量单位	工程量	金额（元）	
						综合单价	合价
1	040401001001	平洞开挖	平洞开挖，次坚实，光面爆破	m³	25694.22		
2	040402008001	拱圈砌筑	粗石料砂浆	m³	2967		
3	040402009001	边墙砌筑	粗石料砂浆	m³	743.04		

【例 3-11】A 市某道路隧道长 150m，洞口桩号为 3+300 和 3+450，其中 3+320～0+370 段岩石为普坚石，此段隧道的设计断面如图 3-24 所示，设计开挖断面积为 66.67m²，拱部衬砌断面积为 10.17m²。边墙厚为 600mm，混凝土强度等级为 C20，边墙断面积为 3.638m²。设计要求主洞超挖部分必须用与衬砌同强度等级混凝土充填，招标文件要求开挖出的废渣运至距洞口 900m 处弃场弃置（两洞口外 900m 处均有弃置场地）。现根据上述

条件编制隧道 0 + 320 ~ 0 + 370 段的隧道开挖和衬砌工程量清单项目。

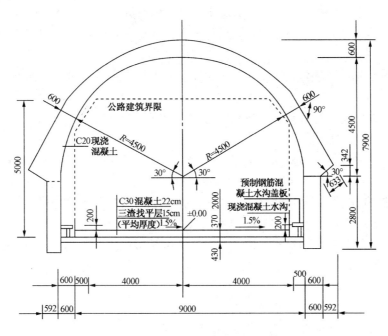

图 3-24　隧道洞口断面

【解】

（1）工程量清单编制

1）计算清单工程量：

①平洞开挖清单工程量计算：66. 67 × 50 = 3333. 5m³

②衬砌清单工程量计算：

拱部：10. 17 × 50 = 508. 50m³

边墙：3. 36 × 50 = 168. 00m³

2）分部分项工程和单价措施项目清单与计价表见表 3-62。

分部分项工程和单价措施项目清单与计价表　　　　　　　　表 3-62

工程名称：A 市某道路隧道工程　　　　　　标段：0 + 320 ~ 0 + 370　　　　　第　页　共　页

序号	项目编号	项目名称	项目特征描述	计量单位	工程数量	金额/元		
						综合单价	合价	其中暂估价
1	040401001001	平洞开挖	普坚石，设计断面 66. 67m²	m³	3333. 50			
2	040402002001	混凝土顶拱衬砌	拱顶厚 60cm，C20 混凝土	m³	508. 5			
3	040402003001	混凝土边墙衬砌	厚 60cm，C20 混凝土	m³	168. 00			
			合计					

（2）工程量清单计价

1）施工方案。现根据招标文件及设计图和工程量清单表作综合单价分析：

①从工程地质图和以前进洞20m已开挖的主洞看石岩比较好，拟用光面爆破，全断面开挖。

②衬砌采用先拱后墙法施工，对已开挖的主洞及时衬砌，减少岩面暴露时间，以利安全。

③出渣运输用挖掘机装渣，自卸汽车运输。模板采用钢模板、钢模架。

2）施工工程量的计算：

①主洞开挖量计算。设计开挖断面积为66.67m²，超挖断面积为3.26m²，施工开挖量为(66.67 + 3.26)×50 = 3496.5m³。

②拱部混凝土量计算。拱部设计衬砌断面为10.17m²，超挖充填混凝土断面积为2.58m²，拱部施工衬砌量为(10.17 + 2.58)×50 = 637.50m³。

③边墙衬砌量计算。边墙设计断面积为3.36m²，超挖充填断面积为0.68m²，边样施工衬砌量为(3.36 + 0.68)×50 = 202.0m³。

3）参照定额及管理费、利润的取定。

①定额拟按全国市政工程预算定额。

②管理费按直接费的10%考虑，利润按直接费的5%考虑。

③根据上述考虑作如下综合单价分析（见"综合单价计分析表"表3-63～表3-65）。分部分项工程和单价措施项目清单与计价表见表3-66。

综合单价分析表　　　　　表3-63

工程名称：A市某道路隧道工程　　　　标段：0 + 320～0 + 370　　　　第 页 共 页

| 项目编码 | 040401001001 | 项目名称 | 平洞开挖 | 计量单位 | m³ | 工程量 | 3333.50 |

清单综合单价组成明细

定额编号	定额项目名称	定额单位	数量	单　价				合　价			
				人工费	材料费	机械费	管理费和利润	人工费	材料费	机械费	管理费和利润
4-20	平洞全断面开挖用光面爆破	100m³	0.01	999.69	669.96	1974.31	551.094	10.0	6.70	1.97	5.51
4-54	平洞出渣	100m³	0.01	25.17	—	1804.55	274.46	0.25	—	1.80	2.75
人工单价			小　计					10.25	6.70	3.77	8.26
22.47 元/工日			未计价材料费								
清单项目综合单价								28.98			

注："数量"栏为"投标方工程量÷招标方工程量÷定额单位数量"，如"0.01"为"3496.5÷3333.5÷100"。

122

综合单价分析表　　　　　　　　　　　　　　　　　　　表 3-64

工程名称：A 市某道路隧道工程　　　　　　　标段：0 + 320 ~ 0 + 370　　　　　第　页　共　页

项目编码	040402002001	项目名称	混凝土顶拱衬砌	计量单位	m^3	工程量	508.5

清单综合单价组成明细

定额编号	定额项目名称	定额单位	数量	单价				合价			
				人工费	材料费	机械费	管理费和利润	人工费	材料费	机械费	管理费和利润
4-91	平洞拱部混凝土衬砌	$10m^3$	0.01	709.15	10.39	137.06	128.49	7.10	0.10	1.37	1.29
人工单价		小　计						7.10	0.10	1.37	1.29
22.47 元/工日		未计价材料费									
清单项目综合单价								9.86			

注："数量"栏为"投标方工程量÷招标方工程量÷定额单位数量"，如"0.01"为"637.50÷508.5÷100"。

综合单价分析表　　　　　　　　　　　　　　　　　　　表 3-65

工程名称：A 市某道路隧道工程　　　　　　　标段：0 + 320 ~ 0 + 370　　　　　第　页　共　页

项目编码	040402003001	项目名称	混凝土边墙衬砌	计量单位	m^3	工程量	168

清单综合单价组成明细

定额编号	定额项目名称	定额单位	数量	单价				合价			
				人工费	材料费	机械费	管理费和利润	人工费	材料费	机械费	管理费和利润
4-109	混凝土边墙衬砌	$100m^3$	0.01	535.91	9.18	106.14	97.69	5.36	0.09	1.06	0.98
人工单价		小　计						5.36	0.09	1.06	0.98
22.47 元/工日		未计价材料费									
清单项目综合单价								7.49			

注："数量"栏为"投标方工程量÷招标方工程量÷定额单位数量"，如"0.01"为"202÷168÷100"。

工程名称：A 市某道路隧道工程　　　　标段：0+320~0+370　　　　第 页 共 页

序号	项目编号	项目名称	项目特征描述	计量单位	工程数量	金额/元		其中
						综合单价	合价	暂估价
1	040401001001	平洞开挖	普坚石，设计断面 66.67m²	m³	3333.50	28.98	96604.83	
2	040402002001	混凝土拱部衬砌	拱顶厚 60cm，C20 混凝土	m³	508.5	9.86	5013.81	
3	040402003001	混凝土边墙衬砌	厚 60cm，C20 混凝土	m³	168.00	7.43	1248.24	
		合　　计					102866.88	

3.6 管网工程清单计价工程量计算

3.6.1 清单工程量计算规则

1. 管道铺设

管道铺设工程量清单项目设置、项目特征描述的内容、计量单位及工程量计算规则，应按表 3-67 的规定执行。

管道铺设（编码：040501）　　　　表 3-67

项目编码	项目名称	项目特征	计量单位	工程量计算规则	工程内容
040501001	混凝土管	1. 垫层、基础材质及厚度 2. 管座材质 3. 规格 4. 接口方式 5. 铺设深度 6. 混凝土强度等级 7. 管道检验及试验要求	m	按设计图示中心线长度以延长米计算。不扣除附属构筑物、管件及阀门等所占长度	1. 垫层、基础铺筑及养护 2. 模板制作、安装、拆除 3. 混凝土拌和、运输、浇筑、养护 4. 预制管枕安装 5. 管道铺设 6. 管道接口 7. 管道检验及试验
040501002	钢管	1. 垫层、基础材质及厚度 2. 材质及规格 3. 接口方式 4. 铺设深度 5. 管道检验及试验要求 6. 集中防腐运距			1. 垫层、基础铺筑及养护 2. 模板制作、安装、拆除 3. 混凝土拌和、运输、浇筑、养护 4. 管道铺设 5. 管道检验及试验 6. 集中防腐运输
040501003	铸铁管				

124

项目编码	项目名称	项目特征	计量单位	工程量计算规则	工 程 内 容
040501004	塑料管	1. 垫层、基础材质及厚度 2. 材质及规格 3. 连接形式 4. 铺设深度 5. 管道检验及试验要求		按设计图示中心线长度以延长米计算。不扣除附属构筑物、管件及阀门等所占长度	1. 垫层、基础铺筑及养护 2. 模板制作、安装、拆除 3. 混凝土拌和、运输、浇筑、养护 4. 管道铺设 5. 管道检验及试验
040501005	直埋式预制保温管	1. 垫层材质及厚度 2. 材质及规格 3. 接口方式 4. 铺设深度 5. 管道检验及试验的要求			1. 垫层铺筑及养护 2. 管道铺设 3. 接口处保温 4. 管道检验及试验
040501006	管道架空跨越	1. 管道架设高度 2. 管道材质及规格 3. 接口方式 4. 管道检验及试验要求 5. 集中防腐运距		按设计图示中心线长度以延长米计算。不扣除管件及阀门等所占长度	1. 管道架设 2. 管道检验及试验 3. 集中防腐运输
040501007	隧道（沟、管）内管道	1. 基础材质及厚度 2. 混凝土强度等级 3. 材质及规格 4. 接口方式 5. 管道检验及试验要求 6. 集中防腐运距	m	按设计图示中心线长度以延长米计算。不扣除附属构筑物、管件及阀门等所占长度	1. 基础铺筑、养护 2. 模板制作、安装、拆除 3. 混凝土拌和、运输、浇筑、养护 4. 管道铺设 5. 管道检测及试验 6. 集中防腐运输
040501008	水平导向钻进	1. 土壤类别 2. 材质及规格 3. 一次成孔长度 4. 接口方式 5. 泥浆要求 6. 管道检验及试验要求 7. 集中防腐运距		按设计图示长度以延长米计算。扣除附属构筑物（检查井）所占的长度	1. 设备安装、拆除 2. 定位、成孔 3. 管道接口 4. 拉管 5. 纠偏、监测 6. 泥浆制作、注浆 7. 管道检测及试验 8. 集中防腐运输 9. 泥浆、土方外运
040501009	夯管	1. 土壤类别 2. 材质及规格 3. 一次夯管长度 4. 接口方式 5. 管道检验及试验要求 6. 集中防腐运距			1. 设备安装、拆除 2. 定位、夯管 3. 管道接口 4. 纠偏、监测 5. 管道检测及试验 6. 集中防腐运输 7. 土方外运

项目编码	项目名称	项目特征	计量单位	工程量计算规则	工 程 内 容
040501010	顶（夯）管工作坑	1. 土壤类别 2. 工作坑平面尺寸及深度 3. 支撑、围护方式 4. 垫层、基础材质及厚度 5. 混凝土强度等级 6. 设备、工作台主要技术要求	座	按设计图示数量计算	1. 支撑、围护 2. 模板制作、安装、拆除 3. 混凝土拌和、运输、浇筑、养护 4. 工作坑内设备、工作台安装及拆除
040501011	预制混凝土工作坑	1. 土壤类别 2. 工作坑平面尺寸及深度 3. 垫层、基础材质及厚度 4. 混凝土强度等级 5. 设备、工作台主要技术要求 6. 混凝土构件运距			1. 混凝土工作坑制作 2. 下沉、定位 3. 模板制作、安装、拆除 4. 混凝土拌和、运输、浇筑、养护 5. 工作坑内设备、工作台安装及拆除 6. 混凝土构件运输
040501012	顶管	1. 土壤类别 2. 顶管工作方式 3. 管道材质及规格 4. 中继间规格 5. 工具管材质及规格 6. 触变泥浆要求 7. 管道检验及试验要求 8. 集中防腐运距	m	按设计图示长度以延长米计算。扣除附属构筑物（检查井）所占的长度	1. 管道顶进 2. 管道接口 3. 中继间、工具管及附属设备安装拆除 4. 管内挖、运土及土方提升 5. 机械顶管设备调向 6. 纠偏、监测 7. 触变泥浆制作、注浆 8. 洞口止水 9. 管道检测及试验 10. 集中防腐运输 11. 泥浆、土方外运
040501013	土壤加固	1. 土壤类别 2. 加固填充材料 3. 加固方式	1. m 2. m³	1. 按设计图示加固段长度以延长米计算 2. 按设计图示加固段体积以立方米计算	打孔、调浆、灌注
040501014	新旧管连接	1. 材质及规格 2. 连接方式 3. 带（不带）介质连接	处	按设计图示数量计算	1. 切管 2. 钻孔 3. 连接
040501015	临时放水管线	1. 材质及规格 2. 铺设方式 3. 接口形式	m	按放水管线长度以延长米计算，不扣除管件、阀门所占长度	管线铺设、拆除

项目编码	项目名称	项目特征	计量单位	工程量计算规则	工程内容
040501016	砌筑方沟	1. 断面规格 2. 垫层、基础材质及厚度 3. 砌筑材料品种、规格、强度等级 4. 混凝土强度等级 5. 砂浆强度等级、配合比 6. 勾缝、抹面要求 7. 盖板材质及规格 8. 伸缩缝(沉降缝)要求 9. 防渗、防水要求 10. 混凝土构件运距	m	按设计图示尺寸以延长米计算	1. 模板制作、安装、拆除 2. 混凝土拌和、运输、浇筑、养护 3. 砌筑 4. 勾缝、抹面 5. 盖板安装 6. 防水、止水 7. 混凝土构件运输
040501017	混凝土方沟	1. 断面规格 2. 垫层、基础材质及厚度 3. 混凝土强度等级 4. 伸缩缝(沉降缝)要求 5. 盖板材质、规格 6. 防渗、防水要求 7. 混凝土构件运距			1. 模板制作、安装、拆除 2. 混凝土拌和、运输、浇筑、养护 3. 盖板安装 4. 防水、止水 5. 混凝土构件运输
040501018	砌筑渠道	1. 断面规格 2. 垫层、基础材质及厚度 3. 砌筑材料品种、规格、强度等级 4. 混凝土强度等级 5. 砂浆强度等级、配合比 6. 勾缝、抹面要求 7. 伸缩缝(沉降缝)要求 8. 防渗、防水要求			1. 模板制作、安装、拆除 2. 混凝土拌和、运输、浇筑、养护 3. 渠道砌筑 4. 勾缝、抹面 5. 防水、止水
040501019	混凝土渠道	1. 断面规格 2. 垫层、基础材质及厚度 3. 混凝土强度等级 4. 伸缩缝(沉降缝)要求 5. 防渗、防水要求 6. 混凝土构件运距			1. 模板制作、安装、拆除 2. 混凝土拌和、运输、浇筑、养护 3. 防水、止水 4. 混凝土构件运输
040501020	警示(示踪)带铺设	规格		按铺设长度以延长米计算	铺设

2. 管件、阀门及附件安装

管件、阀门及附件安装工程量清单项目设置、项目特征描述的内容、计量单位及工程量计算规则,应按表3-68的规定执行。

项目编码	项目名称	项目特征	计量单位	工程量计算规则	工程内容
040502001	铸铁管管件	1. 种类 2. 材质及规格 3. 接口形式	个	按设计图示数量计算	安装
040502002	钢管管件制作、安装				制作、安装
040502003	塑料管管件	1. 种类 2. 材质及规格 3. 连接方式			安装
040502004	转换件	1. 材质及规格 2. 接口形式			
040502005	阀门	1. 种类 2. 材质及规格 3. 连接方式 4. 试验要求			
040502006	法兰	1. 材质、规格、结构形式 2. 连接方式 3. 焊接方式 4. 垫片材质			
040502007	盲堵板制作、安装	1. 材质及规格 2. 连接方式			制作、安装
040502008	套管制作、安装	1. 形式、材质及规格 2. 管内填料材质			
040502009	水表	1. 规格 2. 安装方式			安装
040502010	消火栓	1. 规格 2. 安装部位、方式			
040502011	补偿器（波纹管）	1. 规格 2. 安装方式			
040502012	除污器组成、安装		套		组成、安装
040502013	凝水缸	1. 材料品种 2. 型号及规格 3. 连接方式			1. 制作 2. 安装
040502014	调压器	1. 规格 2. 型号 3. 连接方式	组		安装
040502015	过滤器				
040502016	分离器				
040502017	安全水封	规格			
040502018	检漏（水）管				

3. 支架制作安装

支架制作及安装工程量清单项目设置、项目特征描述的内容、计量单位及工程量计算规则，应按表3-69的规定执行。

项目编码	项目名称	项目特征	计量单位	工程量计算规则	工 程 内 容
040503001	砌筑支墩	1. 垫层材质、厚度 2. 混凝土强度等级 3. 砌筑材料、规格、强度等级 4. 砂浆强度等级、配合比	m³	按设计图示尺寸以体积计算	1. 模板制作、安装、拆除 2. 混凝土拌和、运输、浇筑、养护 3. 砌筑 4. 勾缝、抹面
040503002	混凝土支墩	1. 垫层材质、厚度 2. 混凝土强度等级 3. 预制混凝土构件运距			1. 模板制作、安装、拆除 2. 混凝土拌和、运输、浇筑、养护 3. 预制混凝土支墩安装 4. 混凝土构件运输
040503003	金属支架制作、安装	1. 垫层、基础材质及厚度 2. 混凝土强度等级 3. 支架材质 4. 支架形式 5. 预埋件材质及规格	t	按设计图示质量计算	1. 模板制作、安装、拆除 2. 混凝土拌和、运输、浇筑、养护 3. 支架制作、安装
040503004	金属吊架制作、安装	1. 吊架形式 2. 吊架材质 3. 预埋件材质及规格			制作、安装

4. 管道附属构筑物

管道附属构筑物工程量清单项目设置、项目特征描述的内容、计量单位及工程量计算规则，应按表3-70的规定执行。

项目编码	项目名称	项目特征	计量单位	工程量计算规则	工 程 内 容
040504001	砌筑井	1. 垫层、基础材质及厚度 2. 砌筑材料品种、规格、强度等级 3. 勾缝、抹面要求 4. 砂浆强度等级、配合比 5. 混凝土强度等级 6. 盖板材质、规格 7. 井盖、井圈材质及规格 8. 踏步材质、规格 9. 防渗、防水要求	座	按设计图示数量计算	1. 垫层铺筑 2. 模板制作、安装、拆除 3. 混凝土拌和、运输、浇筑、养护 4. 砌筑、勾缝、抹面 5. 井圈、井盖安装 6. 盖板安装 7. 踏步安装 8. 防水、止水

项目编码	项目名称	项目特征	计量单位	工程量计算规则	工程内容
040504002	混凝土井	1. 垫层、基础材质及厚度 2. 混凝土强度等级 3. 盖板材质、规格 4. 井盖、井圈材质及规格 5. 踏步材质、规格 6. 防渗、防水要求	座	按设计图示数量计算	1. 垫层铺筑 2. 模板制作、安装、拆除 3. 混凝土拌和、运输、浇筑、养护 4. 井圈、井盖安装 5. 盖板安装 6. 踏步安装 7. 防水、止水
040504003	塑料检查井	1. 垫层、基础材质及厚度 2. 检查井材质、规格 3. 井筒、井盖、井圈材质及规格			1. 垫层铺筑 2. 模板制作、安装、拆除 3. 混凝土拌和、运输、浇筑、养护 4. 检查井安装 5. 井筒、井圈、井盖安装
040504004	砖砌井筒	1. 井筒规格 2. 砌筑材料品种、规格 3. 砌筑、勾缝、抹面要求 4. 砂浆强度等级、配合比 5. 踏步材质、规格 6. 防渗、防水要求	m	按设计图示尺寸以延长米计算	1. 砌筑、勾缝、抹面 2. 踏步安装
040504005	预制混凝土井筒	1. 井筒规格 2. 踏步规格			1. 运输 2. 安装
040504006	砌体出水口	1. 垫层、基础材质及厚度 2. 砌筑材料品种、规格 3. 砌筑、勾缝、抹面要求 4. 砂浆强度等级及配合比	座	按设计图示数量计算	1. 垫层铺筑 2. 模板制作、安装、拆除 3. 混凝土拌和、运输、浇筑、养护 4. 砌筑、勾缝、抹面
040504007	混凝土出水口	1. 垫层、基础材质及厚度 2. 混凝土强度等级			1. 垫层铺筑 2. 模板制作、安装、拆除 3. 混凝土拌和、运输、浇筑、养护
040504008	整体化粪池	1. 材质 2. 型号、规格			安装
040504009	雨水口	1. 雨水箅子及圈口材质、型号、规格 2. 垫层、基础材质及厚度 3. 混凝土强度等级 4. 砌筑材料品种、规格 5. 砂浆强度等级及配合比			1. 垫层铺筑 2. 模板制作、安装、拆除 3. 混凝土拌和、运输、浇筑、养护 4. 砌筑、勾缝、抹面 5. 雨水箅子安装

3.6.2 清单相关问题及说明

清单项目所涉及土方工程的内容应按"土石方工程"中相关项目编码列项。

刷油、防腐、保温工程、阴极保护及牺牲阳极应按现行国家标准《通用安装工程工程量计算规范》（GB 50856—2013）中附录 M"刷油、防腐蚀、绝热工程"中相关项目编码列项。

高压管道及管件、阀门安装，不锈钢管及管件、阀门安装，管道焊缝无损探伤应按现行国家标准《通用安装工程工程量计算规范》（GB 50856—2013）附录 H"工业管道"中相关项目编码列项。

管道检验及试验要求应按各专业的施工验收规范及设计要求，对已完管道工程进行的管道吹扫、冲洗消毒、强度试验、严密性试验、闭水试验等内容进行描述。

阀门电动机需单独安装，应按现行国家标准《通用安装工程工程量计算规范》（GB 50856—2013）附录 K"给排水、采暖、燃气工程"中相关项目编码列项。

雨水口连接管应按"管道铺设"中相关项目编码列项。

1. 管道铺设

（1）管道架空跨越铺设的支架制作、安装及支架基础、垫层应按"支架制作及安装"相关清单项目编码列项。

（2）管道铺设项目中的做法如为标准设计，也可在项目特征中标注标准图集号。

2. 管件、阀门及附件安装

040502013 项目的"凝水井"应按"管道附属构筑物"相关清单项目编码列项。

3. 管道附属构筑物

管道附属构筑物为标准定型附属构筑物时，在项目特征中应标注标准图集编号及页码。

3.6.3 工程量计算实例

【例3-12】某热力外线工程热力小室工艺安装如图 3-25 所示。小室内主要材料：

横向型波纹管补偿器 FA50502A、$DN250$、$T=150°$、$PN1.6$；横向型波纹管补偿器 FA50501A、$DN250$、$T=150°$、$PN1.6$；球阀 $DN250$、$PN2.5$；机制弯头 90°、$DN250$、$R=1.00$；柱塞阀 U41S-25C、$DN100$、$PN2.5$；柱塞阀 U41S-25C、$DN50$、$PN2.5$；机制三通 $DN600$-250；直埋穿墙套袖 $DN760$（含保温）；直埋穿墙套袖 $DN400$（含保温）。试列出该热力小室工艺安装分部分项工程量清单。

【解】

清单工程量计算表见表3-71，分部分项工程和单价措施项目清单与计价表见表3-72。

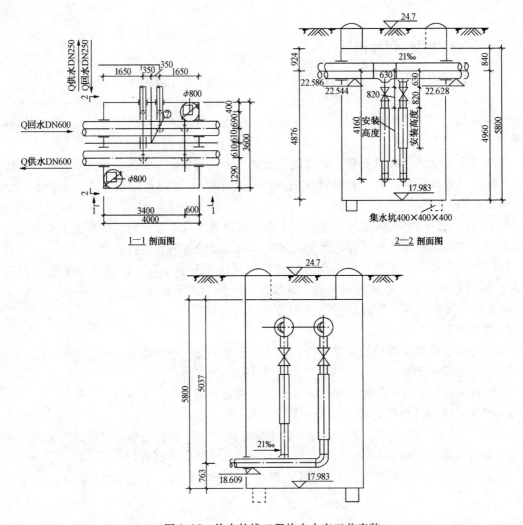

图 3-25　热力外线工程热力小室工艺安装

清单工程量计算表 　　　　　　　　　　　　　　　　表 3-71

工程名称：某热力外线小室工程

序号	清单项目编码	清单项目名称	计算式	工程量合计	计量单位
1	040502002001	钢管管件制作、安装（弯头）		2	个
2	040502002002	钢管管件制作、安装（三通）		2	个
3	040502005001	阀门（球阀）		2	个
4	040502005002	阀门（柱塞阀）		2	个
5	040502005003	阀门（柱塞阀）	设计图示数量	2	个
6	040502008001	套管制作、安装（直埋穿墙套袖）		8	个
7	040502008002	套管制作、安装（直埋穿墙套袖）		4	个
8	040502011001	补偿器（波纹管）		1	个
9	040502011002	补偿器（波纹管）		1	个

工程名称：某热力外线小室工程

序号	项目编码	项目名称	项目特征描述	计量单位	工程量	金额（元）	
						综合单价	合价
1	040502002001	钢管管件制作、安装	1. 种类：机制弯头90° 2. 规格：$DN250$，$R=1.00$ 3. 连接形式：焊接	个	2		
2	040502002002	钢管管件制作、安装	1. 种类：机制三通 2. 规格：$DN600-DN250$ 3. 连接形式：焊接	个	2		
3	040502005001	阀门	1. 种类：球阀 2. 材质及规格：钢制、$DN250$、$PN2.5$ 3. 连接形式：焊接	个	2		
4	040502005002	阀门	1. 种类：柱塞阀 2. 材质及规格：钢制、U41S-25C、$DN100$、$PN=2.5$ 3. 连接形式：焊接	个	2		
5	040502005003	阀门	1. 种类：柱塞阀 2. 材质及规格：钢制、U41S-25C、$DN50$、$PN=2.5$ 3. 连接形式：焊接	个	2		
6	040502008001	套管制作、安装	1. 直埋穿墙套袖 2. $DN760$ 3. 连接形式：焊接	个	8		
7	040502008002	套管制作、安装	1. 直埋穿墙套袖 2. $DN400$ 3. 连接形式：焊接	个	4		
8	040502011001	补偿器（波纹管）	1. 种类：横向型波纹管补偿器 2. 材质及规格：FA50502A、$DN250$、$T=150°$、$PN1.6$ 3. 连接形式：焊接	个	1		
9	040502011002	补偿器（波纹管）	1. 种类：横向型波纹管补偿器 2. 材质及规格：FA50501A、$DN250$、$T=150°$、$PN1.6$ 3. 连接形式：焊接	个	1		

3.7 水处理工程清单计价工程量计算

3.7.1 清单工程量计算规则

1. 水处理构筑物

水处理构筑物工程量清单项目设置、项目特征描述的内容、计量单位及工程量计算规则，应按表3-73的规定执行。

水处理构筑物（编码：040601）   表3-73

项目编码	项目名称	项目特征	计量单位	工程量计算规则	工程内容
040601001	现浇混凝土沉井井壁及隔墙	1. 混凝土强度等级 2. 防水、抗渗要求 3. 断面尺寸	m³	按设计图示尺寸以体积计算	1. 垫木铺设 2. 模板制作、安装、拆除 3. 混凝土拌和、运输、浇筑 4. 养护 5. 预留孔封口
040601002	沉井下沉	1. 土壤类别 2. 断面尺寸 3. 下沉深度 4. 减阻材料种类	m³	按自然面标高至设计垫层底标高间的高度乘以沉井外壁最大断面面积以体积计算	1. 垫木拆除 2. 挖土 3. 沉井下沉 4. 填充减阻材料 5. 余方弃置
040601003	沉井混凝土底板	1. 混凝土强度等级 2. 防水、抗渗要求		按设计图示尺寸以体积计算	1. 模板制作、安装、拆除 2. 混凝土拌和、运输、浇筑 3. 养护
040601004	沉井内地下混凝土结构	1. 部位 2. 混凝土强度等级 3. 防水、抗渗要求			
040601005	沉井混凝土顶板	1. 混凝土强度等级 2. 防水、抗渗要求	m³		
040601006	现浇混凝土池底				
040601007	现浇混凝土池壁（隔墙）				
040601008	现浇混凝土池柱				
040601009	现浇混凝土池梁				
040601010	现浇混凝土池盖板				
040601011	现浇混凝土板	1. 名称、规格 2. 混凝土强度等级 3. 防水、抗渗要求		按设计图示尺寸以体积计算	1. 模板制作、安装、拆除 2. 混凝土拌和、运输、浇筑 3. 养护

项目编码	项目名称	项目特征	计量单位	工程量计算规则	工程内容
040601012	池槽	1. 混凝土强度等级 2. 防水、抗渗要求 3. 池槽断面尺寸 4. 盖板材质	m	按设计图示尺寸以长度计算	1. 模板制作、安装、拆除 2. 混凝土拌和、运输、浇筑 3. 养护 4. 盖板安装 5. 其他材料铺设
040601013	砌筑导流壁、筒	1. 砌体材料、规格 2. 断面尺寸 3. 砌筑、勾缝、抹面砂浆强度等级	m³	按设计图示尺寸以体积计算	1. 砌筑 2. 抹面 3. 勾缝
040601014	混凝土导流壁、筒	1. 混凝土强度等级 2. 防水、抗渗要求 3. 断面尺寸			1. 模板制作、安装、拆除 2. 混凝土拌和、运输、浇筑 3. 养护
040601015	混凝土楼梯	1. 结构形式 2. 底板厚度 3. 混凝土强度等级	1. m² 2. m³	1. 以平方米计量,按设计图示尺寸以水平投影面积计算 2. 以立方米计量,按设计图示尺寸以体积计算	1. 模板制作、安装、拆除 2. 混凝土拌和、运输、浇筑或预制 3. 养护 4. 楼梯安装
040601016	金属扶梯、栏杆	1. 材质 2. 规格 3. 防腐刷油材质、工艺要求	1. t 2. m	1. 以吨计量,按设计图示尺寸以质量计算 2. 以米计量,按设计图示尺寸以长度计算	1. 制作、安装 2. 除锈、防腐、刷油
040601017	其他现浇混凝土构件	1. 构件名称、规格 2. 混凝土强度等级	m³	按设计图示尺寸以体积计算	1. 模板制作、安装、拆除 2. 混凝土拌和、运输、浇筑 3. 养护
040601018	预制混凝土板	1. 图集、图纸名称 2. 构件代号、名称 3. 混凝土强度等级 4. 防水、抗渗要求	m³	按设计图示尺寸以体积计算	1. 模板制作、安装、拆除 2. 混凝土拌和、运输、浇筑 3. 养护 4. 构件安装 5. 接头灌浆 6. 砂浆制作 7. 运输
040601019	预制混凝土槽				
040601020	预制混凝土支墩				
040601021	其他预制混凝土构件	1. 部位 2. 图集、图纸名称 3. 构件代号、名称 4. 混凝土强度等级 5. 防水、抗渗要求			

项目编码	项目名称	项目特征	计量单位	工程量计算规则	工程内容
040601022	滤板	1. 材质 2. 规格 3. 厚度 4. 部位	m²	按设计图示尺寸以面积计算	1. 制作 2. 安装
040601023	折板				
040601024	壁板				
040601025	滤料铺设	1. 滤料品种 2. 滤料规格	m³	按设计图示尺寸以体积计算	铺设
040601026	尼龙网板	1. 材料品种 2. 材料规格	m²	按设计图示尺寸以面积计算	1. 制作 2. 安装
040601027	刚性防水	1. 工艺要求 2. 材料品种、规格			1. 配料 2. 铺筑
040601028	柔性防水				涂、贴、粘、刷防水材料
040601029	沉降（施工）缝	1. 材料品种 2. 沉降缝规格 3. 沉降缝部位	m	按设计图示尺寸以长度计算	铺、嵌沉降（施工）缝
040601030	井、池渗漏试验	构筑物名称	m³	按设计图示储水尺寸以体积计算	渗漏试验

2. 水处理设备

水处理设备工程量清单项目设置、项目特征描述的内容、计量单位及工程量计算规则，应按表3-74的规定执行。

水处理设备（编号：040602）　　　　　表3-74

项目编码	项目名称	项目特征	计量单位	工程量计算规则	工程内容
040602001	格栅	1. 材质 2. 防腐材料 3. 规格	1. t 2. 套	1. 以吨计量，按设计图示尺寸以质量计算 2. 以套计量，按设计图示数量计算	1. 制作 2. 防腐 3. 安装
040602002	格栅除污机	1. 类型 2. 材质 3. 规格、型号 4. 参数	台	按设计图示数量计算	1. 安装 2. 无负荷试运转
040602003	滤网清污机				
040602004	压榨机				
040602005	刮砂机				
040602006	吸砂机				
040602007	刮泥机				
040602008	吸泥机				

项目编码	项目名称	项目特征	计量单位	工程量计算规则	工程内容
040602009	刮吸泥机	1. 类型 2. 材质 3. 规格、型号 4. 参数	台	按设计图示数量计算	1. 安装 2. 无负荷试运转
040602010	撇渣机				
040602011	砂（泥）水分离器				
040602012	曝气机				
040602013	曝气器		个		
040602014	布气管	1. 材质 2. 直径	m	按设计图示以长度计算	1. 钻孔 2. 安装
040602015	滗水器	1. 类型 2. 材质 3. 规格、型号 4. 参数	套	按设计图示数量计算	1. 安装 2. 无负荷试运转
040602016	生物转盘				
040602017	搅拌机		台		
040602018	推进器				
040602019	加药设备	1. 类型 2. 材质 3. 规格、型号 4. 参数	套		
040602020	加氯机				
040602021	氯吸收装置				
040602022	水射器	1. 材质 2. 公称直径	个		
040602023	管式混合器				
040602024	冲洗装置	1. 类型 2. 材质 3. 规格、型号 4. 参数	套	按设计图示数量计算	1. 安装 2. 无负荷试运转
040602025	带式压滤机				
040602026	污泥脱水机		台		
040602027	污泥浓缩机				
040602028	污泥浓缩脱水一体机				
040602029	污泥输送机				
040602030	污泥切割机				
040602031	闸门	1. 类型 2. 材质 3. 形式 4. 规格、型号	1. 座 2. t	1. 以座计量，按设计图示数量计算 2. 以吨计量，按设计图示尺寸以质量计算	1. 安装 2. 操纵装置安装 3. 调试
040602032	旋转门				
040602033	堰门				
040602034	拍门				
040602035	启闭机	1. 类型 2. 材质 3. 形式 4. 规格、型号	台	按设计图示数量计算	
040602036	升杆式铸铁泥阀	公称直径	座		
040602037	平底盖闸				

项目编码	项目名称	项目特征	计量单位	工程量计算规则	工程内容
040602038	集水槽	1. 材质 2. 厚度 3. 形式 4. 防腐材料	m²	按设计图示尺寸以面积计算	1. 安装 2. 操纵装置安装 3. 调试
040602039	堰板				
040602040	斜板	1. 材料品种 2. 厚度			1. 制作 2. 安装
040602041	斜管	1. 斜管材料品种 2. 斜管规格	m	按设计图示以长度计算	
040602042	紫外线消毒设备	1. 类型 2. 材质 3. 规格、型号 4. 参数	套	按设计图示数量计算	1. 安装 2. 无负荷试运转
040602043	臭氧消毒设备				
040602044	除臭设备				
040602045	膜处理设备				
040602046	在线水质检测设备				

3.7.2 清单相关问题及说明

（1）水处理工程中建筑物应按现行国家标准《房屋建筑和装饰工程工程量计算规范》（GB 50854—2013）中相关项目编码列项，园林绿化项目应按现行国家标准《园林绿化工程工程量计算规范》（GB 50858—2013）中相关项目编码列项。

（2）清单项目工作内容中均未包括土石方开挖、回填夯实等内容，发生时应按"土石方工程"中相关项目编码列项。

（3）设备安装工程只列了水处理工程专用设备的项目，各类仪表、泵、阀门等标准、定型设备应按现行国家标准《通用安装工程工程量计算规范》（GB 50856—2013）中相关项目编码列项。

（4）沉井混凝土地梁工程量，应并入底板内计算。

（5）各类垫层应按"桥涵工程"相关编码列项。

3.7.3 工程量计算实例

【例3-13】如图3-26所示，为给水排水工程中给水排水构筑物现浇钢筋混凝土半地下室水池（水池为圆形），试计算其工程量。

【解】

清单工程量计算表见表3-75，分部分项工程和单价措施项目清单与计价表见表3-76。

【例3-14】如图3-27所示：盖板长度 $l = 6m$，宽 $B = 2m$，厚度 $h = 0.4m$，铸铁井盖半径 $r = 0.2m$。

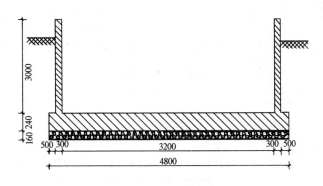

图 3-26 某水池剖面图

清单工程量计算表

表 3-75

工程名称：

序号	清单项目编码	清单项目名称	计 算 式	工程量合 计	计量单位
1	040601006001	现浇混凝土池底	1. 垫层铺筑：垫层厚 0.16m，因为是一个圆柱，底边半径为 $\frac{4.8}{2}$m = 2.4m，则工程量为：$\pi \times 2.4^2 \times 0.16$m³ 2. 混凝土浇筑：混凝土池底厚 0.24m，底面半径为 2.4m，则工程量为：$\pi \times 2.4^2 \times 0.24$m³	4.34	m³
2	040601007001	现浇混凝土池壁（隔墙）	池壁厚 0.3m，则内壁半径为 $\frac{3.2}{2}$m = 1.6m，外壁半径为 $\left(\frac{3.2}{2} + 0.3\right)$m 池壁工程量为：$(\pi \times 1.9^2 - \pi \times 1.5^2) \times 3$	12.81	m³

分部分项工程和单价措施项目清单与计价表

表 3-76

工程名称：

序号	项目编码	项目名称	项目特征描述	计量单位	工程量	金额（元）	
						综合单价	合价
1	040601006001	现浇混凝土池底	圆形钢筋混凝土	m³	4.34		
2	040601007001	现浇混凝土池壁（隔墙）	厚300mm	m³	12.81		

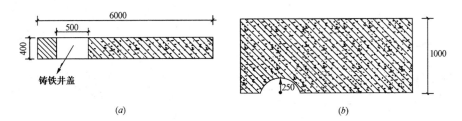

图 3-27 直线井示意图

（a）直线井剖面图；（b）直线井平面图（一半）

【解】

清单工程量计算表见表3-77，分部分项工程和单价措施项目清单与计价表见表3-78。

清单工程量计算表 表3-77

工程名称：

清单项目编码	清单项目名称	计 算 式	工程量合计	计量单位
040601005001	沉井混凝土顶板	$V=(Bl-\pi r^2)h=(2\times6-3.14\times0.25)\times0.4$	4.49	m^3

分部分项工程和单价措施项目清单与计价表 表3-78

工程名称：

项目编码	项目名称	项目特征描述	计量单位	工程量	金额（元）	
					综合单价	合价
040601005001	沉井混凝土顶板	直线井的钢筋混凝土顶板	m^3	4.49		

3.8 生活垃圾处理工程清单计价工程量计算

3.8.1 清单工程量计算规则

1. 垃圾卫生填埋

垃圾卫生填埋工程量清单项目设置、项目特征描述的内容、计量单位及工程量计算规则，应按表3-79的规定执行。

垃圾卫生填埋（编号：040701） 表3-79

项目编码	项目名称	项 目 特 征	计量单位	工程量计算规则	工 程 内 容
040701001	场地平整	1. 部位 2. 坡度 3. 压实度	m^2	按设计图示尺寸以面积计算	1. 找坡、平整 2. 压实
040701002	垃圾坝	1. 结构类型 2. 土石种类、密实度 3. 砌筑形式、砂浆强度等级 4. 混凝土强度等级 5. 断面尺寸	m^3	按设计图示尺寸以体积计算	1. 模板制作、安装、拆除 2. 地基处理 3. 摊铺、夯实、碾压、整形、修坡 4. 砌筑、填缝、铺浆 5. 浇筑混凝土 6. 沉降缝 7. 养护

项目编码	项目名称	项 目 特 征	计量单位	工程量计算规则	工 程 内 容
040701003	压实黏土防渗层	1. 厚度 2. 压实度 3. 渗透系数	m²	按设计图示尺寸以面积计算	1. 填筑、平整 2. 压实
040701004	高密度聚乙烯（HDPD）膜	1. 铺设位置 2. 厚度、防渗系数 3. 材料规格、强度、单位重量 4. 连（搭）接方式			1. 裁剪 2. 铺设 3. 连（搭）接
040701005	钠基膨润土防水毯（GCL）				
040701006	土工合成材料				
040701007	袋装土保护层	1. 厚度 2. 材料品种、规格 3. 铺设位置			1. 运输 2. 土装袋 3. 铺设或铺筑 4. 袋装土放置
040701008	帷幕灌浆垂直防渗	1. 地质参数 2. 钻孔孔径、深度、间距 3. 水泥浆配比	m	按设计图示尺寸以长度计算	1. 钻孔 2. 清孔 3. 压力注浆
040701009	碎（卵）石导流层	1. 材料品种 2. 材料规格 3. 导流层厚度或断面尺寸	m³	按设计图示尺寸以体积计算	1. 运输 2. 铺筑
040701010	穿孔管铺设	1. 材质、规格、型号 2. 直径、壁厚 3. 穿孔尺寸、间距 4. 连接方式 5. 铺设位置	m	按设计图示尺寸以长度计算	1. 铺设 2. 连接 3. 管件安装
040701011	无孔管铺设	1. 材质、规格 2. 直径、壁厚 3. 连接方式 4. 铺设位置	m	按设计图示尺寸以长度计算	1. 铺设 2. 连接 3. 管件安装
040701012	盲沟	1. 材质、规格 2. 垫层、粒料规格 3. 断面尺寸 4. 外层包裹材料性能指标			1. 垫层、粒料铺筑 2. 管材铺设、连接 3. 粒料填充 4. 外层材料包裹
040701013	导气石笼	1. 石笼直径 2. 石料粒径 3. 导气管材质、规格 4. 反滤层材料 5. 外层包裹材料性能指标	1. m 2. 座	1. 以米计量，按设计图示尺寸以长度计算 2. 以座计量，按设计图示数量计算	1. 外层材料包裹 2. 导气管铺设 3. 石料填充

项目编码	项目名称	项目特征	计量单位	工程量计算规则	工程内容
040701014	浮动覆盖膜	1. 材质、规格 2. 锚固方式	m²	按设计图示尺寸以面积计算	1. 浮动膜安装 2. 布置重力压管 3. 四周锚固
040701015	燃烧火炬装置	1. 基座形式、材质、规格、强度等级 2. 燃烧系统类型、参数	套	按设计图示数量计算	1. 浇筑混凝土 2. 安装 3. 调试
040701016	监测井	1. 地质参数 2. 钻孔孔径、深度 3. 监测井材料、直径、壁厚、连接方式 4. 滤料材质	口	按设计图示数量计算	1. 钻孔 2. 井筒安装 3. 填充滤料
040701017	堆体整形处理	1. 压实度 2. 边坡坡度			1. 挖、填及找坡 2. 边坡整形 3. 压实
040701018	覆盖植被层	1. 材料品种 2. 厚度 3. 渗透系数	m²	按设计图示尺寸以面积计算	1. 铺筑 2. 压实
040701019	防风网	1. 材质、规格 2. 材料性能指标			安装
040701020	垃圾压缩设备	1. 类型、材质 2. 规格、型号 3. 参数	套	按设计图示数量计算	1. 安装 2. 调试

2. 垃圾焚烧

垃圾焚烧工程量清单项目设置、项目特征描述的内容、计量单位及工程量计算规则，应按表3-80的规定执行。

垃圾焚烧（编号：040702）　　　　　　　　表3-80

项目编码	项目名称	项目特征	计量单位	工程量计算规则	工程内容
040702001	汽车衡	1. 规格、型号 2. 精度	台	按设计图示数量计算	1. 安装 2. 调试
040702002	自动感应洗车装置	1. 类型 2. 规格、型号 3. 参数	套		
040702003	破碎机		台		
040702004	垃圾卸料门	1. 尺寸 2. 材质 3. 自动开关装置	m²	按设计图示尺寸以面积计算	

项目编码	项目名称	项 目 特 征	计量单位	工程量计算规则	工 程 内 容
040702005	垃圾抓斗起重机	1. 规格、型号、精度 2. 跨度、高度 3. 自动称重、控制系统要求	套	按设计图示数量计算	1. 安装 2. 调试
040702006	焚烧炉体	1. 类型 2. 规格、型号 3. 处理能力 4. 参数			

3.8.2 清单相关问题及说明

（1）垃圾处理工程中的建筑物、园林绿化等应按相关专业计量规范清单项目编码列项。

（2）清单项目工作内容中均未包括"土石方开挖、回填夯实"等，应按"土石方工程"中相关项目编码列项。

（3）设备安装工程只列了垃圾处理工程专用设备的项目，其余如除尘装置、除渣设备、烟气净化设备、飞灰固化设备、发电设备及各类风机、仪表、泵、阀门等标准、定型设备等应按现行国家标准《通用安装工程工程量计算规范》（GB 50856—2013）中相关项目编码列项。

（4）边坡处理应按"桥涵工程"中相关项目编码列项。

（5）填埋场渗沥液处理系统应按"水处理工程"中相关项目编码列项。

3.9 路灯工程清单计价工程量计算

3.9.1 清单工程量计算规则

1. 变配电设备工程

变配电设备工程工程量清单项目设置、项目特征描述的内容、计量单位及工程量计算规则，应按表3-81的规定执行。

2. 10kV 以下架空线路工程

10kV 以下架空线路工程工程量清单项目设置、项目特征描述的内容、计量单位及工程量计算规则，应按表3-82的规定执行。

3. 电缆工程

电缆工程工程量清单项目设置、项目特征描述的内容、计量单位及工程量计算规则，应按表3-83的规定执行。

项目编码	项目名称	项 目 特 征	计量单位	工程量计算规则	工 程 内 容
040801001	杆上变压器	1. 名称 2. 型号 3. 容量（kV·A） 4. 电压（kV） 5. 支架材质、规格 6. 网门、保护门材质、规格 7. 油过滤要求 8. 干燥要求	台	按设计图示数量计算	1. 支架制作、安装 2. 本体安装 3. 油过滤 4. 干燥 5. 网门、保护门制作、安装 6. 补刷（喷）油漆 7. 接地
040801002	地上变压器	1. 名称 2. 型号 3. 容量（kV·A） 4. 电压（kV） 5. 基础形式、材质、规格 6. 网门、保护门材质、规格 7. 油过滤要求 8. 干燥要求			1. 基础制作、安装 2. 本体安装 3. 油过滤 4. 干燥 5. 网门、保护门制作、安装 6. 补刷（喷）油漆 7. 接地
040801003	组合型成套箱式变电站	1. 名称 2. 型号 3. 容量（kV·A） 4. 电压（kV） 5. 组合形式 6. 基础形式、材质、规格			1. 基础制作、安装 2. 本体安装 3. 进箱母线安装 4. 补刷（喷）油漆 5. 接地
040801004	高压成套配电柜	1. 名称 2. 型号 3. 规格 4. 母线配置方式 5. 种类 6. 基础形式、材质、规格		按设计图示数量计算	1. 基础制作、安装 2. 本体安装 3. 补刷（喷）油漆 4. 接地
040801005	低压成套控制柜	1. 名称 2. 型号 3. 规格 4. 种类 5. 基础形式、材质、规格 6. 接线端子材质、规格 7. 端子板外部接线材质、规格			1. 基础制作、安装 2. 本体安装 3. 附件安装 4. 焊、压接线端子 5. 端子接线 6. 补刷（喷）油漆 7. 接地

项目编码	项目名称	项 目 特 征	计量单位	工程量计算规则	工 程 内 容
040801006	落地式控制箱	1. 名称 2. 型号 3. 规格 4. 基础形式、材质、规格 5. 回路 6. 附件种类、规格 7. 接线端子材质、规格 8. 端子板外部接线材质、规格	台	按设计图示数量计算	1. 基础制作、安装 2. 本体安装 3. 附件安装 4. 焊、压接线端子 5. 端子接线 6. 补刷（喷）油漆 7. 接地
040801007	杆上控制箱	1. 名称 2. 型号 3. 规格 4. 回路 5. 附件种类、规格 6. 支架材质、规格 7. 进出线管管架材质、规格、安装高度 8. 接线端子材质、规格 9. 端子板外部接线材质、规格			1. 支架制作、安装 2. 本体安装 3. 附件安装 4. 焊、压接线端子 5. 端子接线 6. 进出线管管架安装 7. 补刷（喷）油漆 8. 接地
040801008	杆上配电箱	1. 名称 2. 型号 3. 规格 4. 安装方式 5. 支架材质、规格 6. 接线端子材质、规格 7. 端子板外部接线材质、规格			1. 支架制作、安装 2. 本体安装 3. 焊、压接线端子 4. 端子接线 5. 补刷（喷）油漆 6. 接地
040801009	悬挂嵌入式配电箱				
040801010	落地式配电箱	1. 名称 2. 型号 3. 规格 4. 基础形式、材质、规格 5. 接线端子材质、规格 6. 端子板外部接线材质、规格			1. 基础制作、安装 2. 本体安装 3. 焊、压接线端子 4. 端子接线 5. 补刷（喷）油漆 6. 接地

项目编码	项目名称	项目特征	计量单位	工程量计算规则	工程内容
040801011	控制屏		台	按设计图示数量计算	1. 基础制作、安装 2. 本体安装 3. 端子板安装 4. 焊、压接线端子 5. 盘柜配线、端子接线 6. 小母线安装 7. 屏边安装 8. 补刷（喷）油漆 9. 接地
040801012	继电、信号屏	1. 名称 2. 型号 3. 规格 4. 种类 5. 基础形式、材质、规格 6. 接线端子材质、规格 7. 端子板外部接线材质、规格 8. 小母线材质、规格 9. 屏边规格			
040801013	低压开关柜（配电屏）				1. 基础制作、安装 2. 本体安装 3. 端子板安装 4. 焊、压接线端子 5. 盘柜配线、端子接线 6. 屏边安装 7. 补刷（喷）油漆 8. 接地
040801014	弱电控制返回屏	1. 名称 2. 型号 3. 规格 4. 种类 5. 基础形式、材质、规格 6. 接线端子材质、规格 7. 端子板外部接线材质、规格 8. 小母线材质、规格 9. 屏边规格			1. 基础制作、安装 2. 本体安装 3. 端子板安装 4. 焊、压接线端子 5. 盘柜配线、端子接线 6. 小母线安装 7. 屏边安装 8. 补刷（喷）油漆 9. 接地
040801015	控制台	1. 名称 2. 型号 3. 规格 4. 种类 5. 基础形式、材质、规格 6. 接线端子材质、规格 7. 端子板外部接线材质、规格 8. 小母线材质、规格			1. 基础制作、安装 2. 本体安装 3. 端子板安装 4. 焊、压接线端子 5. 盘柜配线、端子接线 6. 小母线安装 7. 补刷（喷）油漆 8. 接地
040801016	电力电容器	1. 名称 2. 型号 3. 规格 4. 质量	个		1. 本体安装、调试 2. 接线 3. 接地
040801017	跌落式熔断器	1. 名称 2. 型号 3. 规格 4. 安装部位	组		

146

项目编码	项目名称	项目特征	计量单位	工程量计算规则	工程内容
040801018	避雷器	1. 名称 2. 型号 3. 规格 4. 电压（kV） 5. 安装条件	组	按设计图示数量计算	1. 本体安装、调试 2. 接线 3. 补刷（喷）油漆 4. 接地
040801019	低压熔断器	1. 名称 2. 型号 3. 规格 4. 接线端子材质、规格	个		1. 本体安装 2. 焊、压接线端子 3. 接线
040801020	隔离开关	1. 名称 2. 型号 3. 容量（A） 4. 电压（kV） 5. 安装条件 6. 操作机构名称、型号 7. 接线端子材质、规格	组		1. 本体安装、调试 2. 接线 3. 补刷（喷）油漆 4. 接地
040801021	负荷开关		组		
040801022	真空断路器		台		
040801023	限位开关	1. 名称 2. 型号 3. 规格 4. 接线端子材质、规格	个		1. 本体安装 2. 焊、压接线端子 3. 接线
040801024	控制器		台		
040801025	接触器				
040801026	磁力启动器				
040801027	分流器	1. 名称 2. 型号 3. 规格 4. 容量（A） 5. 接线端子材质、规格	个		
040801028	小电器	1. 名称 2. 型号 3. 规格 4. 接线端子材质、规格	个(套、台)		
040801029	照明开关	1. 名称 2. 材质 3. 规格 4. 安装方式	个		1. 本体安装 2. 接线
040801030	插座				
040801031	线缆断线报警装置	1. 名称 2. 材质 3. 规格 4. 参数	套		1. 本体安装、调试 2. 接线
040801032	铁构件制作、安装	1. 名称 2. 材质 3. 规格	kg	按设计图示尺寸以质量计算	1. 制作 2. 安装 3. 补刷（喷）油漆
040801033	其他电器	1. 名称 2. 型号 3. 规格 4. 安装方式	个(套、台)	按设计图示数量计算	1. 本体安装 2. 接线

项目编码	项目名称	项 目 特 征	计量单位	工程量计算规则	工 程 内 容
040802001	电杆组立	1. 名称 2. 规格 3. 材质 4. 类型 5. 地形 6. 土质 7. 底盘、拉盘、卡盘规格 8. 拉线材质、规格、类型 9. 引下线支架安装高度 10. 垫层、基础：厚度、材料品种、强度等级 11. 电杆防腐要求	根	按设计图示数量计算	1. 工地运输 2. 垫层、基础浇筑 3. 底盘、拉盘、卡盘安装 4. 电杆组立 5. 电杆防腐 6. 拉线制作、安装 7. 引下线支架安装
040802002	横担组装	1. 名称 2. 规格 3. 材质 4. 类型 5. 安装方式 6. 电压（kV） 7. 瓷瓶型号、规格 8. 金具型号、规格	组		1. 横担安装 2. 瓷瓶、金具组装
040802003	导线架设	1. 名称 2. 型号 3. 规格 4. 地形 5. 导线跨越类型	km	按设计图示尺寸另加预留量以单线长度计算	1. 工地运输 2. 导线架设 3. 导线跨越及进户线架设

项目编码	项目名称	项 目 特 征	计量单位	工程量计算规则	工 程 内 容
040803001	电缆	1. 名称 2. 型号 3. 规格 4. 材质 5. 敷设方式、部位 6. 电压（kV） 7. 地形	m	按设计图示尺寸另加预留及附加量以长度计算	1. 揭（盖）盖板 2. 电缆敷设

项目编码	项目名称	项 目 特 征	计量单位	工程量计算规则	工 程 内 容
040803002	电缆保护管	1. 名称 2. 型号 3. 规格 4. 材质 5. 敷设方式 6. 过路管加固要求	m	按设计图示尺寸以长度计算	1. 保护管敷设 2. 过路管加固
040803003	电缆排管	1. 名称 2. 型号 3. 规格 4. 材质 5. 垫层、基础：厚度、材料品种、强度等级 6. 排管排列形式			1. 垫层、基础浇筑 2. 排管敷设
040803004	管道包封	1. 名称 2. 规格 3. 混凝土强度等级			1. 灌注 2. 养护
040803005	电缆终端头	1. 名称 2. 型号 3. 规格 4. 材质、类型 5. 安装部位 6. 电压（kV）	个	按设计图示数量计算	1. 制作 2. 安装 3. 接地
040803006	电缆中间头	1. 名称 2. 型号 3. 规格 4. 材质、类型 5. 安装方式 6. 电压（kV）			
040803007	铺砂、盖保护板（砖）	1. 种类 2. 规格	m	按设计图示尺寸以长度计算	1. 铺砂 2. 盖保护板（砖）

4. 配管、配线工程

配管、配线工程工程量清单项目设置、项目特征描述的内容、计量单位及工程量计算规则，应按表 3-84 的规定执行。

5. 照明器具安装工程

照明器具安装工程工程量清单项目设置、项目特征描述的内容、计量单位及工程量计算规则，应按表 3-85 的规定执行。

6. 防雷接地装置工程

防雷接地装置工程工程量清单项目设置、项目特征描述的内容、计量单位及工程量计算规则，应按表3-86的规定执行。

7. 电气调整工程

电气调整试验工程量清单项目设置、项目特征描述的内容、计量单位及工程量计算规则，应按表3-87的规定执行。

配管、配线工程（编码：040804）

表3-84

项目编码	项目名称	项 目 特 征	计量单位	工程量计算规则	工 程 内 容
040804001	配管	1. 名称 2. 材质 3. 规格 4. 配置形式 5. 钢索材质、规格 6. 接地要求	m	按设计图示尺寸以长度计算	1. 预留沟槽 2. 钢索架设（拉紧装置安装） 3. 电线管路敷设 4. 接地
040804002	配线	1. 名称 2. 配线形式 3. 型号 4. 规格 5. 材质 6. 配线部位 7. 配线线制 8. 钢索材质、规格		按设计图示尺寸另加预留量以单线长度计算	1. 钢索架设（拉紧装置安装） 2. 支持体（绝缘子等）安装 3. 配线
040804003	接线箱	1. 名称 2. 规格 3. 材质 4. 安装形式	个	按设计图示数量计算	本体安装
040804004	接线盒				
040804005	带形母线	1. 名称 2. 型号 3. 规格 4. 材质 5. 绝缘子类型、规格 6. 穿通板材质、规格 7. 引下线材质、规格 8. 伸缩节、过渡板材质、规格 9. 分相漆品种	m	按设计图示尺寸另加预留量以单相长度计算	1. 支持绝缘子安装及耐压试验 2. 穿通板制作、安装 3. 母线安装 4. 引下线安装 5. 伸缩节安装 6. 过渡板安装 7. 拉紧装置安装 8. 刷分相漆

照明器具安装工程（编码：040805）

表 3-85

项目编码	项目名称	项 目 特 征	计量单位	工程量计算规则	工 程 内 容
040805001	常规照明灯	1. 名称 2. 型号 3. 灯杆材质、高度 4. 灯杆编号 5. 灯架形式及臂长 6. 光源数量 7. 附件配置 8. 垫层、基础：厚度、材料品种、强度等级 9. 杆座形式、材质、规格 10. 接线端子材质、规格 11. 编号要求 12. 接地要求	套	按设计图示数量计算	1. 垫层铺筑 2. 基础制作、安装 3. 立灯杆 4. 杆座制作、安装 5. 灯架制作、安装 6. 灯具附件安装 7. 焊、压接线端子 8. 接线 9. 补刷（喷）油漆 10. 灯杆编号 11. 升降机构接线调试 12. 接地 13. 试灯
040805002	中杆照明灯				
040805003	高杆照明灯				
040805004	景观照明灯	1. 名称 2. 型号 3. 规格 4. 安装形式 5. 接地要求	1. 套 2. m	1. 以套计量，按设计图示数量计算 2. 以米计量，按设计图示尺寸以延长米计算	1. 灯具安装 2. 焊、压接线端子 3. 接线 4. 补刷（喷）油漆 5. 接地 6. 试灯
040805005	桥栏杆照明灯		套	按设计图示数量计算	
040805006	地道涵洞照明灯				

防雷接地装置工程（编码：040806）

表 3-86

项目编码	项目名称	项 目 特 征	计量单位	工程量计算规则	工 程 内 容
040806001	接地极	1. 名称 2. 材质 3. 规格 4. 土质 5. 基础接地形式	根（块）	按设计图示数量计算	1. 接地极（板、桩）制作、安装 2. 补刷（喷）油漆
040806002	接地母线	1. 名称 2. 材质 3. 规格		按设计图示尺寸另加附加量以长度计算	1. 接地母线制作、安装 2. 补刷（喷）油漆
040806003	避雷引下线	1. 名称 2. 材质 3. 规格 4. 安装高度 5. 安装形式 6. 断接卡子、箱材质、规格	m		1. 避雷引下线制作、安装 2. 断接卡子、箱制作、安装 3. 补刷（喷）油漆

151

项目编码	项目名称	项 目 特 征	计量单位	工程量计算规则	工 程 内 容
040806004	避雷针	1. 名称 2. 材质 3. 规格 4. 安装高度 5. 安装形式	套（基）	按设计图示数量计算	1. 本体安装 2. 跨接 3. 补刷（喷）油漆
040806005	降阻剂	名称	kg	按设计图示数量以质量计算	施放降阻剂

电气调整试验（编码：040807） 表 3-87

项目编码	项目名称	项 目 特 征	计量单位	工程量计算规则	工 程 内 容
040807001	变压器系统调试	1. 名称 2. 型号 3. 容量（kV·A）	系统	按设计图示数量计算	系统调试
040807002	供电系统调试	1. 名称 2. 型号 3. 电压（kV）			
040807003	接地装置调试	1. 名称 2. 类别	系统（组）		接地电阻测试
040807004	电缆试验	1. 名称 2. 电压（kV）	次（根、点）		试验

3.9.2 清单相关问题及说明

清单项目工作内容中均未包括土石方开挖及回填、破除混凝土路面等，发生时应按"土石方工程"及"拆除工程"中相关项目编码列项。

清单项目工作内容中均未包括除锈、刷漆（补刷漆除外），发生时应按现行国家标准《通用安装工程工程量计算规范》（GB 50856—2013）中相关项目编码列项。

清单项目工作内容包含补漆的工序，可不进行特征描述，由投标人根据相关规范标准自行考虑报价。

母线、电线、电缆、架空导线等，按以下规定计算附加长度（波形长度或预留量）计入工程量中（表3-88～表3-92）。

1. 变配电设备工程

（1）小电器包括按钮、测量表计、继电器、电磁锁、屏上辅助设备、辅助电压互感器、小型安全变压器等。

（2）其他电器安装指未列的电器项目，必须根据电器实际名称确定项目名称。明确描述项目特征、计量单位、工程量计算规则、工作内容。

（3）铁构件制作、安装适用于路灯工程的各种支架、铁构件的制作、安装。

（4）设备安装未包括地脚螺栓安装、浇筑（二次灌浆、抹面），如需安装应按现行国家标准《房屋建筑与装饰工程工程量计算规范》（GB 50854—2013）中相关项目编码列项。

（5）盘、箱、柜的外部进出线预留长度见表3-88。

盘、箱、柜的外部进出电线预留长度   表3-88

序　号	项　　目	预留长度（m/根）	说　　明
1	各种箱、柜、盘、板、盒	高＋宽	盘面尺寸
2	单独安装的铁壳开关、自动开关、刀开关、启动器、箱式电阻器、变阻器	0.5	从安装对象中心算起
3	继电器、控制开关、信号灯、按钮、熔断器等小电器	0.3	
4	分支接头	0.2	分支线预留

2. 10kV 以下架空线路工程

导线架设预留长度见表3-89。

架空导线预留长度   表3-89

项　　目		预留长度（m/根）
高　压	转角	2.5
	分支、终端	2.0
低　压	分支、终端	0.5
	交叉跳线转角	1.5
	与设备连线	0.5
	进户线	2.5

3. 电缆工程

（1）电缆穿刺线夹按电缆中间头编码列项。

（2）电缆保护管敷设方式清单项目特征描述时应区分直埋保护管、过路保护管。

（3）顶管敷设应按"管道铺设"中相关项目编码列项。

（4）电缆井应按"管道附属构筑物"中相关项目编码列项，如有防盗要求的应在项目特征中描述。

（5）电缆敷设预留量及附加长度见表3-90。

4. 配管、配线工程

（1）配管安装不扣除管路中间的接线箱（盒）、灯头盒、开关盒所占长度。

（2）配管名称指电线管、钢管、塑料管等。

电缆敷设预留量及附加长度 表3-90

序号	项 目	预留（附加）长度（m）	说 明
1	电缆敷设弛度、波形弯度、交叉	2.5%	按电缆全长计算
2	电缆进入建筑物	2.0	规范规定最小值
3	电缆进入沟内或吊架时引上(下)预留	1.5	规范规定最小值
4	变电所进线、出线	1.5	规范规定最小值
5	电力电缆终端头	1.5	检修余量最小值
6	电缆中间接头盒	两端各留2.0	检修余量最小值
7	电缆进控制、保护屏及模拟盘等	高＋宽	按盘面尺寸
8	高压开关柜及低压配电盘、箱	2.0	盘下进出线
9	从电缆至电动机	0.5	从电动机接线盒算起
10	厂用变压器	3.0	从地坪算起
11	电缆绕过梁柱等增加长度	按实计算	按被绕物的断面情况计算增加长度

（3）配管配置形式指明、暗配、钢结构支架、钢索配管、埋地敷设、水下敷设、砌筑沟内敷设等。

（4）配线名称指管内穿线、塑料护套配线等。

（5）配线形式指照明线路、木结构、砖、混凝土结构、沿钢索等。

（6）配线进入箱、柜、板的预留长度见表3-91，母线配置安装的预留长度见表3-92。

配线进入箱、柜、板的预留长度（每一根线） 表3-91

序 号	项 目	预留长度（m）	说 明
1	各种开关箱、柜、板	高＋宽	盘面尺寸
2	单独安装（无箱、盘）的铁壳开关、闸刀开关、启动器、线槽进出线盒等	0.3	从安装对象中心算起
3	由地面管子出口引至动力接线箱	1.0	从管口计算
4	电源与管内导线连接（管内穿线与软、硬母线接点）	1.5	从管口计算

5. 照明器具安装工程

（1）常规照明灯是指安装在高度≤15m的灯杆上的照明器具。

（2）中杆照明灯是指安装在高度≤19m的灯杆上的照明器具。

（3）高杆照明灯是指安装在高度＞19m的灯杆上的照明器具。

（4）景观照明灯是指利用不同的造型、相异的光色与亮度来造景的照明器具。

6. 防雷接地装置工程

接地母线、引下线附加长度见表 3-92。

母线配制安装预留长度 表 3-92

序　号	项　　目	预留长度（m）	说　　明
1	带形母线终端	0.3	从最后一个支持点算起
2	带形母线与分支线连接	0.5	分支线预留
3	带形母线与设备连接	0.5	从设备端子接口算起
4	接地母线、引下线附加长度	3.9%	按接地母线、引下线全长计算

3.10　钢筋与拆除工程清单计价工程量计算

3.10.1　钢筋工程清单工程量计算规则

1. 钢筋工程

钢筋工程工程量清单项目设置、项目特征描述的内容、计量单位及工程量计算规则，应按表 3-93 的规定执行。

钢筋工程（编码：040901） 表 3-93

项目编码	项目名称	项 目 特 征	计量单位	工程量计算规则	工 程 内 容
040901001	现浇构件钢筋	1. 钢筋种类 2. 钢筋规格	t	按设计图示尺寸以质量计算	1. 制作 2. 运输 3. 安装
040901002	预制构件钢筋				
040901003	钢筋网片				
040901004	钢筋笼				
040901005	先张法预应力钢筋（钢丝、钢绞线）	1. 部位 2. 预应力筋种类 3. 预应力筋规格			1. 张拉台座制作、安装、拆除 2. 预应力筋制作、张拉
040901006	后张法预应力钢筋（钢丝束、钢绞线）	1. 部位 2. 预应力筋种类 3. 预应力筋规格 4. 锚具种类、规格 5. 砂浆强度等级 6. 压浆管材质、规格			1. 预应力筋孔道制作、安装 2. 锚具安装 3. 预应力筋制作、张拉 4. 安装压浆管道 5. 孔道压浆
040901007	型钢	1. 材料种类 2. 材料规格			1. 制作 2. 运输 3. 安装、定位

项目编码	项目名称	项目特征	计量单位	工程量计算规则	工程内容
040901008	植筋	1. 材料种类 2. 材料规格 3. 植入深度 4. 植筋胶品种	根	按设计图示数量计算	1. 定位、钻孔、清孔 2. 钢筋加工成型 3. 注胶、植筋 4. 抗拔试验 5. 养护
040901009	预埋铁件		t	按设计图示尺寸以质量计算	1. 制作 2. 运输 3. 安装
040901010	高强螺栓	1. 材料种类 2. 材料规格	1. t 2. 套	1. 按设计图示尺寸以质量计算 2. 按设计图示数量计算	

2. 清单相关问题及说明

（1）现浇构件中伸出构件的锚固钢筋、预制构件的吊钩和固定位置的支撑钢筋等，应并入钢筋工程量内。除设计标明的搭接外，其他施工搭接不计算工程量，由投标人在报价中综合考虑。

（2）"钢筋工程"所列"型钢"是指劲性骨架的型钢部分。

（3）凡型钢与钢筋组合（除预埋铁件外）的钢格栅，应分别列项。

3.10.2 拆除清单工程量计算规则

1. 拆除工程

拆除工程工程量清单项目设置、项目特征描述的内容、计量单位及工程量计算规则，应按表3-94的规定执行。

拆除工程（编码：041001） 表3-94

项目编码	项目名称	项目特征	计量单位	工程量计算规则	工程内容
041001001	拆除路面	1. 材质 2. 厚度			
041001002	拆除人行道				
041001003	拆除基层	1. 材质 2. 厚度 3. 部位	m²	按拆除部位以面积计算	1. 拆除、清理 2. 运输
041001004	铣刨路面	1. 材质 2. 结构形式 3. 厚度			

项目编码	项目名称	项目特征	计量单位	工程量计算规则	工程内容
041001005	拆除侧、平(缘)石	材质	m	按拆除部位以延长米计算	1. 拆除、清理 2. 运输
041001006	拆除管道	1. 材质 2. 管径			
041001007	拆除砖石结构	1. 结构形式 2. 强度等级	m³	按拆除部位以体积计算	
041001008	拆除混凝土结构				
041001009	拆除井	1. 结构形式 2. 规格尺寸 3. 强度等级	座	按拆除部位以数量计算	1. 拆除、清理 2. 运输
041001010	拆除电杆	1. 结构形式 2. 规格尺寸	根		
041001011	拆除管片	1. 材质 2. 部位	处		

2. 清单相关问题及说明

（1）拆除路面、人行道及管道清单项目的工作内容中均不包括基础及垫层拆除，发生时按本章相应清单项目编码列项。

（2）伐树、挖树蔸应按现行国家标准《园林绿化工程工程量计算规范》（GB 50858—2013）中相应清单项目编码列项。

3.10.3 工程量计算实例

【例3-15】某污水管道工程，全长为420m，D400混凝土管，设检查井（φ1000）8座，管线上部原地面为10cm厚沥青混凝土路面，50cm厚多合土，外径为2.2m，挡土板示意图如图3-28所示。试计算拆除混凝土路面、基层、管道铺设工程量。

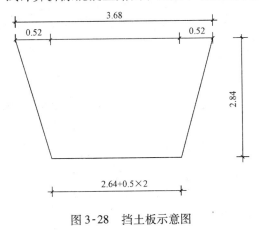

图3-28 挡土板示意图

【解】

清单工程量计算表见表3-95，分部分项工程和单价措施项目清单与计价表见表3-96。

工程名称：

序号	清单项目编码	清单项目名称	计 算 式	工程量	计量单位
1	041001001001	拆除路面	多合土此层厚10cm，增厚部分40cm，每增厚5cm为一层，则增厚部分为8层，10cm厚的拆除量为：$420 \times 3.68 = 1545.6 \text{m}^2$ 增厚部分为：$1545.6 \times 8 = 12364.8 \text{m}^2$；则共计为$1545.6 + 12364.8 = 13910.4 \text{m}^2$	1545.6	m²
2	041001003001	拆除基层	$a = \sqrt{0.52^2 + 2.84^2}$	13910.4	m²
3	040501001001	混凝土管	设计图示数量	420	m

分部分项工程和单价措施项目清单与计价表   表3-96

工程名称：

序号	项目编码	项目名称	项目特征描述	计量单位	工程量	金额（元）	
						综合单价	合价
1	041001001001	拆除路面	沥青混凝土路面，厚10cm	m²	1545.6		
2	041001003001	拆除基层	50cm厚多合土	m²	13910.4		
3	040501001001	混凝土管	D400	m	420		

【例3-16】某市政水池如图3-29所示，长9m，宽6m，围护高度为900mm，厚度为240mm水池底层是C10混凝土垫层100mm，计算该拆除工程量。

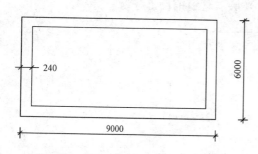

图3-29　某市政水池平面图（单位：mm）

【解】

拆除水池砖砌体工程量 $= (9+6) \times 2 \times 0.24 \times 0.9 \text{m}^3 = 6.48 \text{m}^3$

拆除水池C10混凝土垫层的工程量 $= (9 - 0.24 \times 2) \times (6 - 0.24 \times 2) \times 0.1 \text{m}^3 = 4.70 \text{m}^3$

拆除水池砌体:残渣外运工程量 $= 6.48 \text{m}^3$

拆除水池C10混凝土垫层,残渣外运工程量 $= 4.70 \text{m}^3$

【例3-17】某桥梁工程，其钢筋工程的分部分项工程量清单见表3-97，试编制综合单价表和分部分项工程和单价措施项目清单与计价表。（其中管理费按直接费的10%、利润按直接费的5%计取。）

【解】

（1）编制综合单价分析表

表 3-97

分部分项工程量清单

序　号	项目编码	项　目　名　称	数　量	单　位
1	040901001001	现浇构件钢筋（现浇部分 φ10 以内）	1.57	t
2	040901001002	现浇构件钢筋（现浇部分 φ10 以外）	7.03	t
3	040901002001	预制构件钢筋（预制部分 φ10 以内）	11.99	t
4	040901002002	预制构件钢筋（预制部分 φ10 以外）	36.99	t
5	040901009001	预埋铁件	2.82	t

综合单价分析表见表 3-98~3-102。

综合单价分析表

表 3-98

工程名称：某桥梁钢筋工程　　　　　　　标段：　　　　　　　　　　第 页 共 页

项目编码	040901001001	项目名称	现浇构件钢筋	计量单位	t	工程量	1.57

清单综合单价组成明细

定额编号	定额项目名称	定额单位	数量	单价 人工费	单价 材料费	单价 机械费	单价 管理费和利润	合价 人工费	合价 材料费	合价 机械费	合价 管理费和利润
3-235	现浇混凝土钢筋（φ10 以内）	t	1	374.35	41.82	40.10	68.44	374.35	41.82	40.10	68.44
人工单价		小　计						374.35	41.82	40.10	68.44
40 元/工日		未计价材料费									
清单项目综合单价								524.71			

注："数量"栏为"投标方工程量÷招标方工程量÷定额单位数量"，如"1"为"1.57÷1.57÷1"。

综合单价分析表

表 3-99

工程名称：某桥梁钢筋工程　　　　　　　标段：　　　　　　　　　　第 页 共 页

项目编码	040901001002	项目名称	现浇构件钢筋	计量单位	t	工程量	7.03

清单综合单价组成明细

定额编号	定额项目名称	定额单位	数量	单价 人工费	单价 材料费	单价 机械费	单价 管理费和利润	合价 人工费	合价 材料费	合价 机械费	合价 管理费和利润
3-235	现浇混凝土钢筋（φ10 以外）	t	1	182.23	61.78	69.66	47.05	182.23	61.78	69.66	47.05
人工单价		小　计						182.23	61.78	69.66	47.05
40 元/工日		未计价材料费									
清单项目综合单价								360.72			

注："数量"栏为"投标方工程量÷招标方工程量÷定额单位数量"，如"1"为"7.03÷7.03÷1"。

综合单价分析表

表 3-100

工程名称：某桥梁钢筋工程　　　　　　标段：

项目编码	040701002001	项目名称	预制构件钢筋	计量单位	t	工程量	11.99

清单综合单价组成明细

定额编号	定额项目名称	定额单位	数量	单 价				合 价			
				人工费	材料费	机械费	管理费和利润	人工费	材料费	机械费	管理费和利润
3-233	预制混凝土钢筋(ϕ10 以内)	t	1	463.11	45.03	49.21	83.75	463.11	45.03	49.21	83.75
人工单价			小 计					463.11	45.03	49.21	83.75
40 元/工日			未计价材料费								
清单项目综合单价								641.10			

注："数量"栏为"投标方工程量÷招标方工程量÷定额单位数量"，如"1"为"11.99÷11.99÷1"。

综合单价分析表

表 3-101

工程名称：某桥梁钢筋工程　　　　　　标段：

项目编码	040701002002	项目名称	预制构件钢筋	计量单位	t	工程量	36.99

清单综合单价组成明细

定额编号	定额项目名称	定额单位	数量	单 价				合 价			
				人工费	材料费	机械费	管理费和利润	人工费	材料费	机械费	管理费和利润
3-234	预制混凝土钢筋(ϕ10 以外)	t	1	176.61	58.32	67.44	45.36	176.61	58.32	67.44	45.36
人工单价			小 计					176.61	58.32	67.44	45.36
40 元/工日			未计价材料费								
清单项目综合单价								347.73			

注："数量"栏为"投标方工程量÷招标方工程量÷定额单位数量"，如"1"为"36.99÷36.99÷1"。

综合单价分析表

表 3-102

| 工程名称：某桥梁钢筋工程 | | | | 标段： | | | | | 第 页 共 页 | | | |

| 项目编码 | 040901009001 | 项目名称 | | 预埋铁件 | | 计量单位 | | kg | 工程量 | | 2820 |

清单综合单价组成明细

定额编号	定额项目名称	定额单位	数量	单价				合价			
				人工费	材料费	机械费	管理费和利润	人工费	材料费	机械费	管理费和利润
3-238	预埋铁件	t	0.01	860.83	3577.07	310.52	712.26	8.61	35.77	3.11	7.12
人工单价		小 计						8.61	35.77	3.11	7.12
40 元/工日		未计价材料费									
清单项目综合单价								54.61			

注："数量"栏为"投标方工程量÷招标方工程量÷定额单位数量"，如"0.01"为"2820.00÷2820.00÷100"。

（2）编制分部分项工程和单价措施项目清单与计价表

分部分项工程和单价措施项目清单与计价表见表 3-103。

分部分项工程和单价措施项目清单与计价表

表 3-103

工程名称：某桥梁钢筋工程　　　　　　标段：　　　　　　第 页 共 页

序号	项目编号	项目名称	项目特征描述	计量单位	工程数量	金额/元		其中
						综合单价	合价	暂估价
1	040901002003	现浇构件钢筋	非预应力钢筋（现浇部分 φ10 以内）	t	1.57	524.71	823.79	
2	040901002004	现浇构件钢筋	非预应力钢筋（现浇部分 φ10 以外）	t	7.03	360.72	2535.86	
3	040901002001	预制构件钢筋	非预应力钢筋（预制部分 φ10 以内）	t	11.99	641.10	7686.79	
4	040901002002	预制构件钢筋	非预应力钢筋（预制部分 φ10 以外）	t	36.99	347.73	12862.53	
5	040901009001	预埋铁件	预埋铁件	t	2.82	54.61	154.00	
			合　计				24062.97	

3.11 市政工程工程量清单编制实例

【例3-18】某市区新建次干道道路工程，设计路段桩号为 K0+100～K0+240，在桩号 0+180 处有一丁字路口（斜交）。该次干道主路设计横断面路幅宽度为29m，其中车行道为18m，两侧人行道宽度各为5.5m。斜交道路设计横断面路幅宽度为27m，其中车行道为16m，两侧人行道宽度同主路。在人行道两侧共有 52 个 1m×1m 的石质块树池。道路路面结构层依次为：20cm 厚混凝土面层（抗折强度 4.0MPa）、18cm 厚 5% 水泥稳定碎石基层、20cm 厚块石底层（人机配合施工），人行道采用 6cm 厚彩色异形人行道板，具体如图 3-30 所示。有关说明如下：

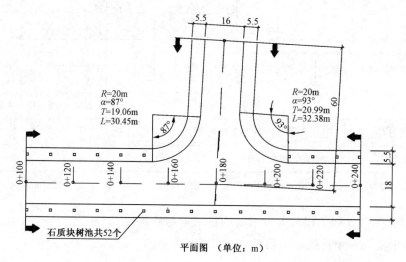

平面图 （单位：m）

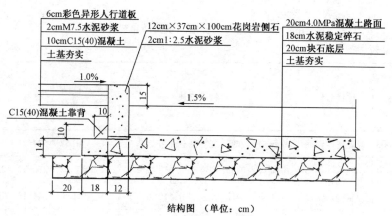

结构图 （单位：cm）

图 3-30 道路路面结构

（1）该设计路段土路基已填筑至设计路基标高。

（2）6cm 厚彩色异形人行道板、12cm×37cm×100cm 花岗岩侧石及 10cm×20cm×100cm 花岗岩树池均按成品考虑，具体材料取定价：彩色异形人行道板 45 元/m²、花岗岩侧石 80 元/m、花岗岩树池 20 元/m。

（3）水泥混凝土、水泥稳定碎石砂采用现场集中拌制，平均场内运距70m，采用双轮车运输。

（4）混凝土路面考虑塑料膜养护，路面刻防滑槽。

（5）混凝土嵌缝材料为沥青木丝板。

（6）路面钢筋 $\phi10$ 以内 5.62t。

（7）斜交路口转角面积计算公式：$F = R^2 \times \left(\text{tg}\dfrac{\alpha}{2} - 0.00873\alpha \right)$。

注：其他项目清单、规费、税金项目计价表、主要材料、工程设备一览表不举例。

【解】

清单工程量计算表见表3-104。

清单工程量计算表　　　　　　　　　　　　　　　表3-104

工程名称：某工程

序号	清单项目编码	清单项目名称	计　算　式	工程量合计	计量单位
1	—	道路面积	$(240 - 100) \times 18 + (60 - 9/\sin87°) \times 16 + 202 \times (\text{tg}87°/2 - 0.00873 \times 87°) + 202 \times (\text{tg}93°/2 - 0.00873 \times 93)$	3508.34	m²
2	—	侧石长度	$142 \times 2 - (19.06 + 20.99 + 16/\sin87°) + 30.45 + 32.38 + (60 - 9/\sin87° - 19.06) + (60 - 9/\sin87° - 20.99)$	348.69	m²
3	040202001001	路床（槽）整形	$3508.34 + 348.69 \times (0.12 + 0.18 + 0.2 + 0.25)$	3769.86	m²
4	040202012001	20cm 块石基层	$3508.34 + 348.69 \times 0.5$	3682.69	m²
5	040202015001	18cm 水泥稳定碎石基层	$3508.34 + 348.69 \times 0.3 \times 0.14/0.18$	3589.7	m²
6	040203007001	20cm 混凝土路面	等于道路面积	3508.34	m²
7	040901001001	现浇构件钢筋	—	5.62	t
8	040204001001	人行道整形碾压	$348.69 \times 5.5 + 348.69 \times 0.25$	2004.97	m²
9	040204002001	彩色异形人行道板安砌	$348.69 \times 5.5 - 348.69 \times 0.12 - 1 \times 1 \times 52$	1823.95	m²
10	040204004001	花岗岩侧石	侧石长度	348.69	m²
11	040204007001	树池砌筑	—	52	个

注：1. 对侧石下水泥稳定碎石，可按其厚度折算后并入主路面的水泥稳定碎石计算。

　　2. 根据工程量计算规范有关说明，模板可并入相应混凝土清单项目，也可按措施费单独列项计算，本工程并入相应的清单项目内。

工程招标工程量清单编制见表3-105～表3-109。

　　　　　__某市区新建次干道道路__　工程

招 标 工 程 量 清 单

招　标　人：　　　__××公司__

　　　　　　　　　　　（单位盖章）

造价咨询人：　　__××造价咨询公司__

　　　　　　　　　　　（单位盖章）

年　　月　　日

_____工程

招 标 工 程 量 清 单

招标人：___××公司___   造价咨询人：___××造价咨询公司___
　　　　　（单位盖章）   （单位资质专用章）

法定代表人   法定代表人
或其授权人：___×××___   或其授权人：___×××___
　　　　　（签字或盖章）   （签字或盖章）

编 制 人：___×××___   复 核 人：___×××___
　　（造价人员签字盖专用章）   （造价工程师签字盖专用章）

编制时间：××年×月×日   复核时间：××年×月×日

工程名称：某工程

一、工程概况

某市区新建次干道道路工程，设计路段桩号为 K0＋100～K0＋240，在桩号 0＋180 处有一丁字路口（斜交）。该次干道主路设计横断面路幅宽度为 29m，其中车行道为 18m，两侧人行道宽度各为 5.5m。斜交道路设计横断面路幅宽度为 27m，其中车行道为 16m，两侧人行道宽度同主路。工程做法详见施工图及设计说明。

二、工程招标和分包范围

1. 工程招标范围：施工图范围内的市政工程，详见工程量清单。

2. 分包范围：无分包工程。

三、清单编制依据

1.《建设工程工程量清单计价规范》（GB 50500—2013）、《市政工程工程量计算规范》（GB 50857—2013）及解释和勘误。

2. 业主提供的关于本工程的施工图。

3. 与本工程有关的标准（包括标准图集）、规范、技术资料。

4. 招标文件、补充通知。

5. 其他有关文件、资料。

四、其他说明的事项

1. 施工现场情况：以现场踏勘情况为准。

2. 交通运输情况：以现场踏勘情况为准。

3. 自然地理条件：本工程位于某市某县。

4. 环境保护要求：满足省、市及当地政府对环境保护的相关要求和规定。

5. 本工程投标报价按《建设工程工程量清单计价规范》（GB 50500—2013）、《市政工程工程量计算规范》（GB 50857—2013）的规定及要求。

6. 工程量清单中每一个项目，都需填入综合单价及合价，对于没有填入综合单价及合价的项目，不同单项及单位工程中的分部分项工程量清单中相同项目（项目特征及工作内容相同）的报价应统一，如有差异，按最低的一个报价进行结算。

7. 本工程量清单中的分部分项工程量及措施项目工程量均是根据施工图，按照《建设工程工程量清单计价规范》（GB 50500—2013）、《市政工程工程量计算规范》（GB 50857—2013）进行计算的，仅作为施工企业投标报价的共同基础，不能作为最终结算与支付价款的依据，工程量的变化调整以业主与承包商签字的合同约定为准。

8. 工程量清单及其计价格式中的任何内容不得随意删除或涂改，若有错误，在招标答疑时及时提出，以"补遗"资料为准。

9. 分部分项工程量清单中对工程项目特征及具体做法只作重点描述，详细情况见施工图设计、技术说明及相关标准图集。组价时应结合投标人现场勘察情况包括完成所有工序工作内容的全部费用。

10. 投标人应充分考虑施工现场周边的实际情况对施工的影响编制施工方案，并作出报价。

11. 暂列金额为 20000 元。

12. 本说明未尽事项，以"计价规范"、"计量规范"招标文件以及有关的法律、法规、建设行政主管部门颁发的文件为准。

工程名称：某工程

序号	项目编码	项目名称	项目特征描述	计量单位	工程量	金额/元			
						综合单价	合价	其 中	
								定额人工费	暂估价
		土（石）方工程							
		略							
		道 路 工 程							
1	040202012001	路床（槽）整形	部位:车行道	m²	3769.86				
2	040202012001	块石基层	厚度:20cm	m²	3682.69				
3	040202015001	水泥稳定碎石基层	1. 厚度:18cm 2. 水泥掺量:5%	m²	3589.7				
4	040203007001	混凝土路面	1. 混凝土抗折强度:4.0MPa 2. 厚度:20cm 3. 嵌缝材料:沥青木丝板嵌缝 4. 其他:路面刻防滑槽	m²	3508.34				
5	040204002001	人行道整形碾压	部位:人行道	m²	2004.97				
6	040204002001	彩色异形人行道板安砌	1. 块料品种、规格:6cm 厚彩色异形人行道板 2. 基础、垫层:2cmM10 水泥砂浆砌筑;10cmC10(40)混凝土垫层 3. 图形:无图形要求	m²	1823.95				
7	040204004001	花岗岩侧石	1. 块料品种、规格:12cm×37cm×100cm 花岗岩侧石 2. 基础、垫层:2cm 1:2.5 水泥砂浆铺筑;10cm×10cmC10(40)混凝土靠背	m²	348.69				
8	040204007001	树池砌筑	1. 材料品种、规格:10cm×20cm×100cm 花岗岩 2. 树池规格:1m×1m 3. 树池盖面材料品种:无	个	52				
		钢 筋 工 程							
9	040901001001	现浇构件钢筋	1. 钢筋种类:圆钢 2. 钢筋规格:φ12	t	5.62				

总价措施项目清单与计价表　　　　　　　　表 3-109

工程名称：某工程

序号	项目编码	项目名称	计算基础	费率（%）	金额/元	调整费率（%）	调整后金额/元	备注
1	041109001001	安全文明施工	定额人工费					
2	041109002001	夜间施工	定额人工费					
3	041109003001	二次搬运	定额人工费					
4	041109004001	冬雨期施工	定额人工费					
5	041109005001	行车、行人干扰	定额人工费					
6	041106001001	大型机械设备进出场及安拆	定额人工费					
7	041109006001	地上、地下设施、建筑物的临时保护设施	定额人工费					
8	041109007001	已完工程及设备保护	定额人工费					
		（略）						
合　　计								

编制人（造价人员）：　　　　　　　　　　　　复核人（造价工程师）：

注：1. "计算基础"中安全文明施工费可为"定额基价"、"定额人工费"或"定额人工费＋定额机械费"，其他项目可为"定额人工费"或"定额人工费＋定额机械费"。

　　2. 按施工方案计算的措施费，若无"计算基础"和"费率"的数值，也可只填"金额"数值，但应在备注栏说明施工方案出处或计算方法。

4 市政工程清单计价模式下工程招标

4.1 工程招标范围与条件

4.1.1 市政工程招标的概念

市政工程项目招标是指招标人（或招标单位）在发包市政工程项目前，按照公布的招标条件，公开或书面邀请投标人（或投标单位）在接受招标文件要求的前提下前来投标，以便招标人从中择优选定的一种交易行为。

4.1.2 市政工程招标范围

市政工程建设招标可以是全过程招标，其工作内容可包括可行性研究、勘察设计、物资供应、建筑安装施工乃至使用后的维修；也可是阶段性建设任务的招标，如勘察设计、项目施工；可以是整个项目发包，也可是单项工程发包；在施工阶段，还可依承包内容的不同，分为包工包料、包工部分包料、包工不包料。进行市政工程招标，业主必须根据市政工程项目的特点，结合自身的管理能力，确定工程的招标范围。

在《中华人民共和国招标投标法》（以下简称《招标投标法》）中，有许多条文都是针对强制招标的，其要求极为严格，并且不完全适合于当事人自愿招标的情况。因此，下面主要是根据当前各部门、各地方、各单位实际工作的需要，介绍当前政府已经明确了的强制招标的招标项目、招标对象（有的称其为"标的"）范围。

1. 应当实行招标的范围

我国《招标投标法》规定，在中华人民共和国境内进行下列工程建设项目必须进行招标：

（1）大型基础设施、公用事业等关系社会公众利益、公众安全的项目。

（2）全部使用或者部分使用国有资金投资或者国家融资的项目。

（3）使用国际组织或者外国政府贷款、援助资金的项目。

法律或国务院对必须进行招标的其他项目的范围有规定的，则依照其规定。

在上述规定的指导下，全国各省市等地方有关部门关于建设工程招标范围都有自己具体的规定。对于位于具体地点的工程的招标范围，应依据当地具体规定确定。《招标投标法》第6条还规定："依法必须进行招标的项目，其招标投标活动不受地区或者部门的限制。任何单位和个人不得违法限制或者排斥本地区、本系统以外的法人或者其他组织参加投标，不得以任何方式非法干涉招标投标活动。"

《房屋建筑和市政基础设施工程施工招标投标管理办法》中规定：房屋建筑和市政基础设施工程（以下简称工程）的施工单项合同估算价在200万元人民币以上，或者项目总投资在3000万元人民币以上的，必须进行招标。所谓市政基础设施工程，即为城市道路、公共交通、供水、排水、燃气、热力、园林、环卫、污水处理、垃圾处理、防洪、地下公共设施及附属设施的土建、管道、设备安装工程。

2. 应当实行公开招标的范围

《工程建设项目施工招标投标办法》指出：国务院发展计划部门确定的同家重点建设项目和各省、自治区、直辖市人民政府确定的地方重点建设项目，以及全部使用国有资金投资或者国有资金投资占控股或者主导地位的工程建设项目，应当公开招标。

3. 经批准后可以采用邀请招标的范围

对于强制招标的工程项目，有下列情形之一的，经批准可以进行邀请招标：

（1）技术复杂、有特殊要求或者受自然环境限制，只有少量潜在投标人可供选择。

（2）涉及国家安全、国家秘密或者抢险救灾，适宜招标但不宜公开招标的。

（3）采用公开招标方式的费用占项目合同金额的比例过大。

（4）法律、法规规定不宜公开招标的。

国家重点建设项目的邀请招标，应当经国务院发展计划部门批准；地方重点建设项目的邀请招标，应当经各省、自治区、直辖市人民政府批准。

全部使用国有资金投资或者国有资金投资占控股或者主导地位的，并需要审批、核准手续的工程建设项目的邀请招标，应当报项目审批、核准部门审批、核准。

4. 经批准后可以采用议标的范围

对于强制招标的工程项目，适用议标的工程范围为：

（1）工程有保密性要求的。

（2）施工现场位于偏远地区，且现场条件恶劣，愿意承担此任务的单位少的。

（3）工程专业性、技术性高，有能力承担相应任务的单位有一家，或者虽有少量几家，但从专业性、技术性和经济性角度较其中一家有明显优势的。

（4）工程中所需的技术、材料性质，并且在专利保护期之内的。

（5）主体工程完成后为发挥整体效能所追加的小型附属工程。

（6）单位工程停建、缓建或恢复建设的。

（7）公开招标或者邀请招标失败，不宜再次公开招标或者邀请招标的工程。

（8）其他特殊性工程。

5. 经批准后可以不进行招标的范围

对于强制招标的工程项目，有下列情形之一的，经有关部门批准后，可以不进行施工招标：

（1）涉及国家安全、国家秘密或者抢险救灾而不适宜招标的。

（2）属于利用扶贫资金实行以工代赈、需要使用农民工的。

（3）施工主要技术需要采用不可替代的专利或者专有技术的。

（4）在建工程追加的附属小型工程或者主体加层工程，原中标人仍具备承包能力的。

（5）采购人依法能够自行建设、生产或者提供。

（6）已通过招标方式选定的特许经营项目投资人依法能够自行建设、生产或者提供。

（7）需要向原中标人采购工程、货物或者服务，否则将影响施工或者功能配套要求。

（8）国家规定的其他特殊情形。

4.1.3 市政工程招标条件

市政工程项目招标必须符合主管部门规定的条件，这些条件分为招标人即建设单位应具备的和招标的工程项目应具备的两个方面。

1. 建设单位招标应当具备的条件

（1）招标单位是法人或依法成立的其他组织。

（2）有与招标工程相适应的经济、技术、管理人员。

（3）有组织招标文件的能力。

（4）有审查投标单位资质的能力。

（5）有组织开标、评标、定标的能力。

不具备上述（2）～（5）项条件的，须委托具有相应资质的咨询、监理等单位代理招标。上述五条中，（1）、（2）两条是对招标单位资格的规定，后三条则是对招标人能力的要求。

2. 招标的工程项目应当具备的条件

（1）概算已经批准。

（2）建设项目已经正式列入国家、部门或地方的年度固定资产投资计划。

（3）建设用地的征用工作已经完成。

（4）有能够满足施工需要的施工图纸及技术资料。

（5）建设资金和主要建筑材料、设备的来源已经落实。

（6）已经建设项目所在地规划部门批准，施工现场"三通一平"已经完成或以并入施工招标范围。

当然，对于不同性质的工程项目，招标的条件可有所不同或有所偏重。

（1）建设工程勘察设计招标的条件，一般主要侧重于：

1）设计任务书或可行性研究报告已获批准。

2）具有设计所必需的可靠基础资料。

（2）建设工程施工招标的条件，一般主要侧重于：

1）建设工程已列入年度投资计划。

2）建设资金（含自筹资金）已按规定存入银行。

3）施工前期工作已基本完成。

4）有持证设计单位设计的施工图纸和有关设计文件。

（3）建设监理招标的条件，一般主要侧重于：

1）设计任务书或初步设计已获批准。

2）工程建设的主要技术工艺要求已确定。

（4）建设工程材料设备供应招标的条件，一般主要侧重于：

1）建设项目已列入年度投资计划。

2）建设资金（含自筹资金）已按规定存入银行。

3）具有批准的初步设计或施工图设计所附的设备清单，专用、非标设备应有设计图纸、技术资料等。

（5）建设工程总承包招标的条件，一般主要侧重于：

1）计划文件或设计任务书已获批准。

2）建设资金和地点已经落实。

4.2　市政工程招标方式与程序

4.2.1　市政工程招标方式

1. 公开招标

公开招标是指招标人以招标公告的方式，邀请不特定的法人或者其他组织参加投标的一种招标方式。也就是招标人在国家指定的报刊、电子网络或其他媒体上发布招标公告，吸引众多的潜在投标人参加投标竞争，招标人按照规定的程序和办法从中择优选择中标人的招标方式。

2. 邀请招标

邀请招标是指招标人以投标邀请书的方式，邀请特定的法人或者其他组织参加投标的一种招标方式。邀请招标，也称选择性招标，也就是由招标人通过市场调查，根据供应商或承包商的资信和业绩，选择一定数目的法人或者其他组织（不能少于3家），向其发出投标邀请书，邀请他们参加投标竞争，招标人按规定的程序和办法从中择优选择中标人的招标方式。

3. 公开招标与邀请招标的区别

公开招标与邀请招标在招标程序上的区别，见表4-1。

公开招标与邀请招标在招标程序上的区别　　　　　　　　表4-1

序号	区　　别	公开招标	邀请招标
1	招标信息的发布方式不同	利用招标公告发布招标信息	采用向3家以上具备实施能力的投标人发出投标邀请书，请他们参与投标竞争
2	对投标人资格预审的时间不同	由于投标响应者较多，为了保证投标人具备相应的实施能力，以及缩短评标时间，突出投标的竞争性，通常设置资格预审程序	由于竞争范围小，且招标人对邀请对象的能力有所了解，不需要再进行资格预审，但评标阶段还要对各投标人的资格和能力进行审查和比较，通常称为"资格后审"
3	邀请的对象不同	是向不特定的法人或者其他组织邀请投标	邀请的是特定的法人或者其他组织

4.2.2　市政工程招标程序

依法必须进行施工招标的市政工程，一般应遵循下列程序：

（1）招标单位自行办理招标事宜的，应当建立专门的招标工作机构。

（2）招标单位在发布招标公告或发出投标邀请书的5d前，向工程所在地县级以上地方人民政府建设行政主管部门备案。

（3）准备招标文件，报建设行政主管部门审核或备案。

（4）发布招标公告或发出投标邀请书。

（5）投标单位申请投标。

（6）招标单位审查申请投标单位的资格，并将审查结果通知申请投标单位。

（7）向合格的投标单位分发招标文件。

（8）组织投标单位踏勘现场，召开答疑会，解答投标单位就招标文件提出的问题。

（9）建立评标组织，制定评标、定标办法。

（10）召开开标会，当场开标。

（11）组织评标，决定中标单位。

（12）发出中标和未中标通知书，收回发给未中标单位的图纸和技术资料，退还投标保证金或保函。

（13）招标单位与中标单位签订施工承包合同。

1. 公开招标程序

公开招标的程序分6个阶段，即建设项目报建、编制招标文件、投标者的资格预审、发放招标文件、开标、评标与定标、签订合同。但每个阶段里又包括几项具体的工作。具体内容见表4-2。

公开招标程序 表4-2

序号	阶　段	内　容　说　明
1	项目报建	工程项目报建，是建设单位招标活动的前提。报建范围包括：各类房屋建筑（包括新建、改建、扩建、翻建、大修等）、土木工程（包括道路、桥梁、房屋基础打桩等）、设备安装、管道线路铺设和装饰装修等建设工程。报建的内容主要包括：工程名称、建设地点、投资规模、资金来源、当年投资额、工程规模、发包方式、计划开竣工日期和工程筹建情况等
2	审查建设单位资质	招标申请前，招标投标管理机构要审查建设单位是否具备招标条件，不具备有关条件的建设单位，须委托具有相应资质的具有招标机构资质的中介机构代理招标。建设单位应与中介机构签订委托代理招标的协议，并报招标投标管理机构备案
3	招标申请	招标人填写"建设工程招标表"，并经上级主管部门批准后，连用"工程建设项目报建审查登记表"报招标管理机构审批 申请表的主要内容包括：工程名称、建设地点、招标建设规模、招标范围。招标方式、要求施工企业等级、施工前期准备情况（征地拆迁情况、三通一平情况、勘察设计情况等）、招标机构组织情况等
4	招标文件编制与报审	公开招标时，须通过资格审查。资格审查分资格预审和资格后审。进行资格预审的，一般不再进行资格后审。资格预审文件和招标文件须报招标管理机构审查，审查同意后可刊登资格预审（投标报名）通告、招标公告

序号	阶 段	内 容 说 明
5	刊登资格预审通告、招标	公开招标应通过报刊、广播、电视、计算机网络等新闻媒介发布"资格预审（投标报名）通告"或"招标公告"
6	资格预审	承包商报名参加投标前，其相关资质应按资格预审条件由招标人或招标代理机构进行审查，审查合格者方可允许其报名
7	发售招标文件	将招标文件、图纸和有关技术资料发售给通过资格预审获得投标资格的投标人。投标人招标文件、图纸和有关资料后，应认真核对，核对无误后以书面形式予以确认
8	现场踏勘	对于建设施工项目，招标人应组织投标人进行现场踏勘，以便投标人了解工程场地和周围环境情况
9	投标预备会	投标预备会的目的在于澄清招标文件中的疑问，解答投标人对招标文件和勘察现场中所提出的疑问和问题
10	投标文件的编制与送交	投标人根据招标文件的要求编制投标文件，并在密封和签章后，于投标截止时间前送达规定的地点
11	开 标	在投标截止后，按规定时间、地点在投标人法定代表人或授权代理人在场的情况下举行开标会议，把所有投标者递交的投标文件启封公布，对标书的有效性予以确认
12	评 标	由招标代理人或建设单位上报主管部门，按有关规定成立评标委员会。在招标管理机构和公证机构监督下，依据评标原则、评标方法。对投标人的技术标和商务标进行综合评价，公正合理择优选择中标单位
13	定 标	中标候选单位确定后，招标人可对其进行必要的询标，然后根据情况最终确定中标单位。但在确定中标人之前，招标人不得与投标人应投标价格、投标方案等实质性内容进行谈判。同时，依法必须招标的项目，招标人应当确定排名第一的中标候选人为中标人。排名第一的中标候选人放弃中标、因不可抗力提出不能履行合同或者招标文件规定应提交履约保证金而在规定的期限内未能提交的，招标人可以确定排名第二的中标候选人为中标人
14	中标通知	中标单位选定后由招标管理机构审查后，招标人向中标单位发出《中标通知书》，并把结果通知其他投标人。未中标单位在接到通知后，把有关图纸资料退还招标人，索回投标保证金
15	合同签订	中标单位在接到《中标通知书》后，应在招标文件规定的时间内与建设单位签订承包合同。若招标文件规定必须交纳合同履约保证金的，中标单位应及时交纳。未接招标文件及时交纳履约保证金和签订合同的，将被没收投标保证金，并承担违约的法律责任

2. 邀请招标程序

邀请招标程序与公开招标程序主要区别是邀请招标无须发布资格预审通知和招标公告，无须进行资格预审。因为，邀请招标的投标人是招标人预先通过调查、考察选定的，投标邀请书是由招标人直接发给投标人的。除此之外，邀请招标的程序安全与公开招标相同。

4.3　市政工程项目招标文件编制

《招标投标法实施条例》第 15 条规定，公开招标的项目，应当依照招标投标法和本条例的规定发布招标公告、编制招标文件。招标人采用资格预审办法对潜在投标人进行资格审查的，应当发布资格预审公告、编制资格预审文件。

4.3.1　招标文件的编制原则

编制市政工程招标文件的工作是一项十分细致、复杂的工作，必须做到系统、完整、准确、明了，提出要求的目标要明确，使投标者一目了然。编制招标文件应遵循以下原则：

（1）建设单位和建设项目必须具备招标条件。

（2）必须遵守国家的法律、法规及有关贷款组织的要求。

（3）应公正、合理地处理业主和承包商的关系，保护双方的利益。

（4）正确、详尽地反映项目的客观、真实情况。

（5）招标文件各部分的内容要力求统一，避免各份文件之间有矛盾。

4.3.2　招标文件的编制内容

1. 招标公告（或投标邀请书）

按照《招标投标法》第 16 条第 1 款规定："招标人采用公开招标方式的，应当发布招标公告。依法必须进行招标的项目的招标公告，应当通过国家指定的报刊、信息网络或者其他媒介发布。"招标人以招标公告的方式邀请不特定的法人或者其他组织投标是公开招标一个最显著的特性。

招标公告内容应当真实、准确和完整。招标公告一经发出即构成招标活动的要约邀请，招标人不得随意更改。按照《招标投标法》第 16 条第 2 款规定："招标公告应当载明招标人的名称和地址、招标项目的性质、数量、实施地点和时间以及获取招标文件的办法等事项"的基本内容要求，有关部门规章结合项目特点对招标公告做出具体规定。

招标公告或者投标邀请书应当至少载明下列内容：

（1）招标人的名称和地址。

（2）招标项目的内容、规模、资金来源。

（3）招标项目的实施地点和工期。

（4）获取招标文件或者资格预审文件的地点和时间。

（5）对招标文件或者资格预审文件收取的费用。

（6）对投标人的资质等级的要求。

【例 4-1】招标公告的格式范例。

小型项目施工招标的公开招标公告见表 4-3。

招标公告（适用于公开招标）

_____（项目名称）施工招标公告

1. 招标条件

本招标项目_____（项目名称）已由 _____（项目审批、核准或备案机关名称）以_____（批文名称及编号）批准建设，项目业主为_____，建设资金来自_____（资金来源），项目出资比例为_____，招标人为_____。项目已具备招标条件，现对该项目施工进行公开招标。

2. 项目概况与招标范围

_____（说明本次招标项目的建设地点、规模、计划工期、招标范围等）。

3. 投标人资格要求

本次招标要求投标人须具备_____资质，并在人员、设备、资金等方面具有相应的施工能力。

4. 招标文件的获取

4.1　凡有意参加投标者，请于___年___月___日至___年___月___日，每日上午___时___分至____时____分，下午____时____分至____时____分（北京时间，下同），在_____（详细地址）持单位介绍信购买招标文件。

4.2　招标文件每套售价_____元人民币，售后不退。如需邮购。图纸资料押金_____元，在退还图纸资料时退还（不计利息）。

4.3　邮购招标文件的，需另加手续费（含邮费）_____元。招标人在收到单位介绍信和邮购款（含手续费）后_____日内寄送。

5. 投标文件的递交

5.1　投标文件递交的截止时间（投标截止时间，下同）为___年___月___日___时___分，地点为_____。

5.2　逾期送达的或者未送达指定地点的投标文件，招标人不予受理。

6. 发布公告的媒介

本次招标公告同时在_____（发布公告的媒介名称）上发布。

7. 联系方式

招 标 人：_____	招标代理机构：_____
地　　址：_____	地　　址：_____
邮　　编：_____	邮　　编：_____
联 系 人：_____	联 系 人：_____
电　　话：_____	电　　话：_____
传　　真：_____	传　　真：_____
电子邮件：_____	电子邮件：_____
网　　址：_____	网　　址：_____
开户银行：_____	开户银行：_____
账　　号：_____	账　　号：_____

___年___月___日

2. 投标人须知

投标人须知是招标投标活动应遵循的程序规则和对投标的要求但投标人须知不是合同文件的组成部分。希望有合同约束力的内容应在构成合同文件组成部分的合同条款、技术标准与要求等文件中界定。投标人须知包括投标人须知前附表、正文和附表格式等内容。

（1）投标人须知前附表

投标人须知前附表主要作用有两个方面：

1）是将投标人须知中的关键内容和数据摘要列表，起到强调和提醒作用，为投标人迅速掌握投标人须知内容提供方便，但必须与招标文件相关章节内容衔接一致。

2）对投标人须知正文中交由前附表明确的内容给予具体约定。

（2）总则

投标须知正文中的"总则"由下列内容组成：

1）项目概况。应说明项目已具备招标条件、项目招标人、项目招标代理机构、项目名称、项目建设地点等。

2）资金来源和落实情况。应说明项目的资金来源及出资比例、项目的资金落实情况等。

3）招标范围、计划工期、质量要求。应说明招标范围、项目的计划工期、项目的质量要求等。对于招标范围，应采用工程专业术语填写；对于计划工期，由招标人根据项目建设计划来判断填写；对于质量要求，根据国家、行业颁布的建设工程施工质量验收标准填写，注意不要与各种质量奖项混淆。

4）投标人资格要求。对于已进行资格预审的，投标人应是符合资格预审条件，收到招标人发出投标邀请书的单位；对于未进行资格预审的，应按照相关内容详细规定投标人资格要求。

5）费用承担。应说明投标人准备和参加投标活动发生的费用自理。

6）保密。要求参加招标投标活动的各方应对招标文件和投标文件中的商业和技术等秘密保密，违者应对由此造成的后果承担法律责任。

7）语言文字。可要求招标投标文件使用的语言文字为中文。专用术语使用外文的，应附有中文注释。

8）计量单位。所有计量均采用中华人民共和国法定计量单位。

9）踏勘现场。投标人须知前附表规定组织踏勘现场的，招标人按投标人须知前附表规定的时间、地点组织投标人踏勘项目现场。

投标人踏勘现场发生的费用自理。除招标人的原因外，投标人自行负责在踏勘现场中所发生的人员伤亡和财产损失。

招标人在踏勘现场中介绍的工程场地和相关的周边环境情况，供投标人在编制投标文件时参考，招标人不对投标人据此作出的判断和决策负责。

《招标投标法实施条例》第 28 条规定，招标人不得组织单个或者部分潜在投标人踏勘项目现场。

10）投标预备会。投标人须知前附表规定召开投标预备会的，招标人按投标人须知前附表规定的时间和地点召开投标预备会，澄清投标人提出的问题。

投标人应在投标人须知前附表规定的时间前，以书面形式将提出的问题送达招标人，以便招标人在会议期间澄清。

投标预备会后，招标人在投标人须知前附表规定的时间内，将对投标人所提问题的澄清，以书面形式通知所有购买招标文件的投标人。该澄清内容为招标文件的组成部分。

11）偏离。偏离即《评标委员会和评标方法暂行规定》中的偏差。投标人须知前附表允许投标文件偏离招标文件某些要求的，偏离应当符合招标文件规定的偏离范围和幅度。

（3）招标文件

招标文件是对招标投标活动具有法律约束力的最主要文件。投标人须知应该阐明招标文件的组成、招标文件的澄清和修改。投标人须知中没有载明具体内容的，不构成招标文件的组成部分，对招标人和投标人没有约束力。

1）招标文件的组成内容包括：招标公告（或投标邀请书，视情况而定）；投标人须知；评标办法；合同条款及格式；工程量清单；图纸；技术标准和要求；投标文件格式；投标人须知前附表规定的其他材料。

招标人根据项目具体特点来判定，投标人须知前附表中载明需要补充的其他材料。

2）招标文件的澄清。投标人应仔细阅读和检查招标文件的全部内容。如发现缺页或附件不全，应及时向招标人提出，以便补齐。如有疑问，应在投标人须知前附表规定的时间前以书面形式（包括信函、电报、传真等可以有形地表现所载内容的形式，下同），要求招标人对招标文件予以澄清。

招标文件的澄清将以书面形式发给所有购买招标文件的投标人，但不指明澄清问题的来源。如果澄清发出的时间距投标人须知前附表规定的投标截止时间不足15d，并且澄清内容影响投标文件编制的，将相应延长投标截止时间。

投标人在收到澄清后，应在投标人须知前附表规定的时间内以书面形式通知招标人，确认已收到该澄清。

3）招标文件的修改。招标人可以书面形式修改招标文件，并通知所有已购买招标文件的投标人。但如果修改招标文件的时间距投标截止时间不足15d，并且修改内容影响投标文件编制的，将相应延长投标截止时间。

投标人收到修改内容后，应在投标人须知前附表规定的时间内以书面形式通知招标人，确认已收到该修改。

（4）投标文件

投标文件是投标人响应和依据招标文件向招标人发出的要约文件。招标人在投标须知中对投标文件的组成、投标报价、投标有效期、投标保证金、资格审查资料和投标文件的编制提出明确要求。

（5）投标

包括投标文件的密封和标记、投标文件的递交、投标文件的修改和撤回等规定。

（6）开标

包括开标时间和地点、开标程序、开标异议等规定。

（7）评标

包括评标委员会、评标原则和评标方法等规定。

（8）合同授予

包括定标方式中标候选人公示、中标通知、履约担保和签订合同。

1）定标方式。定标方式通常有两种：招标人授权评标委员会直接确定中标人；评标委员会推荐1~3名中标候选人，由招标人依法确定中标人。

2）中标候选人公示。招标人在投标人须知前附表规定的媒介公示中标候选人。

3）中标通知。中标人确定后，在投标有效期内，招标人以书面形式向中标人发出中标通知书，并同时将中标结果通知所有未中标的投标人。

4）履约担保。签订合同前，中标人应按照招标文件规定的担保形式、金额和履约担保格式向招标人提交履约担保。除投标人须知前附表另有规定外，履约担保金额为中标合同金额的10%。履约担保的主要目的有两个：担保中标人按照合同约定正常履约，在中标人未能圆满实施合同时，招标人有权得到资金赔偿；约束招标人按照合同约定正常履约。

中标人不能按要求提交履约担保的，视为放弃中标，其投标保证金不予退还，给招标人造成的损失超过投标保证金数额的，中标人还应当对超过部分予以赔偿。

5）签订合同。投标人须知中应就签订合同作出如下规定：

①签订时限。招标人和中标人应当自中标通知书发出之日起30日内，按照招标文件和中标人的投标文件订立书面合同。

②未签订合同的后果。中标人无正当理由拒签合同的，招标人取消其中标资格，其投标保证金不予退还；给招标人造成的损失超过投标保证金数额的，中标人还应当对超过部分予以赔偿。发出中标通知书后，招标人无正当理由拒签合同的，招标人向中标人退还投标保证金；给中标人造成报失的，还应当赔偿报失。

（9）纪律和监督

纪律和监督可分别包括对招标人的纪律要求、对投标人的纪律要求、对评标委员会成员的纪律要求、对与评标活动有关的工作人员的纪律要求以及投诉。

（10）需要补充的其他内容

（11）电子招标投标

采用电子招标投标，应对投标文件的编制、密封和标记、递交、开标、评标等的提出具体要求。

（12）附表格式

附表格式包括招标活动中需要使用的表格文件格式：开标记录表、问题澄清通知、问题的澄清、中标通知书、中标结果通知书，确认通知等。

3. 评标办法

招标文件中"评标办法"主要包括选择评标方法、确定评审因素和标准以及确定评标程序三方面主要内容：

（1）选择评标方法

《中华人民共和国房屋建筑和市政工程标准施工招标文件》中的评标方法包括经评审的最低投标价法、综合评估法。

（2）评审因素和标准

招标文件应针对初步评审和详细评审分别制定相应的评审因素和标准。

（3）评标程序

评标工作一般包括初步评审、详细评审、投标文件的澄清、说明及评标结果等具体程序。

1）初步评审。按照初步评审因素和标准评审投标文件、进行废标认定和投标报价算术错误修正。

2）详细评审。按照详细评审因素和标准分析评定投标文件。

3）投标文件的澄清、说明。初步评审和详细评审阶段，评标委员会可以书面形式要求投标人对投标文件中不明确的内容进行书面澄清和说明，或者对细微偏差进行补正。

4）评标结果。经评审的最低投标价法，评标委员会按照经评审的评标价格由低到高的顺序推荐中标候选人；对于综合评估法，评标委员会按照得分由高到低的顺序推荐中标候选人，评标委员会按照招标人授权，可以直接确定中标人评标委员会完成评标后，应当向招标人提交书面评标报告。

4. 合同条款及格式

《合同法》第 275 条规定，施工合同的内容包括工程范围、建设工期、中间交工工程的开工和竣工时间、工程质量、工程造价、技术资料交付时间、材料和设备供应责任、拨款和结算、竣工验收、质量保修范围和质量保证双方相互协作等条款。

（1）关于合同的主要条款，其中主要是商务性条款，有利于投标人了解中标后签订合同的主要内容，明确双方的权利和义务。其中技术要求、投标报价要求和主要合同条款等内容是招标文件的关键内容，统称实质性要求。

（2）合同格式是招标人在招标文件中拟定好的具体格式，在定标后由招标人与中标人达成一致协议后签署。投标人投标时不填写。招标文件中的合同格式，主要有合同协议书、房屋建筑工程质量保修书、承包人履约担保书、承包人预付款银行保函、发包人支付担保书等。

5. 工程量清单

工程量清单是表现拟建工程实体性项目和非实体性项目名称和相应数量的明细清单，以满足工程建设项目具体量化和计量支付的需要。工程量清单是投标人投标报价和签订合同协议书，是确定合同价格的唯一载体。

实践中常见的有单价合同和总价合同两种主要合同形式，均可以采用工程量清单计价，区别仅在于工程量清单中所填写的工程量的合同约束力。采用单价合同形式的工程量清单是合同文件必不可少的组成内容，其中的清单工程量一般具备合同约束力，招标时的工程量是暂估的，工程款结算时按照实际计量的工程量进行调整。总价合同形式中，已标价工程量清单中的工程量不具备合同约束力，实际施工和计算工程变更的工程量均以合同文件的设计图纸所标示的内容为准。

6. 设计图纸

设计图纸是合同文件的重要组成部分，是编制工程量清单以及投标报价的主要依据，也是进行施工及验收的依据。通常招标时的图纸并不是工程所需的全部图纸，在投标人中标后还会陆续颁发新的图纸以及对招标时图纸的修改。因此，在招标文件中，除了附上招标图纸外，还应该列明图纸目录。图纸目录一般包括：序号、图名、图号、版本、出图日期以及备注等。图纸目录以及相对应的图纸将对施工过程的合同管理以及争议解决发挥重要作用。

7. 技术标准和要求

技术标准和要求也是构成合同文件的组成部分。技术标准的内容主要包括各项工艺指标、施工要求、材料检验标准，以及各分部、分项工程施工成型后的检验手段和验收标准等。有些项目根据所属行业的习惯，也将工程子目的计量支付内容写进技术标准和要求中。项目的专业特点和所引用的行业标准的不同，决定了不同项目的技术标准和要求存在区别，同样的一项技术指标，可引用的行业标准和国家标准可能不止一个，招标文件编制者应结合本项目的实际情况加以引用，如果没有现成的标准可以引用，有些大型项目还有必要将其作为专门的科研项目来研究。

8. 投标文件格式

投标文件格式的主要作用是为投标人编制投标文件提供固定的格式和编排顺序，以规范投标文件的编制，同时便于投标委员会评标。

招标人在招标文件中，要对投标文件提出明确的要求，并拟定一套投标文件的参考格式，供投标人投标时填写。投标文件的参考格式，主要有投标书及投标书附录。工程量清单与报价表、辅助资料表等。其中，工程量清单与报价表格式，在采用综合单价和工料单价时有所不同，并同时要注意对综合单价投标报价或工料单价投标报价进行说明。

9. 投标人须知前附表规定的其他材料

招标人根据项目具体特点和实际需要，在前附表中载明需要补充的其他材料。如：工程地质勘察报告。

4.3.3　招标文件的澄清与修改

《招标投标法》第 23 条规定："招标人对已发出的招标文件进行必要的澄清或者修改的，应当在招标文件要求提交投标文件截止时间至少 15d 前，以书面形式通知所有招标文件收受人。该澄清或者修改的内容为招标文件的组成部分。"《招标投标法实施条例》第 21 条对其进行了进一步的说明："招标人可以对已发出的资格预审文件或者招标文件进行必要的澄清或者修改。澄清或者修改的内容可能影响资格预审申请文件或者投标文件编制的，招标人应当在提交资格预审申请文件截止时间至少 3d 前，或者投标截止时间至少 15d 前，以书面形式通知所有获取资格预审文件或者招标文件的潜在投标人；不足 3d 或者 15d 的，招标人应当顺延提交资格预审申请文件或者投标文件的截止时间。"

《招标投标法实施条例》第 22 条规定，潜在投标人或者其他利害关系人对资格预审文件有异议的，应当在提交资格预审申请文件截止时间 2d 前提出；对招标文件有异议的，应当在投标截止时间 10d 前提出。招标人应当自收到异议之日起 3d 内作出答复；作出答复前，应当暂停招标投标活动。

这里的"澄清"，是指招标人对招标文件中的遗漏、词义表述不清或对比较复杂事项进行的补充说明和回答投标人提出的问题。这里的"修改"是指招标人对招标文件中出现的遗漏、差错、表述不清等问题认为必须进行的修订。对招标文件的澄清与修改，应当注意以下三点：

1. 招标人有权对招标文件进行澄清与修改

招标文件发出以后，无论出于何种原因，招标人可以对发现的错误或遗漏，在规定时间内主动地或在解答潜在投标人提出的问题时进行澄清或者修改，改正差错，避免损失。

2. 澄清与修改的时限

招标人对已发出的招标文件的澄清与修改，按《招标投标法》第23条规定，应当在提交投标文件截止时间至少15d前通知所有购买招标文件的潜在投标人。

按照《政府采购货物和服务招标投标管理办法》第28条规定，对政府采购项目投标和开标截止时间、投标和开标地点的修改，至少应当在招标文件要求提交投标文件的截止时间3d前进行，并以书面形式通知所有购买招标文件的收受人。在财政部门指定的政府采购信息发布媒体上发布更正公告。

3. 澄清或者修改的内容的范围

按照《招标投标法》第23条关于招标人对招标文件澄清和修改应"以书面形式通知所招有标文件收受人。该澄清或者修改的内容为招标文件的组成部分"的规定，招标人可以直接采取书面形式，也可以采用召开投标预备会的方式进行解答和说明，但最终必须将澄清与修改的内容以书面方式通知所有招标文件收受人，而且作为招标文件的组成部分。《政府采购货物和服务招标投标管理办法》第27条还规定，招标采购单位对已发出的招标文件进行必要澄清和修改的，应在财政部门指定的政府采购信息发布媒介上发布更正公告，并以书面形式通知所有招标文件收受人，该澄清或者修改的内容为招标文件的组成部分。

【例4-2】《房屋建筑和市政工程标准施工招标文件》中问题澄清通知、问题的澄清的格式范例见表4-4、表4-5。

问题澄清通知格式　　　　　　　　　　　　　　　表4-4

问题澄清通知
编号：＿＿＿＿＿＿＿＿ ＿＿＿＿＿＿＿＿（投标人名称）： 　　＿＿＿＿＿＿＿＿（项目名称）＿＿＿＿标段施工招标的评标委员会，对你方的投标文件进行了仔细的审查，现需你方对本通知所附质疑问卷中的问题以书面形式予以澄清、说明或者补正。 　　请将上述问题的澄清、说明或者补正于＿＿年＿＿月＿＿日＿＿时前递交至＿＿＿＿＿＿＿（详细地址）或传真至＿＿＿＿＿＿＿＿（传真号码）。采用传真方式的，应在＿＿＿＿年＿＿月＿＿日＿＿时前将原件递交至＿＿＿＿＿＿＿＿（详细地址）。   附件：质疑问卷   　　　　　　　　＿＿＿＿＿＿＿（项目名称）＿＿＿＿＿＿标段施工招标的评标委员会 　　　　　　　　（经评标委员会授权的招标人代表签字或招标人加盖单位章）   　　　　　　　　　　　　　　　　　　　　＿＿年＿＿月＿＿日

问题的澄清、说明或补正

编号：_____

_____（项目名称）_____ 标段施工招标评标委员会：

问题澄清通知（编号：_____）已收悉，现澄清、说明或者补正如下：

1.

2.

……

投标人：_____（盖单位章）

法定代表人或其委托代理人：_____（签字）

____ 年 ____ 月 ____ 日

5 市政工程清单计价模式下工程投标

5.1 市政工程投标类型与程序

5.1.1 市政工程项目投标概念

市政工程项目投标就是投标人（或投标单位）在同意招标人拟定的招标文件的前提下，对市政招标项目提出自己的报价和相应的条件，通过竞争企图为招标人选中的一种交易方式。这种方式是投标人之间通过直接竞争，在规定的期限内以比较合适的条件达到招标人所需的目的。

5.1.2 市政工程项目投标类型

1. 按效益分类

投标按效益的不同分为盈利标、保本标和亏损标三种，具体内容见表5-1。

按效益分类　　　　　　　　　　　　　　　表5-1

序号	类　别	内　容　说　明
1	盈利标	如果招标工程既是本企业的强项，又是竞争对手的弱项；或建设单位意向明确；或本企业任务饱满，利润丰厚，才考虑让企业超负荷运转。此种情况下的投标，称投盈利标
2	保本标	当企业无后继工程，或已出现部分窝工，必须争取投标中标。但招标的工程项目对于本企业又无优势可言，竞争对手又是"强手如林"的局面，此时，宜投保本标，至多投薄利标
3	亏损标	亏损标是一种非常手段，一般是在下列情况下采用，即：本企业已大量窝工，严重亏损，若中标后至少可以使部分人工、机械运转、减少亏损；或者为在对手林立的竞争中夺得头标，不惜血本压低标价；或是为了在本企业一统天下的地盘里，为挤垮企图插足的竞争对手；或为打入新市场，取得拓宽市场的立足点而压低标价。以上这些，虽然是不正常的。但在激烈的投标竞争中有时也这样做

2. 按性质分类

投标按性质的不同分为风险标和保险标两种，具体见表5-2。

5.1.3 市政工程项目投标程序

具备投标资格并愿意投标的投标人，按照图5-1所示的程序进行投标。

序号	类别	内 容 说 明
1	风险标	是指明知工程承包难度大、风险大，且技术、设备、资金上都有未解决的问题，但由于队伍窝工，或因为工程盈利丰厚，或为了开拓新技术领域而决定参加投标，同时设法解决存在的问题，即为风险标。投标后，如果问题解决得好，可取得较好的经济效益；可锻炼出一支好的施工队伍，使企业更上一层楼。否则，企业的信誉、准备金就会因此受到损害，严重者将导致企业严重亏损甚至破产。因此，投风险标必须审慎从事
2	保险标	保险标是指对可以预见的情况，包括技术、设备、资金等重大问题都有了解决的对策之后再投标。企业经济实力较弱，经不起失误的打击，则往往投保险标。当前，我国施工企业多数都愿意投保险标，特别是在国际工程承包市场上去投保险标

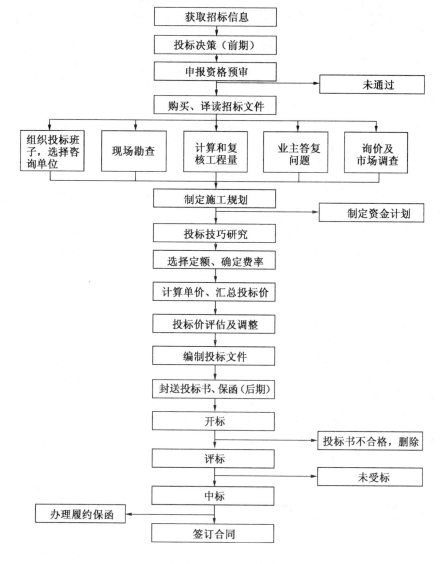

图5-1 投标程序图

5.2 市政工程投标决策

5.2.1 投标决策的内容

投标决策主要包括以下三方面内容：

（1）针对项目决定投标或是不投标。一定时期内，企业可能同时面临多个项目的投标机会，受施工能力所限，企业不可能实践所有的投标机会，而应在多个项目中进行选择；就某一具体项目而言，从效益的角度看有盈利标、保本标和亏损标，企业需根据项目特点和企业现实状况决定采取何种投标方式，以实现企业的既定目标，诸如：获取盈利，占领市场，树立企业新形象等。

（2）如果去投标、决定投什么性质的标。投标按性质划分，为风险标和保险标。从经济学的角度看，某项事业的收益水平与其风险程度成正比，企业需在高风险的可能的高收益与低风险的低收益之间进行抉择。

（3）投标中企业需要制定扬长避短的策略与技巧，达到战胜竞争对手的目的。投标决策是投标活动的首要环节，科学的投标决策是承包商战胜竞争对手，并取得较好的经济效益与社会效益的前提。

5.2.2 投标决策阶段

投标决策可以分前期和后期两阶段进行。

1. 投标决策前期

投标决策的前期阶段必须在购买投标人资格预审资料前后完成。决策的主要依据是招标广告，以及公司对招标工程、业主的情况的调研和了解的程度，如果是国际工程，还包括对工程所在国和工程所在地的调研和了解的程度。前期阶段必须对投标与否做出论证。通常情况下，下列招标项目应放弃投标：

（1）本施工企业主管和兼营能力之外的项目。

（2）工程规模、技术要求超过本施工企业技术等级的项目。

（3）本施工企业生产任务饱满，而招标工程的盈利水平较低或风险较大的项目。

（4）本施工企业技术等级、信誉、施工水平明显不如竞争对手的项目。

2. 投标决策后期

如果决定投标，即进入投标决策的后期阶段，这一阶段是指从申报资格预审至投标报价（封送投标书）前完成的决策研究阶段。主要研究如果去投标，是投什么性质的标以及在投标中采取的策略问题。

5.3 市政工程投标文件编制

5.3.1 投标文件的编制原则

（1）依法投标。严格按照《招标投标法》等国家法律、法规的规定编制投标文件。

（2）诚实信用的原则。对提供的数据准确可靠，对作出的承诺负责履行不打折扣。

（3）按照招标文件要求的原则。对提供的所有资料和材料，必须从形式到内容都响应和满足招标文件的要求。

（4）用语言文字上力求准确严密、周到、细致，切不可模棱两可。

（5）从实际出发，在依法投标的前提下，可以充分运用和发挥投标竞争的方法和策略。

5.3.2 投标文件的构成

《招标投标法》第27条、第30条对投标文件规定，投标人应当按照招标文件的要求编制投标文件。投标文件应当对招标文件提出的实质性要求和条件作出响应。招标项目属于建设施工的，投标文件的内容应当包括拟派出的项目负责人与主要技术人员的简历、业绩和拟用于完成招标项目的机械设备等。投标人根据招标文件载明的项目实际情况，拟在中标后将中标项目的部分非主体、非关键性工作进行分包的，应当在投标文件中载明。

按此原则，国务院有关部门对不同类型项目的投标文件内容及构成进行了具体规定。

市政工程建设工项目投标文件一般主要包括两部分：一是商务标，二是技术标。

1. 商务标

商务标又分为商务文件和价格文件。商务文件是用以证明投标人是否履行合法手续及招标人了解投标人商业资信、合法性的文件；价格文件是与投标人的投标报价相关的文件。商务标主要包括以下内容：

（1）投标函及投标函附录

1）投标函。按照招标文件的要求，向招标人或招标代理单位所致信函。此类信函一般按照招标文件中所给的标准格式填写，主要内容为对此次招标的理解和对有关条款的承诺。最后，在落款处加盖企业法人印鉴和法定代表人或其委托代理人印鉴。

2）投标函附录。投标函中未体现的、招标文件中有要求的条款，如工程项目经理、工程工期、缺陷责任期等。

（2）法定代表人身份证明书

法定代表人身份证明书可采用营业执照或按招标文件要求的格式填写。

（3）投标文件授权委托书

法定代表人授权企业内部人员代表其参加有关此项目的招标活动，以书面形式下达，这样，代理人员就可以代表企业法定代表人签署有关文件，并具有法律效应。

（4）投标保证金

明确投标保证金的支付时间、支付金额及责任。

（5）已标价工程量清单（或单位工程预算书）

按照招标文件的要求以工程量清单报价形式或工程预算书形式详细表述组成该工程项目的各项费用总和。

（6）资格审查资料

为向招标方证明企业有能力承担该项目施工的证据，展示企业的实力和社会信誉。《标准施工招标文件》中资格审查资料包括：投标人基本情况表、近年财务状况表、近年完成的类似项目情况表、正在实施的和新承接的项目情况表、其他资格审查资料。

2. 技术标

在工程建设投标中，技术文件即指施工组织建议书，它包括全部施工组织设计内容。该文件对招标人而言，是用以评价投标人的技术实力和经验的标识；对投标人而言，则是投标人中标后的项目施工组织方案。技术复杂的项目对技术文件的编写内容及格式均有详细的要求，投标人应当认真按照要求编制。

（1）施工组织设计

投标人编制施工组织设计的要求：

1）编制时应简明扼要地说明施工方法，工程质量、安全生产、文明施工、环境保护、冬雨期施工、工程进度、技术组织等主要措施。

2）用图表形式阐明本项目的施工总平面、进度计划以及拟投入主要施工设备、劳动力、项目管理机构等。

（2）项目管理机构

一般要求投标企业把对拟投标工程的管理机构以表格的形式表达出来。一般要编制项目管理机构组成表、项目经理简历表，主要是为了考察投标人的实力及拟担任管理人员的以往业绩。

5.3.3 投标文件的修改与撤回

投标文件的修改是指投标人对投标文件中遗漏和不足部分进行增补，对已有的内容进行修订。投标文件的撤回是指投标人收回全部投标文件，或放弃投标，或以新的投标文件重新投标。

投标文件的修改或撤回必须在投标文件递交截止时间之前进行。《招标投标法》第29条规定："投标人在招标文件要求提交投标文件的截止时间之前，可以补充、修改或者撤回已提交的投标文件，并书面通知招标人。"投标人修改或撤回已递交投标文件的书面通知应按照要求签字或盖章。招标人收到书面通知后，向投标人出具签收凭证。修改的内容为投标文件的组成部分。修改的投标文件应按照规定进行编制、密封、标记和递交，并标明"修改"字样。投标截止时间之后至投标有效期满之前，投标人对投标文件的任何补充、修改，招标人不予接受。投标人撤回投标文件的，招标人自收到投标人书面撤回通知之日起5d内退还已收取的投标保证金。

5.3.4 投标文件的密封与标记

（1）投标文件应进行包装、加贴封条，并在封套的封口处加盖投标人单位章。

（2）投标文件封套上应写明的内容见投标人须知前附表。

（3）未按规定要求密封和加写标记的投标文件，招标人应予拒收。

5.3.5 投标文件的送达与签收

《招标投标法》第28条规定："投标人应当在招标文件要求提交投标文件的截止时间前，将投标文件送达投标地点。招标人收到投标文件后，应当签收保存，不得开启。""在招标文件要求提交投标文件的截止时间后送达的投标文件，招标人应当拒收。"

1. 投标文件的送达

对于投标文件的送达，应注意以下几个问题：

（1）投标文件的提交截止时间。招标文件中通常会明确规定投标文件提交的时间，投标文件必须在招标文件规定的投标截止时间之前送达。

（2）投标文件的送达方式。投标人递送投标文件的方式可以是直接送达，即投标人派授权代表直接将投标文件按照规定的时间和地点送达，也可以通过邮寄方式送达。邮寄方式送达应以招标人实际收到时间为准，而不是以"邮戳为准"。

（3）投标文件的送达地点。投标人应严格按照招标文件规定的地址送达，特别是采用邮寄送达方式。投标人因为递交地点发生错误而逾期送达投标文件的，将被招标人拒绝接收。

2. 投标文件的签收

投标文件按照招标文件的规定时间送达后，招标人应签收保存。《工程建设项目施工招标投标办法》第38条规定："招标人收到投标文件后，应当向投标人出具标明签收人和签收时间的凭证，在开标前任何单位和个人不得开启投标文件。"

3. 投标文件的拒收

如果投标文件逾期送达的或者未送达指定地点的；未按招标文件要求密封的，招标人可以拒绝受理。

5.3.6 投标保证金

投标人须知前附表规定递交投标保证金的，投标人在递交投标文件的同时，应按投标人须知前附表规定的金额、担保形式和"投标文件格式"规定的或者事先经过招标人认可的投标保证金格式递交投标保证金，并作为其投标文件的组成部分。投标人不按要求提交投标保证金的，评标委员会将否决其投标。

1. 投标保证金的有效期

投标保证金的有效期通常自投标文件提交截止时间之前，保证金实际提交之日起开始计算，投标保证金的有效期限应覆盖或超出投标有效期。从投标保证金的用途可以看出，其有效期原则上不应少于规定的投标有效期。不同类型的招标项目，对投标保证金有效期的规定各有不同。在招标投标实践中，应根据招标项目类型，按照其适用的法规来确定投标保证金的有效期。

《工程建设项目施工招标投标办法》第37条规定，投标保证金有效期应当超出投标有效期30d。《招标投标法实施条例》第26条规定，投标保证金有效期应当与投标有效期一致。

2. 投标保证金的金额

投标保证金的金额通常有相对比例金额和固定金额两种方式。相对比例是取投标总价作为计算基数。为避免招标人设置过高的投标保证金额度，不同类型招标项目对投标保证金的最高额度均有相关规定。《招标投标法实施条例》第26条规定，招标人在招标文件中要求投标人提交投标保证金的，投标保证金不得超过招标项目估算价的2%。

3. 投标保证金的没收与退还

（1）投标保证金的没收

招标人在投标人违反招标文件规定的下述条件时，可以没收投标人的投标保证金：

1）投标人在规定的投标有效期内撤销或修改其投标文件。

2）投标人在收到中标通知书后无正当理由拒签合同或未按招标文件规定提交履约担保。

招标人还可根据项目的具体特点和管理方面要求，在招标文件中增加没收投标保证金的其他情形。

（2）投标保证金的退还

《招标投标实施条例》第35条规定："投标人撤回已提交的投标文件，应当在投标截止时间前书面通知招标人。招标人已收取投标保证金的，应当自收到投标人书面撤回通知之日起5d内退还。投标截止后投标人撤销投标文件的，招标人可以不退还投标保证金。"

5.3.7 投标有效期

投标有效期是指招标文件中规定一个适当的有效期限，在此期限内投标文件对投标人具有法律约束力。

1. 投标有效期的确定

《工程建设项目施工招标投标办法》第29条规定，招标文件应当规定一个适当的投标有效期，以保证招标人有足够的时间完成评标和与中标人签订合同。投标有效期从招标文件规定的提交投标文件截止之日起计算。

《简明标准施工招标文件（2012年版）》中对"投标有效期"的规定有：除投标人须知前附表另有规定外，投标有效期为60d；在投标有效期内，投标人撤销或修改其投标文件的，应承担招标文件和法律规定的责任。

2. 投标有效期的延长

《工程建设项目施工招标投标办法》第29条规定，在原投标有效期结束之前，招标人可以通知所有投标人延长投标有效期。拒绝延长投标有效期的投标人有权收回投标保证金。同意延长投标有效期的投标人应当相应延长其投标担保的有效期，但不得修改投标文件的实质性内容。《评标委员会和评标方法暂行规定》第40条、《工程建设项目施工招标投标办法》第56条均规定，招标项目的评标和定标工作应当在投标有效期结束日30个工作日前完成，如不能完成则招标人应当通知所有投标人延长投标有效期。

（1）投标有效期延长的要求

1）招标人关于投标有效期的延长，应以书面形式通知投标人并获得投标人的书面同意。

2）投标人不得修改投标文件的实质性内容。投标人在投标文件中的所有承诺不应随有效期的延长而发生改变。

（2）投标有效期延长的后果

1）投标有效期的延长应伴随投标保证金有效期的延长。《评标委员会和评标方法暂行规定》第40条规定，同意延长投标有效期的投标人应当相应延长其投标担保的有效期。

2）投标人有权拒绝延长投标有效期且不被扣留投标保证金。但是根据《工程建设项目施工招标投标办法》第29条规定，投标人一旦拒绝延长投标有效期，其投标失效。

3）招标人应承担因投标有效期延长对投标人导致的相应损失。《评标委员会和评标方法暂行规定》第40条、《工程建设项目施工招标投标办法》第29条均规定，因延长投标有效期造成投标人损失的，招标人应当给予补偿，但因不可抗力需延长投标有效期的除外。

5.4 市政工程开标、评标与定标

5.4.1 市政工程开标

1. 开标的时间和地点

《招标投标法》第34条规定，开标应当在招标文件确定的提交投标文件截止时间的同一时间公开进行；开标地点应当为招标文件中预先确定的地点。

《招标投标实施条例》第44条规定，招标人应当按照招标文件规定的时间、地点开标。投标人少于3个的，不得开标；招标人应当重新招标。投标人对开标有异议的，应当在开标现场提出，招标人应当当场作出答复，并制作记录。

（1）开标时间

开标时间和提交投标文件截止时间应为同一时间，应具体确定到某年某月某日的几时几分，并在招标文件中明示。法律之所以如此规定，是为了杜绝招标人和个别投标人非法串通，在投标文件截止时间之后，视其他投标人的投标情况，修改个别投标人的投标文件，从而损害国家和其他投标人利益的情况。招标人和招标代理机构必须按照招标文件中的规定，按时开标，不得擅自提前或拖后开标，更不能不开标就进行评标。

（2）开标地点

开标地点应在招标文件中具体明示。开标地点可以是招标人的办公地点或指定的其他地点。开标地点应具体确定到要进行开标活动的房间，以便投标人和有关人员准时参加开标。

（3）开标时间和地点的修改

如果招标人需要修改开标时间和地点，应以书面形式通知所有招标文件的收受人。如果涉及房屋建筑和市政基础设施工程施工项目招标，根据《房屋建筑和市政基础设施工程施工招标投标管理办法》的规定，招标文件的澄清和修改均应在通知招标文件收受人的同时，报工程所在地的县级以上地方人民政府建设行政主管部门备案。

2. 开标的程序和主要内容

《招标投标法》第36条规定，开标时，由投标人或者其推选的代表检查投标文件的密封情况，也可以由招标人委托的公证机构检查并公证；经确认无误后，由工作人员当众拆封，宣读投标人名称、投标价格和投标文件的其他主要内容。招标人在招标文件要求提交投标文件的截止时间前收到的所有投标文件，开标时都应当当众予以拆封、宣读。开标过程应当记录，并存档备查。

（1）开标程序

主持人通常按下列程序进行开标：

1）宣布开标纪律。

2）公布在投标截止时间前递交投标文件的投标人名称，并点名确认投标人是否派人到场。

3）宣布开标人、唱标人、记录人、监标人等有关人员姓名。

4）按照投标人须知前附表规定检查投标文件的密封情况。

5）按照投标人须知前附表的规定确定并宣布投标文件开标顺序。

6）设有标底的，公布标底。

7）按照宣布的开标顺序当众开标，公布投标人名称、投标保证金的递交情况、投标报价、质量目标、工期及其他内容，并记录在案。

8）规定最高投标限价计算方法的，计算并公布最高投标限价。

9）投标人代表、招标人代表、监标人、记录人等有关人员在开标记录上签字确认。

10）开标结束。

投标人对开标有异议的，应当在开标现场提出，招标人当场作出答复，并制作记录。

（2）开标的主要内容

1）密封情况检查。当众检查投标文件密封情况。检查由投标人或者其推选的代表进行。如果招标人委托了公证机构对开标情况进行公证，也可以由公证机构检查并公证。如果投标文件未密封，或者存在拆开过的痕迹，则不能进入后续的程序。

2）拆封。当众拆封所有的投标文件。招标人或者其委托的招标代理机构的工作人员，应当对所有在投标文件截止时间之前收到的合格的投标文件，在开标现场当众拆封。

3）唱标。招标人或者其委托的招标代理机构的工作人员应当根据法律规定和招标文件要求进行唱标，即宣读投标人名称、投标价格和投标文件的其他主要内容。

4）记录并存档。招标人或者其委托的招标代理机构应当场制作开标记录记载开标时间、地点、参与人、唱标内容等情况，并由参加开标的投标人代表签字确认，开标记录应作为评标报告的组成部分存档备查。

5.4.2 评标

1. 评标机构

（1）评标专家

《招标投标法》第 37 条规定："评标专家应当从事相关领域工作满 8 年并具有高级职称或者具有同等专业水平，由招标人从国务院有关部门或者省、自治区、直辖市人民政府有关部门提供的专家名册或者招标代理机构的专家库内的相关专业的专家名单中确定。评标委员会成员的名单在中标结果确定前应当保密。"

《招标投标法实施条例》第 45 条规定，国家实行统一的评标专家专业分类标准和管理办法。具体标准和办法由国务院发展改革部门会同国务院有关部门制定。省级人民政府和国务院有关部门应当组建综合评标专家库。

有下列情形之一的，不得担任评标委员会成员：

1）投标人或者投标人主要负责人的近亲属。

2）项目主管部门或者行政监督部门的人员。

3）与投标人有经济利益关系，可能影响对投标公正评审的。

4）曾因在招标、评标以及其他与招标投标有关活动中从事违法行为而受过行政处罚或刑事处罚的。

5）评标委员会成员与投标人有利害关系的应主动回避。

（2）评标委员会

《招标投标法》第 37 条规定，依法必须进行招标的项目，其评标委员会由招标人的代表和有关技术、经济等方面的专家组成，成员人数为 5 人以上单数，其中技术、经济等方面的专家不得少于成员总数的 2/3。

《招标投标实施条例》第 48 条中规定，评标过程中，评标委员会成员有回避事由、擅离职守或者因健康等原因不能继续评标的，应当及时更换。被更换的评标委员会成员作出的评审结论无效，由更换后的评标委员会成员重新进行评审。

评标委员会独立评标，是我国招标投标活动中重要的法律制度。评标委员会不是常设机构，需要在每个具体的招标投标项目中，临时依法组建。招标人是负责组建评标委员会的主体。实际招标投标活动中，也有招标人委托其招标代理机构承办组建评标委员会具体工作的情况。依法必须招标的项目，评标委员会由招标人的代表和有关技术、经济等方面的专家组成。

《招标投标法》第 37 条规定："与投标人有利害关系的人不得进入相关项目的评标委员会；已经进入的应当更换。"对不同类别的项目，相关部门规章对不得担任评标委员会成员的情况作了更具体的规定。根据《评标委员会和评标方法暂行规定》的规定，有下列情形之一的，不得担任评标委员会成员：

1）投标人或者投标主要负责人的近亲属。

2）项目主管部门或者行政监督部门的人员。

3）与投标人有经济利益关系，可能影响对投标公正评审的。

4）曾因在招标、评标以及其他与招标投标有关活动中从事违法行为而受过行政处罚或刑事处罚的。

评标委员会成员有前款规定情形之一的，应当主动提出回避。

2. 评标方法

根据《评标委员会和评标方法暂行规定》、《工程建设项目施工招标投标办法》等规定，评标方法分为经评审的最低投标价法、综合评估法及法律法规允许的其他评标方法。

（1）经评审的最低投标价法

根据经评审的最低投标价法，能够满足招标文件的实质性要求，并且经评审的最低投标价的投标，应当推荐为中标候选人。

经评审的最低投标价法一般适用于具有通用技术、性能标准或者招标人对其技术、性能没有特殊要求的招标项目。对于工程建设项目货物招标项目，根据《工程建设项目货物招标投标办法》规定，技术简单或技术规格、性能、制作工艺要求统一的货物，一般采用经评审的最低投标价法进行评标。技术复杂或技术规格、性能、制作工艺要求难以统一的货物，一般采用综合评估法进行评标。

这是一种以价格加其他因素评标的方法。以这种方法评标，一般做法是将报价以外的商务部分数量化，并以货币折算成价格，与报价一起计算，形成统一平台的投标价，然后以此价格按高低排出次序。能够满足招标文件的实质性要求，在经评审的"投标价"中，最低的投标应当作为中选投标。

采用经评审的最低投标价法，中标人的投标应当符合招标文件规定的技术要求和标准，但评标委员会无须对投标文件的技术部分进行价格折算。

除报价外，评标时应考虑的商务因素一般有下列几种：

1）内陆运输费用及保险费。

2）交货或竣工期。

3）支付条件。

4）零部件以及售后服务。

5）价格调整因素。

6）设备和工厂（生产线）运转和维护费用。

（2）综合评估法

根据综合评估法，最大限度地满足招标文件中规定的各项综合评价标准的投标，应当推荐为中标候选人。

工程建设项目勘察设计招标项目，根据《工程建设项目勘察设计招标投标办法》规定，一般应采取综合评估法进行。

衡量投标文件是否最大限度地满足招标文件中规定的各项评价标准，可以采取折算为货币的方法、打分的方法或者其他方法。需量化的因素及其权重应当在招标文件中明确规定。评标委员会对各个评审因素进行量化分析时，应当将量化指标建立在同一基础或者同一标准上，使各投标文件具有可比性。对技术部分和商务部分量化后，计算出每一投标的综合评估价或者综合评估分。

需要注意，《房屋建筑和市政基础设施工程施工招标投标管理办法》规定，采用综合评估法的，应当对投标文件提出的工程质量、施工工期、投标价格、施工组织设计或者施工方案、投标人及项目经理业绩等，能否最大限度地满足招标文件中规定的各项要求和评价标准进行评审和比较。以评分方式进行评估的，对于各种评比奖项不得额外计分。

3. 评标程序

评标程序，是评标委员会依法按照招标文件确定的评标方法和具体评标标准，对开标中所有拆封并唱标的投标文件进行审查、评价，比较每个投标文件对招标文件要求的响应情况。在投标文件评审过程中，还可以视情况依法进行澄清，并根据评审情况出具评标报告推荐中标候选人的过程。

根据《评标委员会和评标方法暂行规定》的规定，投标文件评审包括评标的准备、初步评审、详细评审、提交评标报告和推荐中标候选人。

（1）评标的准备

首先，评标委员会成员应当编制供评标使用的相应表格，认真研究招标文件，至少应了解和熟悉招标的目标；招标项目的范围和性质；招标文件中规定的主要技术要求、标准和商务条款；招标文件规定的评标标准、评标方法和在评标过程中应考虑的相关因素。其次，招标人或者其委托的招标代理机构应当向评标委员会提供评标所需的重要信息和数据。

（2）初步评审

1）评标委员会应当按照投标报价的高低或者招标文件规定的其他方法对投标文件排序。以多种货币报价的，应当按照中国银行在开标日公布的汇率中间价换算成人民币。招标文件应当对汇率标准和汇率风险作出规定。未作规定的，汇率风险由投标人承担。

2）评标委员会可以书面方式要求投标人对投标文件中含义不明确、对同类问题表述不一致或者有明显文字和计算错误的内容作必要的澄清、说明或者补正。澄清、说明或者补正应以书面方式进行并不得超出投标文件的范围或者改变投标文件的实质性内容。投标文件中的大写金额和小写金额不一致的，以大写金额为准；总价金额与单价金额不一致的，以单价金额为准，但单价金额小数点有明显错误的除外；对不同文字文本投标文件的解释发生异议的，以中文文本为准。在评标过程中，评标委员会发现投标人的报价明显低于其他投标报价或者在设有标底时明显低于标底，使得其投标报价可能低于其个别成本的，应当要求该投标人作出书面说明并提供相关证明材料。

3）评标委员会应当根据招标文件，审查并逐项列出投标文件的全部投标偏差。投标偏差分为重大偏差和细微偏差。除非招标文件另有规定，对重大偏差应作废标处理。细微偏差是指投标文件在实质上响应招标文件要求，但在个别地方存在漏项或者提供了不完整的技术信息和数据等情况，并且补正这些遗漏或者不完整不会对其他投标人造成不公平的结果。细微偏差不影响投标文件的有效性。评标委员会应当书面要求存在细微偏差的投标人在评标结束前予以补正。拒不补正的，在详细评审时可以对细微偏差作不利于该投标人的量化，量化标准应当在招标文件中规定。

（3）澄清

《招标投标法实施条例》第52条规定，投标文件中有含义不明确的内容、明显文字或者计算错误，评标委员会认为需要投标人作出必要澄清、说明的，应当书面通知该投标人。评标委员会不得暗示或者诱导投标人作出澄清、说明，不得接受投标人主动提出的澄清、说明。《招标投标法》第39条规定，澄清或者说明不得超出投标文件的范围或者改变投标文件的实质性内容。

（4）详细评审

经初步评审合格的投标文件，评标委员会应当根据招标文件确定的评标标准和方法，对其技术部分和商务部分作进一步评审、比较。

采用经评审的最低投标价法的，评标委员会应当根据招标文件中规定的评标价格调整方法，对所有投标人的投标报价以及投标文件的商务部分作必要的价格调整；中标人的投标应当符合招标文件规定的技术要求和标准，但评标委员会无需对投标文件的技术部分进行价格折算。根据经评审的最低投标价法完成详细评审后，评标委员会应当拟定一份"标价比较表"，连同书面评标报告提交招标人。"标价比较表"应当载明投标人的投标报价、对商务偏差的价格调整和说明以及经评审的最终投标价。

采用综合评估法评标的，评标委员会对各个评审因素进行量化时，应当将量化指标建立在同一基础或者同一标准上，使各投标文件具有可比性。对技术部分和商务部分进行量化后，评标委员会应当对这两部分的量化结果进行加权，计算出每一投标的综合评估价或者综合评估分。根据综合评估法完成评标后，评标委员会应当拟定一份"综合评估比较表"，连同书面评标报告提交招标人。"综合评估比较表"应当载明投标人的投标报价、所作的任何修正、对商务偏差的调整、对技术偏差的调整、对各评审因素的评估以及对每一投标的最终评审结果。

此外，根据招标文件的规定，允许投标人投备选标的，评标委员会可以对中标人所投的备选标进行评审，以决定是否采纳备选标。不符合中标条件的投标人的备选标不予考虑。

如果评标委员会在评标过程中发现问题，应当及时做出处理或者向招标人提出处理建议，并作书面记录。

（5）提交评标报告和推荐中标候选人

每个招标项目评标程序的最后环节，都是由评标委员会签署并向招标人提交评标报告，推荐中标候选人。有的招标项目，评标委员会还可以根据招标人的授权，直接按照评标结果，确定中标人。

4. 评标报告

《招标投标法》第40条规定，评标委员会完成评标后，应当向招标人提出书面评标报告，并推荐合格的中标候选人。该规定确立了由评标委员会推荐中标候选人的原则。评标委员会的评标工作，最终以书面评标报告的形式体现，成果是推荐中标候选人。不论招标人、招标代理机构，还是有关主管部门，都无权改变、剥夺评标委员会推荐中标候选人的法定权利，不得脱离评标报告，在中标候选人之外确定中标人。该原则保障了评标委员会在招标投标活动中独立的工作价值。

《评标委员会和评标方法暂行规定》规定，评标委员会完成评标后，应当向招标人提出书面评标报告，并抄送有关行政监督部门。评标报告应当如实记载以下内容：

（1）基本情况和数据表。

（2）评标委员会成员名单。

（3）开标记录。

（4）符合要求的投标一览表。

（5）废标情况说明。

（6）评标标准、评标方法或者评标因素一览表。

（7）经评审的价格或者评分比较一览表。

（8）经评审的投标人排序。

（9）推荐的中标候选人名单与签订合同前要处理的事宜。

（10）澄清、说明、补正事项纪要。

评标报告由评标委员会全体成员签字。对评标结论持有异议的评标委员会成员可以书面方式阐述其不同意见和理由。评标委员会成员拒绝在评标报告上签字且不陈述其不同意见和理由的，视为同意评标结论。评标委员会应当对此作出书面说明并记录在案。向招标人提交书面评标报告后，评标委员会即告解散。评标过程中使用的文件、表格以及其他资料应当即时归还招标人。

5.4.3 定标与签订合同

评标结束后，评标小组应写出评标报告，提出中标单位的建议，交业主或其主管部门审核。评标报告一般包括以下内容：

（1）招标情况

招标情况主要包括工程说明，招标过程等。

（2）开标情况

开标情况主要有开标时间、地点、参加开标会议人员、唱标情况等。

（3）评标情况

评标情况主要包括评标委员会的组成及评标委员会人员名单、评标工作的依据及评标内容等。

（4）推荐意见

（5）附件

附件主要包括评标委员会人员名单；投标单位资格审查情况表；投标文件符合情况鉴定表；投标报价评比报价表；投标文件质询澄清的问题等。

评标报告批准后，应立即向中标单位发出中标函。

中标单位接受中标通知后，一般应在 15～30d 内签订合同，并提供履约保证。签订合同后，建设单位一般应在 7d 内通知未中标者，并退回投标保函，未中标者在收到投标保函后，应迅速退回招标文件。

若对第一中标者未达成签订合同的协议，可考虑与第二中标者谈判签订合同，若缺乏有效的竞争和其他正当理由，建设单位有权拒绝所有的投标，并对投标者造成的影响不负任何责任，也无义务向投标者说明原因。拒标的原因一般是所有投标的主要项目均未达到招标文件的要求，经建设主管部门批准后方能拒绝所有的投标。一旦拒绝所有的投标，建设单位应立即研究废标的原因，考虑是否对技术规程（规范）和项目本身要进行修改，然后考虑重新招标。

6 市政工程竣工结算与决算

6.1 市政工程价款结算

6.1.1 工程价款结算方式

1. 按月结算

按月结算就是实行旬末或月中预支，月终结算，竣工后清算的办法。跨年度施工的工程，在年终进行工程盘点，办理年度结算。

2. 竣工后一次结算

建设项目或单项工程全部建筑安装工程建设期在 12 个月以内，或者工程承包合同价值在 100 万元以下的，可以实行工程价款每月月中预支，竣工后一次结算。

3. 分段结算

分段结算就是当年开工，当年不能竣工的单项工程或单位工程按照工程形象进度，划分不同阶段进行结算。分段的划分标准，由各部门或省、自治区、直辖市、计划单列市规定，分段结算可以按月预支工程款。

4. 目标结算

将合同中的工程内容分解成不同的验收单元，当承包商完成单元工程内容并经业主（或其委托人）验收后，业主支付构成单元工程内容的工程价款。

目标结款方式中，对控制界面的设定应明确描述，便于量化和质量控制，同时要适应项目资金的供应周期和支付频率。承包商要想获得工程价款，必须按照合同约定的质量标准完成界面内的工程内容。要想尽早获得工程价款，承包商必须充分发挥自己组织实施能力，在保证质量的前提下，加快施工进度，这意味着承包商拖延工期时，则业主推迟付款，增加承包商的财务费用、运营成本，降低承包商的收益，客观上使承包商因延迟工期而遭受损失。反之，则承包商可提前获得工程价款，增加承包收益，客观上承包商因提前工期而增加了有效利润。同时，因承包商在界面内质量达不到合同约定的标准而业主不予验收，承包商也会因此而遭受损失。由此可见，目标结款方式实质上是运用合同手段、财务手段对工程的完成进行主动控制。

5. 结算双方约定的其他结算方式

施工企业实行按月结算、竣工后一次结算和分段结算的工程，当年结算的工程款应与年度完成工作量一致，年终不另清算。

在采用按月结算工程价款方式时，需编制"已完工程月报表"；对于工期较短、能在年度内竣工的单项工程或小型建设项目，可在工程竣工后编制"工程价款结算账单"，按合同中工程造价一次结算；在采用分段结算工程价款方式时，要在合同中规定工程部位完工的月份，根据已完工程部位的工程数量计算已完工程造价，按发包单位编制"已完工程月报表"和"工程价款结算账单"。

为了保证工程按期收尾竣工，工程在施工期间，不论工程长短，其结算工程款，一般不得超过承包工程价值的95％，结算双方可以在5％的幅度内协商确定尾款比例，并在工程承包合同中说明。施工企业如已向发包单位出具履约保函或其他保证的，可以不留工程尾款。

"已完工程月报表"和"工程价款结算账单"的格式见表6-1和表6-2。

已完工程月报表

发包单位名称：　　　　　　　　　　　年　月　日　　　　　　　　　　　表6-1　　单位：元

单项工程和单位工程名称	合同造价	建筑面积	开竣工日期		实际完成数		备注
			开工日期	竣工日期	至上月（期）止已完工程累计	本月（期）已完工程	

施工企业：　　　　　　　　　　　　　　　　　　　　　　编制日期：　年　月　日

工程价款结算账单

发包单位名称：　　　　　　　　　　　年　月　日　　　　　　　　　　　表6-2　　单位：元

单项工程和单位工程名称	合同造价	本月（期）应收工程款	应扣款项			本月（期）实收工程款	尚未归还	累计已收工程款	备注
			合计	预收工程款	预收备料款				

施工企业：　　　　　　　　　　　　　　　　　　　　　　编制日期：　年　月　日

6.1.2　工程预付备料款结算

为了确保工程施工正常进行，工程项目在开工之前，建设单位应按照合同规定，拨付给施工企业一定限额的工程预付备料款，此预付款构成施工企业为该工程项目储备主要材料和结构件所需的流动资金。

1. 预付备料款限额

建设单位向施工企业预付备料款的限额取决于以下因素：

（1）工程项目中主要材料占工程合同造价的比重，包括外购构件。

（2）材料储备期。

（3）施工工期。

为了简化计算，在实际工作中，预付备料款的限额可按预付款占工程合同造价的额度计算。其计算公式为：

$$预付备料款限额 = 工程合同造价 \times 预付备料款额度 \qquad (6-1)$$

式中，预付备料款额度的取值应遵循下列规定：

（1）建筑工程通常不应超过年建筑工程工程量的30%，包括水、电、暖。

（2）安装工程通常不应超过年安装工程量的10%。

（3）材料占比重较大的安装工程按年计划产值的15%左右拨付。

对于材料由建设单位供给的只包工不包料的工程，则可以不预付工程备料款。

2. 预付备料款扣回

当工程进展到一定阶段，随着工程所需储备的主要材料和结构件逐步减少，建设单位应将开工前预付的备料款，以抵充工程进度款的方式陆续扣回，并在竣工结算前全部扣清。

当未施工工程所需的主要材料和结构件的价值恰好等于工程预付备料款数额时，开始起扣工程预付备料款。

6.1.3 工程进度款结算

工程进度款是指工程项目开工后，施工企业按照工程施工进度和施工合同的规定，以当月（期）完成的工程量为依据计算各项费用，向建设单位办理结算的工程价款。通常在月初结算上月完成的工程进度款。

工程进度款的结算分为以下三种情况：

1. 开工前期进度款结算

开工前期是指从工程项目开工到施工进度累计完成的产值小于"起扣点"的这段期间。其计算公式为：

$$本月（期）应结算的工程进度款 = 本月（期）已完成产值$$
$$= \Sigma 本月已完成工程量 \times 预算单价 + 相应收取的其他费用 \qquad (6-2)$$

2. 施工中期进度款结算

施工中期是当工程施工进度累计完成的产值达到"起扣点"以后，到工程竣工结束前一个月的这段期间。

此时，每月结算的工程进度款，应扣除当月（期）应扣回的工程预付备料款。其计算公式为：

$$本月（期）应抵扣的预付备料款 = 本月（期）已完成产值 \times 主材费所占比重 \qquad (6-3)$$
$$本月（期）应结算的工程进度款 = 本月（期）已完成产值 - 本月（期）应抵扣的$$
$$预付备料款 = 本月（期）已完成产值 \times （1 - 主材费所占比重） \qquad (6-4)$$

对于"起扣点"恰好处在本月完成产值的当月，其计算公式为：

$$"起扣点"当月应抵扣的预付备料款 = （累计完成产值 - 起扣点）$$
$$\times 主材费所占比重 \qquad (6-5)$$

"起扣点"当月应结算的工程进度款 = 本月（期）已完成产值

　　　　　－（累计完成产值－起扣点）×主材费所占比重　　　　　　（6-6）

3. 工程尾期进度款结算

按照国家有关规定，工程项目总造价中应预留一定比例的尾留款（又称保留金）作为质量保修费用。待工程项目保修期结束后，根据保修情况最后支付。

工程尾期（最后月）的进度款除按施工中期的办法结算外，还应扣留"保留金"。其计算公式为：

$$应扣保留金 = 工程合同造价 \times 保留金比例 \qquad (6-7)$$

式中，保留金比例按合同规定计取，通常取 5%。

最后月（期）应结算的工程尾款 = 最后月（期）完成产值

　　　　　×（1－主材费所占比重）－应扣保留金　　　　　　（6-8）

【例 6-1】某施工企业承包的建筑工程合同造价为 800 万元。双方签订的合同规定：工程预付备料款额度为 18%，工程进度款达到 68% 时，开始起扣工程预付备料款。经测算，其主材费所占比重为 56%，设该企业在累计完成工程进度 64% 后的当月，完成工程的产值为 80 万元。试计算该月应收取的工程进度款及应归还的工程预付备料款。

【解】

（1）该企业当月所完成的工程进度为：

　　（80÷800）×100% = 10%

即当月的工程进度从 64% 开始，到 74% 结束。起扣点 68% 位于月中。

（2）该企业在起扣点前应收取的工程进度款为：

　　800×（68%－64%）= 800×4% = 32 万元

（3）公式（9.5）知：该企业在起扣点后应收取的工程进度款为：

　　（80－32）×（1－56%）= 48×44% = 21.12 万元

（4）该企业当月共计应收取的工程进度款为：

　　32＋21.12 = 53.12 万元

（5）当月应归还的工程预付备料款为：

　　80－53.12 = 26.88 万元

　　或：（80－32）×56% = 26.88 万元

6.2　市政工程竣工结算

6.2.1　办理竣工结算的程序

（1）承包人应在合同约定时间内编制完成竣工结算书，并在提交竣工验收报告的同时递交给发包人。承包人未在合同约定时间内递交竣工结算书，经发包人催促后仍未提供或没有明确答复的，发包人可以根据已有资料办理结算。

对于承包人无正当理由在约定时间内未递交竣工结算书，造成工程结算价款延期支付的，其责任由承包人承担。

（2）发包人在收到承包人递交的竣工结算书后，应按合同约定时间核对。竣工结算的核对是工程造价计价中发、承包双方应共同完成的重要工作。按照交易的一般原则，任何交易结束，都应做到钱、货两清，工程建设也不例外。工程施工的发、承包活动作为期货交易行为，当工程竣工验收合格后，承包人将工程移交给发包人时，发、承包双方应将工程价款结算清楚，即竣工结算办理完毕。发、承包双方在竣工结算核对过程中的权、责主要体现在以下方面：

1）竣工结算的核对时间：按发、承包双方合同约定的时间完成。根据《最高人民法院关于审理建设工程施工合同纠纷案件适用法律问题的解释》（法释［2004］14号）第21条规定："当事人约定，发包人收到竣工结算文件后，在约定期限内不予答复，视为认可竣工结算文件的，按照约定处理。承包人请求按照竣工结算文件结算工程价款的，应予支持"。发、承包双方不仅应在合同中约定竣工结算的核对时间，并应约定发包人在约定时间内对竣工结算不予答复，视为认可承包人递交的竣工结算。

合同中对核对竣工结算时间没有约定或约定不明的，根据财政部、原建设部印发的《建设工程价款结算暂行办法》（财建［2004］369号）的有关规定，按表6-3规定时间进行核对并提出核对意见。

工程竣工结算核对的时间规定 表6-3

序　号	工程竣工结算书金额	核对时间
1	500万元以下	从接到竣工结算书之日起20d
2	500万～2000万元	从接到竣工结算书之日起30d
3	2000万～5000万元	从接到竣工结算书之日起45d
4	5000万元以上	从接到竣工结算书之日起60d

建设项目竣工总结算在最后一个单项工程竣工结算核对确认后15d内汇总，送发包人后30d内核对完成。合同约定或《建设工程工程量清单计价规范》（GB 50500—2013）规定的结算核对时间含发包人委托工程造价咨询人核对的时间。

2）《建设工程工程量清单计价规范》（GB 50500—2013）还规定："同一工程竣工结算核对完成，发、承包双方签字确认后，禁止发包人又要求承包人与另一个或多个工程造价咨询人重复核对竣工结算。"这有效地解决了工程竣工结算中存在的一审再审、以审代拖、久审不结的现象。

（3）发包人或受其委托的工程造价咨询人收到承包人递交的竣工结算书后，在合同约定时间内，不核对竣工结算或未提出核对意见的，视为承包人递交的竣工结算书已经认可，发包人应向承包人支付工程结算价款。

承包人在接到发包人提出的核对意见后，在合同约定时间内，不确认也未提出异议的，视为发包人提出的核对意见已经认可，竣工结算办理完毕。发包人按核对意见中的竣工结算金额向承包人支付结算价款。

承包人如未在规定时间内提供完整的工程竣工结算资料，经发包人催促后14d内仍未提供或没有明确答复，发包人有权根据已有资料进行审查，责任由承包人自负。

（4）发包人应对承包人递交的竣工结算书签收，拒不签收的，承包人可以不交付竣工工程。

承包人未在合同约定时间内递交竣工结算书的，发包人要求交付竣工工程，承包人应当交付。

（5）竣工结算书是反映工程造价计价规定执行情况的最终文件。工程竣工结算办理完毕，发包人应将竣工结算书报送工程所在地工程造价管理机构备案。竣工结算书作为工程竣工验收备案、交付使用的必备文件。

（6）竣工结算办理完毕，发包人应根据确认的竣工结算书在合同约定时间内向承包人支付工程竣工结算价款。

（7）工程竣工结算办理完毕后，发包人应按合同约定向承包人支付工程价款。发包人按合同约定应向承包人支付而未支付的工程款视为拖欠工程款。根据《最高人民法院关于审理建设工程施工合同纠纷案件适用法律问题的解释》（法释［2004］14 号）第 17 条："当事人对欠付工程价款利息计付标准有约定的，按照约定处理；没有约定的，按照中国人民银行发布的同期同类贷款利率信息。发包人应向承包人支付拖欠工程款的利息，并承担违约责任。"和《合同法》第 286 条："发包人未按照合同约定支付价款的，承包人可以催告发包人在合理期限内支付价款。发包人逾期不支付的，除按照建设工程的性质不宜折价、拍卖的以外，承包人可以与发包人协议将该工程折价，也可以申请人民法院将该工程依法拍卖。建设工程的价款就该工程折价或者拍卖的价款优先受偿"等规定。《建设工程工程量清单计价规范》（GB 50500—2013）指出："发包人未在合同约定时间内向承包人支付工程结算价款的，承包人可催告发包人支付结算价款。如达成延期支付协议的，发包人应按同期银行同类贷款利率支付拖欠工程价款的利息。如未达成延期支付协议，承包人可以与发包人协商将该工程折价，或申请人民法院将将该工程依法拍卖。承包人就该工程折价或者拍卖的价款优先受偿。"

所谓优先受偿，最高人民法院在《关于建设工程价款优先受偿权的批复》（法释［2002］16 号）中规定如下：

1）人民法院在审理房地产纠纷案件和办理执行案件中，应当依照《合同法》第 286 条的规定，认定建筑工程的承包人优先受偿权优于抵押权和其他债权。

2）消费者交付购买商品房的全部或者大部分款项后，承包人就该商品房享有的工程价款优先受偿权不得对抗买受人。

3）建筑工程价款包括承包人为建设工程应当支付的工作人员报酬、材料款等实际支出的费用，不包括承包人因发包人违约所造成的损失。

4）建设工程承包人行使优先权的期限为 6 个月，自建设工程竣工之日或者建设工程合同约定的竣工之日起计算。

6.2.2 工程竣工结算方式

工程竣工结算方式通常包括以下四种方式：

1. 施工图预算加签证结算方式

施工图预算加签证结算方式是把经过审定的施工图预算作为工程竣工结算的依据。凡原施工图预算或工程量清单中未包括的"新增工程"，在施工过程中历次发生的由于设计变更、进度变更、施工条件变更所增减的费用等。经设计单位、建设单位和监理单位签证后，与原施工图预算一起构成竣工结算文件，交付建设单位经审计后办理竣工结算。这种结算方式难以预先估计工程总的费用变化幅度，常常会造成追加工程投资的现象。

2. 预算包干结算方式

预算包干结算（也称施工图预算加系数包干结算）是在编制施工图预算的同时，另外计取预算外包干费。

$$预算外包干费 = 施工图预算造价 \times 包干系数 \qquad (6\text{-}9)$$
$$结算工程价款 = 施工图预算造价 \times （1 + 包干系数） \qquad (6\text{-}10)$$

其中，包干系数由施工企业和建设单位双方商定，经有关部门审批确定。

在签订合同条款时，预算外包干费要明确包干范围。这种结算方式可以减少签证方面的扯皮现象，预先估计总的工程造价。

3. 单位造价包干结算方式

单位造价包干结算方式是双方根据以往工程的概算指标等工程资料事先协商按单位造价指标包干，然后按各市政工程的基本单位指标汇计总造价，确定应付工程价款。此方式手续简便，但其适用范围有一定的局限性。

4. 招、投标结算方式

招标的标底，投标的标价均以施工图预算为基础核定，投标单位对报价进行合理浮动。中标后，招标单位与投标单位按照中标报价、承包方式、范围、工期、质量、付款及结算办法、奖惩规定等内容签订承包合同，合同确定的工程造价就是结算造价。工程造价结算时，奖惩费用、包干范围外增加的工程项目应另行计算。

6.2.3　工程竣工结算的编制

1. 竣工结算的编制依据

工程结算的编制依据主要有以下内容：

（1）国家有关法律、法规、规章制度和相关的司法解释。

（2）国务院建设行政主管部门以及各省、自治区、直辖市和有关部门发布的工程造价计价标准、计价办法、有关规定及相关解释。

（3）施工发承包合同、专业分包合同及补充合同，有关材料、设备采购合同。

（4）招标投标文件，包括招标答疑文件、投标承诺、中标报价书及其组成内容。

（5）工程竣工图或施工图、施工图会审记录，经批准的施工组织设计，以及设计变更、工程洽商和相关会议纪要。

（6）经批准的开、竣工报告或停、复工报告。

（7）建设工程工程量清单计价规范或工程预算定额、费用定额及价格信息、调价规定等。

（8）工程预算书。

（9）影响工程造价的相关资料。

（10）结算编制委托合同。

2. 竣工结算的内容

工程结算采用工程量清单计价的应包括：

（1）工程项目的所有分部分项工程量，以及实施工程项目采用的措施项目工程量；

为完成所有工程量并按规定计算的人工费、材料费和设备费、机械费、间接费、利润和税金。

（2）分部分项和措施项目以外的其他项目所需计算的各项费用。

3. 竣工结算编制方法

（1）工程结算的编制应区分施工发承包合同类型，采用相应的编制方法。具体见表6-4。

序　号	合同类型	编　制　方　法
1	采用总价合同	在合同价基础上对设计变更、工程洽商以及工程索赔等合同约定可以调整的内容进行调整
2	采用单价合同	计算或核定竣工图或施工图以内的各个分部分项工程量，依据合同约定的方式确定分部分项工程项目价格，并对设计变更、工程洽商、施工措施以及工程索赔等内容进行调整
3	采用成本加酬金合同	依据合同约定的方法计算各个分部分项工程以及设计变更、工程洽商、施工措施等内容的工程成本，并计算酬金及有关税费

（2）工程结算中涉及工程单价调整时，应当遵循以下原则：

1）合同中已有适用于变更工程、新增工程单价的，按已有的单价结算。

2）合同中有类似变更工程、新增工程单价的，可以参照类似单价作为结算依据。

3）合同中没有适用或类似变更工程、新增工程单价的，结算编制受托人可商洽承包人或发包人提出适当的价格，经对方确认后作为结算依据。

（3）工程结算编制中涉及的工程单价应按合同要求分别采用综合单价或工料单价。工程量清单计价的工程项目应采用综合单价，即把分部分项工程单价综合成全费用单价，其内容包括直接费（直接工程费和措施费）、间接费、利润和税金，经综合计算后生成。各分项工程量乘以综合单价的合价汇总后，生成工程结算价。

4. 竣工结算编制程序

工程结算应按准备、编制和定稿3个工作阶段进行，并实行编制人、校对人和审核人分别署名盖章确认的内部审核制度。每个阶段的具体内容见表6-5。

序　号	阶　段	具　体　内　容
1	准备阶段	1. 收集与工程结算编制相关的原始资料 2. 熟悉工程结算资料内容，进行分类、归纳、整理 3. 召集相关单位或部门的有关人员参加工程结算预备会议，对结算内容和结算资料进行核对与充实完善 4. 收集建设期内影响合同价格的法律和政策性文件

序 号	阶 段	具 体 内 容
2	编制阶段	1. 根据竣工图及施工图以及施工组织设计进行现场踏勘，对需要调整的工程项目进行观察、对照、必要的现场实测和计算，做好书面或影像记录 2. 按既定的工程量计算规则计算需调整的分部分项、施工措施或其他项目工程量 3. 按招标投标文件、施工发承包合同规定的计价原则和计价办法对分部分项、施工措施或其他项目进行计价 4. 对于工程量清单或定额缺项以及采用新材料、新设备、新工艺的，应根据施工过程中的合理消耗和市场价格，编制综合单价或单位估价分析表 5. 工程索赔应按合同约定的索赔处理原则、程序和计算方法，提出索赔费用，经发包人确认后作为结算依据 6. 汇总计算工程费用，包括编制分部分项工程费、施工措施项目费、其他项目费、零星工作项目费或直接费、间接费、利润和税金等表格，初步确定工程结算价格 7. 编写编制说明 8. 计算主要技术经济指标 9. 提交结算编制的初步成果文件待校对、审核
3	定稿阶段	1. 由结算编制受托人单位的部门负责人对初步成果文件进行检查、校对 2. 由结算编制受托人单位的主管负责人审核批准 3. 在合同约定的期限内，向委托人提交经编制人、校对人、审核人和受托人单位盖章确认的正式的结算编制文件

6.2.4 市政工程竣工结算审查

1. 工程结算审查依据

工程结算审查的依据主要有：

（1）工程结算审查委托合同和完整、有效的工程结算文件。

（2）国家有关法律、法规、规章制度和相关的司法解释。

（3）国务院建设行政主管部门以及各省、自治区、直辖市和有关部门发布的工程造价计价标准、计价办法、有关规定及相关解释。

（4）施工发承包合同、专业分包合同及补充合同，有关材料、设备采购合同；招标投标文件，包括招标答疑文件、投标承诺、中标报价书及其组成内容。

（5）工程竣工图或施工图、施工图会审记录，经批准的施工组织设计，以及设计变更、工程洽商和相关会议纪要。

（6）经批准的开、竣工报告或停、复工报告。

（7）建设工程工程量清单计价规范或工程预算定额、费用定额及价格信息、调价规定等。

（8）工程结算审查的其他专项规定。

（9）影响工程造价的其他相关资料。

2. 工程结算审查内容

（1）审查结算的递交程序和资料的完备性。

1）审查结算资料递交手续、程序的合法性，以及结算资料具有的法律效力。

2）审查结算资料的完整性、真实性和相符性。

（2）审查与结算有关的各项内容。

1）建设工程发承包合同及其补充合同的合法性和有效性。

2）施工发承包合同范围以外调整的工程价款。

3）分部分项、措施项目、其他项目工程量及单价。

4）发包人单独分包工程项目的界面划分和总包人的配合费用。

5）工程变更、索赔、奖励及违约费用。

6）取费、税金、政策性以及材料价差计算。

7）实际施工工期与合同工期发生差异的原因和责任，以及对工程造价的影响程度。

8）其他涉及工程造价的内容。

3. 工程结算审查程序

工程结算审查应按准备、审查和审定3个工作阶段（表6-6）进行，并实行编制人、校对人和审核人分别署名盖章确认的内部审核制度。

工程结算审查程序   表6-6

序 号	阶 段	具 体 内 容
1	准备阶段	1. 审查工程结算手续的完备性、资料内容的完整性，对不符合要求的应退回限时补正 2. 审查讨价依据及资料与工程结算的相关性、有效性 3. 熟悉招标投标文件、工程发承包合同、主要材料设备采购合同及相关文件 4. 熟悉竣工图纸或施工图纸、施工组织设计、工程状况，以及设计变更、工程洽商和工程索赔情况等
2	审查阶段	1. 审查结算项目范围、内容与合同约定的项目范围、内容的一致性 2. 审查工程量计算准确性、工程量计算规则与计价规范或定额保持一致性 3. 审查结算单价时应严格执行合同约定或现行的计价原则、方法。对于清单或定额缺项以及采用新材料、新工艺的，应根据施工过程中的合理消耗和市场价格审核结算单价 4. 审查变更身份证凭据的真实性、合法性、有效性，核准变更工程费用 5. 审查索赔是否依据合同约定的索赔处理原则、程序和计算方法以及索赔费用的真实性、合法性、准确性 6. 审查取费标准时，应严格执行合同约定的费用定额标准及有关规定，并审查取费依据的时效性、相符性 7. 编制与结算相对应的结算审查对比表
3	审定阶段	1. 工程结算审查初稿编制完成后，应召开由结算编制人、结算审查委托人及结算审查受托人共同参加的会议，听取意见，并进行合理的调整 2. 由结算审查受托人单位的部门负责人对结算审查的初步成果文件进行检查、校对 3. 由结算审查受托人单位的主管负责人审核批准 4. 发承包双方代表人和审查人应分别在"结算审定签署表"上签字并加盖公章 5. 对结算审查结论有分歧的，应在出具结算审查报告前，至少组织两次协调会；凡不能共同签认的，审查受托人可适时结束审查工作，并作出必要说明 6. 在合同约定的期限内，向委托人提交经结算审查编制人、校对人、审核人和受托人单位盖章确认的正式的结算审查报告

4. 工程结算审查方法

（1）工程结算的审查应依据施工发承包合同约定的结算方法进行，根据施工发承包合同类型，采用不同的审查方法。见表 6-7。

工程结算审查方法 表 6-7

序号	合同类型	编 制 方 法
1	采用总价合同	在合同价基础上对设计变更、工程洽商以及工程索赔等合同约定可以调整的内容进行调整
2	采用单价合同	审查施工图以内的各个分部分项工程量，依据合同约定的方式审查分部分项工程项目价格，并对设计变更、工程洽商、工程索赔等调整内容进行审查
3	采用成本加酬金合同	依据合同约定的方法审查各个分部分项工程以及设计变更、工程洽商等内容的工程成本，并审查酬金及有关税费的取定

（2）除非已有约定，对已被列入审查范围的内容，结算应采用全面审查的方法。

（3）对法院、仲裁或承发包双方合意共同委托的未确定计价方法的工程结算审查或鉴定，结算审查受托人可根据事实和国家法律、法规和建设行政主管部门的有关规定，独立选择鉴定或审查适用的计价方法。

6.3 市政工程竣工决算

6.3.1 市政工程竣工决算内容

市政工程竣工决算应包括从筹建到竣工投产全过程的全部实际支出费用，即市政公用工程费用、安装工程费用、设备工器具购置费用和其他费用等。项目竣工决算的内容主要包括项目竣工财务决算说明书、项目竣工财务决算报表、项目造价分析资料表三部分。

1. 项目竣工财务决算说明书

项目竣工财务决算说明书总括反映竣工工程建设成果和经验，是全面考核分析工程投、资与造价的书面总结，是竣工决算报告的重要组成部分，其主要内容包括：

（1）建设项目概况，主要是对项目的建设工期、工程质量、投资效果，以及设计、施工等各方面的情况进行概括分析和说明。

（2）建设项目投资来源、占用（运用）、会计财务处理、财产物资情况，以及项目债权债务的清偿情况等分析说明。

（3）建设项目资金节超、竣工项目资金结余、上交分配等说明。

（4）建设项目各项主要技术经济指标的完成比较、分析评价等。

（5）建设项目管理及竣工决算中存在的问题和处理意见。

（6）建设项目竣工决算中需要说明的其他事项等。

2. 项目竣工财务决算报表

根据财政部的规定，市政工程竣工财务决算报表分为大中型项目竣工财务决算报表和小型项目竣工财务决算报表。

（1）大中型建设项目竣工财务决算报表。大中型建设项目竣工财务决算报表包括：

竣工工程概况表（表6-8）、竣工财务决算表（表6-9）、交付使用财产总表（表6-10）。

大中型建设项目竣工工程概况表　　　　　　表6-8

建设项目名称						项　　目	概算/元	实际/元	说明
建设地址		占地面积/m²			建设成本	建筑安装工程			
		设　计	实　际			设备、工具、器具			
新增生产能力	能力或效益名称	设　计	实　际			其他基本建设			
						其中：土地征用费			
						生产职工培训费			
						施工机构迁移费			
建设时间	计划	从 年 月 开工至 年 月竣工				建设单位管理费			
	实际	从 年 月 开工至 年 月竣工				联合试车费			
						出国考察费			
						勘察设计费			
初步设计和概算批准机关日期、文号						合　　计			
完成主要工程量	名　称	单　位	数　量		主要材料消耗	名　称	单　位	概　算	实　际
						钢　材	t		
建筑面积和设备	m²	设计	设计			木　材	m³		
	台/t					水　泥	t		
收尾工程	工程内容	投资额	负责单位	完成时间	主要技术经济指标：				

大中型建设项目竣工财务决算表　　　　　　表6-9

建设项目名称：　　　　　　　　　　　　　　　　　　　　　　　（千元）

资金来源	金额	资金运用	金额	备　　注
一、基建预算拨款 二、基建其他拨款 三、基建收入 四、专项基金 五、应付款 　合　　计		一、交付使用财产 二、在建工程 三、应核销投资支出 　1. 拨付其他单位基建款 　2. 移交其他单位未完工程 　3. 报废工程损失 四、应核销其他支出 　1. 器材销售亏损 　2. 器材折价损失 　3. 设备报废盈亏 五、器材 　1. 需要安装设备 　2. 库存材料 六、专用基金财产 七、应收款 八、银行存款及现金 　　　合　　计		补充资料 基本建设收入 　总计 其中：应上交财政 　　　已上交财政 　　　支出

209

大中型建设项目交付使用财产总表　　　　　　　　　　表6-10

建设项目名称：　　　　　　　　　　　　　　　　　　　　　　　　　　　　（元）

工程项目名称	总计	固定资产				流动资产
		合计	建筑安装工程	设备	其他费用	

交付单位盖章　　　　　　　　　　　　　　　　　　　　　接收单位盖章
　　年　月　日　　　　　　　　　　　　　　　　　　　　　年　月　日

　　（2）小型建设项目竣工财务决算报表。小型建设项目竣工决算报表包括：小型建设项目交付使用财产明细表（表6-11），小型建设项目竣工决算总表（表6-12）。

小型建设项目交付使用财产明细表　　　　　　　　　表6-11

建设项目名称

工程项目名称	建设工程			设备、器具、工具、家具					
	结构	面积/m²	价值/元	名称	规格型号	单位	数量	价值/元	设备安装费

交付单位盖章　　　　　　　　　　　　　　　　　　　　　接收单位盖章
　　年　月　日　　　　　　　　　　　　　　　　　　　　　年　月　日

小型建设项目竣工决算总表　　　　　　　　　　　表6-12

建设项目名称				设计	实际		项　目	金额/元	主要事项说明
建设地址			占地面积/m²			资金来源	1. 基建预算拨款		
新增生产能力	能力或效益名称	设计	实际	初步设计或概算批准机关日期			2. 基建其他拨款		
							3. 应付款		
							4. ……		
							合　计		
建设时间	计划	从　年　月开工至　年　月竣工							
	实际	从　年　月开工至　年　月竣工							
建设成本	项　目		概算/元	实际/元		资金运用	1. 交付使用固定资产		
	建筑安装工程 设备、工具、器具 其他基本建设 1. 土地征用费 2. 生产职工培训费 3. 联合试车费 …… 合　计						2. 交付使用流动资产 3. 应核销投资支出 4. 应核销其他支出 5. 库存设备、材料 6. 银行存款及现金 7. 应收款 8. …… 合　计		

210

3. 项目造价分析资料表

在竣工决算报告中必须对控制工程造价所采取的措施、效果以及其动态的变化进行认真的比较分析，总结经验教训。批准的概算是考核市政公用工程造价的依据，在分析时，可将决算报表中所提供的实际数据和相关资料与批准的概算、预算指标进行对比，以确定竣工项目总造价是节约还是超支。

为考核概算执行情况，正确核实市政工程造价，财务部门应做到以下几点：

（1）必须积累各种概算动态变化资料表（如材料价差表、设备价差表、人工价差表、费率价差表等）和设计方案变化资料，以及对工程造价有重大影响的设计变更资料。

（2）考察竣工形成的实际工程造价节约或超支的数额，为了便于进行比较，可先对比整个项目的总概算。

（3）对比工程项目（或单项工程）的综合概算和其他工程费用概算。

（4）对比单位工程概算，并分别将建筑安装工程，设备、工器具购置和其他基建费用逐一与项目竣工决算编制的实际工程造价进行对比，找出节约或超支的具体环节。

实际工作中，应主要分析以下内容：

1）主要实物工作量。

2）主要材料消耗量。

3）考核建设单位管理费、建筑及安装工程间接费的取费标准。

6.3.2 工程竣工决算的编制

1. 工程竣工决算的编制依据

（1）经批准的可行性研究报告及其投资估算。

（2）经批准的初步设计或扩大初步设计及其概算或修正概算。

（3）经批准的施工图设计及其施工图预算。

（4）设计交底或图纸会审纪要。

（5）招标投标的标底、承包合同、工程结算资料。

（6）施工记录或施工签证单，以及其他施工中发生的费用记录，如：索赔报告与记录、停（交）工报告等。

（7）竣工图及各种竣工验收资料。

（8）历年基建资料、历年财务决算及批复文件。

（9）设备、材料调价文件和调价记录。

（10）有关财务核算制度、办法和其他有关资料、文件等。

2. 工程竣工决算的编制程序

市政工程项目竣工决算的编制程序如下：

（1）收集、整理、分析原始资料。从建设工程开始就按编制依据的要求，收集、清点、整理有关资料，主要包括建设工程档案资料，如设计文件、施工记录、上级批文、概（预）算文件、工程结算的归集整理，财务处理、财产物资的盘点核实及债权债务的清偿，做到账账、账证、账实、账表相符。对各种设备、材料、工具、器具等要逐项盘点核实并填列清单，妥善保管，或按照国家有关规定处理，不准任意侵占和挪用。

（2）对照、核实工程变动情况，重新核实各单位工程、单项工程造价。将竣工资料与原设计图纸进行查对、核实，必要时可实地测量，确认实际变更情况；根据经审定的施工单位竣工结算等原始资料，按照有关规定对原概（预）算进行增减调整，重新核定工程造价。

（3）将审定后的待摊投资、设备工器具投资、建筑安装工程投资、工程建设其他投资严格划分和核定后，分别计入相应的建设成本栏目内。

（4）编制竣工财务决算说明书，力求内容全面、简明扼要、文字流畅、说明问题。

（5）填报竣工财务决算报表。

（6）做好工程造价对比分析。

（7）清理、装订好竣工图。

（8）按国家规定上报、审批、存档。

6.3.3　市政工程竣工决算的审查

项目竣工决算编制完成后，在建设单位或委托咨询单位自查的基础上，应及时上报主管部门并抄送有关部门审查，必要时，应经有权机关批准的社会审计机构组织的外部审查。大中型市政建设项目的竣工决算，必须报该建设项目的批准机关审查，并抄送省、自治区、直辖市财政厅、局和财政部审查。

1. 竣工决算审查的内容

市政工程竣工决算一般由建设主管部门会同建设银行进行会审。项目竣工决算应重点审查以下内容：

（1）根据批准的设计文件，审查有无计划外的工程项目。

（2）根据批准的概（预）算或包干指标，审查建设成本是否超标，并查明超标原因。

（3）根据财务制度，审查各项费用开支是否符合规定，有无乱摊、乱挤建设成本、扩大开支范围和提高开支标准的问题。

（4）报废工程和应核销的其他支出中，各项损失是否经过有关机构的审批同意。

（5）历年建设资金投入和结余资金是否真实准确。

（6）审查和分析投资效果。

2. 竣工决算审查的程序

市政工程竣工决算的审查应遵循下列程序：

（1）建设项目开户银行签署意见并盖章。

（2）建设项目所在地财政监察专员办事机构签署审批意见并盖章。

（3）主管部门或地方财政部门签署审批意见。

附录 A 工程量清单计价常用表格格式及填制说明

【表样】招标工程量清单封面：封-1

【要点说明】封面应填写招标工程项目的具体名称，招标人应盖单位公章，如委托工程造价咨询人编制，还应由其加盖相同单位公章。

_____ 工程

招标工程量清单

招 标 人：_____
(单位盖章)

造价咨询人：_____
(单位盖章)

___年 ___月 ___日

封-1

【表样】招标控制价封面：封-2

【要点说明】封面应填写招标工程项目的具体名称，招标人应盖单位公章，如委托工程造价咨询人编制，还应由其加盖相同单位公章。

_____工程

招 标 控 制 价

招 标 人：_____
（单位盖章）

造价咨询人：_____
（单位盖章）

___ 年 ___ 月 ___ 日

封-2

214

【表样】投标总价封面：封-3

【要点说明】应填写投标工程的具体名称，投标人应盖单位公章。

_____ 工程

投 标 总 价

投 标 人：_____
（单位盖章）

___ 年 ___ 月 ___ 日

【表样】 竣工结算书封面：封-4

【要点说明】 应填写竣工工程的具体名称，发承包双方应盖其单位公章，如委托工程造价咨询人办理的，还应加盖其单位公章。

_____ 工程

竣 工 结 算 书

发 包 人：_____
（单位盖章）

承 包 人：_____
（单位盖章）

造价咨询人：_____
（单位盖章）

____ 年 ____ 月 ____ 日

封-4

【表样】工程造价鉴定意见书封面：封-5

【要点说明】应填写鉴定工程项目的具体名称，填写意见书文号，工程造价咨询人盖单位公章。

_____ 工程

编号：×××〔2×××〕××号

工程造价鉴定意见书

造价咨询人：_____
（单位盖章）

___年 ___月 ___日

【表样】招标工程量清单扉页：扉-1

【要点说明】

（1）招标人自行编制工程量清单时，由招标人单位注册的造价人员编制，招标人盖单位公章，法定代表人或其授权人签字或盖章。编制人是造价工程师的，由其签字盖执业专用章；编制人是造价员的。在编制人栏签字盖专用章，应由造价工程师复核，并在复核人栏签字盖执业专用章。

（2）招标人委托工程造价咨询人编制工程量清单时，由工程造价咨询人单位注册的造价人员编制，工程造价咨询人盖单位资质专用章，法定代表人或其授权人签字或盖章。编制人是造价工程师的，由其签字盖执业专用章；编制人是造价员的，在编制人栏签字盖专用章，应由造价工程师复核，并在复核人栏签字盖执业专用章。

_____ 工程

招标工程量清单

招标人： _____   造价咨询人： _____

（单位盖章）   （单位资质专用章）

法定代表人   法定代表人

或其授权人： _____   或其授权人： _____

（签字或盖章）   （签字或盖章）

编 制 人： _____   复 核 人： _____

（造价人员签字盖专用章）   （造价工程师签字盖专用章）

编制时间： 年 月 日   复核时间： 年 月 日

扉-1

【表样】招标控制价扉页：扉-2

【要点说明】

（1）招标人自行编制招标控制价时，由招标人单位注册的造价人员编制，招标人盖单位公章，法定代表人或其授权人签字或盖章。编制人是造价工程师的，由其签字盖执业专用章；编制人是造价员的，由其在编制人栏签字盖专用章，应由造价工程师复核，并在复核人栏签字盖执业专用章。

（2）招标人委托工程造价咨询人编制招标控制价时，由工程造价咨询人单位注册的造价人员编制，工程造价咨询人盖单位资质专用章，法定代表人或其授权人签字或盖章。编制人是造价工程师的，由其签字盖执业专用章；编制人是造价员的，在编制人栏签字盖专用章，应由造价工程师复核。并在复核人栏签字盖执业专用章。

_____ 工程

招 标 控 制 价

招标控制价（小写）：_____

（大写）：_____

招标人：_____   造价咨询人：_____
（单位盖章）   （单位资质专用章）

法定代表人   法定代表人
或其授权人：_____   或其授权人：_____
（签字或盖章）   （签字或盖章）

编 制 人：_____   复 核 人：_____
（造价人员签字盖专用章）   （造价工程师签字盖专用章）

编制时间： 年 月 日   复核时间： 年 月 日

扉-2

219

【表样】投标总价扉页：扉-3

【要点说明】投标人编制投标报价时，由投标人单位注册的造价人员编制，投标人盖单位公章，法定代表人或其授权人签字或盖章，编制的造价人员（造价工程师或造价员）签字盖执业专用章。

投 标 总 价

招　标　人：＿＿＿＿＿＿＿＿＿＿＿＿＿＿＿＿＿＿＿

工 程 名 称：＿＿＿＿＿＿＿＿＿＿＿＿＿＿＿＿＿＿＿

投标总价（小写）：＿＿＿＿＿＿＿＿＿＿＿＿＿＿＿＿

　　　　（大写）：＿＿＿＿＿＿＿＿＿＿＿＿＿＿＿＿

投　标　人：＿＿＿＿＿＿＿＿＿＿＿＿＿＿＿＿＿＿＿
　　　　　　　　　　　　（单位盖章）

法定代表人
或其授权人：＿＿＿＿＿＿＿＿＿＿＿＿＿＿＿＿＿＿＿
　　　　　　　　　　　　（签字或盖章）

编　制　人：＿＿＿＿＿＿＿＿＿＿＿＿＿＿＿＿＿＿＿
　　　　　　　　　　（造价人员签字盖专用章）

编制时间：　　年　月　日

【**表样**】竣工结算总价扉页：扉-4

【**要点说明**】

（1）承包人自行编制竣工结算总价，由承包人单位注册的造价人员编制，承包人盖单位公章，法定代表人或其授权人签字或盖章，编制的造价人员（造价工程师或造价员）在编制人栏签字盖执业专用章。

发包人自行核对竣工结算时，由发包人单位注册的造价工程师核对，发包人盖单位公章，法定代表人或其授权人签字或盖章，造价工程师在核对人栏签字盖执业专用章。

（2）发包人委托工程造价咨询人核对竣工结算时，由工程造价咨询人单位注册的造价工程师核对，发包人盖单位公章，法定代表人或其授权人签字或盖章；工程造价咨询人盖单位资质专用章，法定代表人或其授权人签字或盖章，造价工程师在核对人栏签字盖执业专用章。

除非出现发包人拒绝或不答复承包人竣工结算书的特殊情况，竣工结算办理完毕后，竣工结算总价封面发承包双方的签字、盖章应当齐全。

_____ 工程

竣工结算总价

签约合同价（小写）：_____ （大写）：_____

竣工结算价（小写）：_____ （大写）：_____

发包人：_____   承包人：_____   造价咨询人：_____
（单位盖章）   （单位盖章）   （单位资质专用章）

法定代表人   法定代表人   法定代表人
或其授权人：_____   或其授权人：_____   或其授权人：_____
（签字或盖章）   （签字或盖章）   （签字或盖章）

编　制　人：_____   核　对　人：_____
（造价人员签字盖专用章）   （造价工程师签字盖专用章）

编制时间：　　年　　月　　日   核对时间：　　年　　月　　日

扉-4

【要点说明】工程造价咨询人应盖单位资质专用章，法定代表人或其授权人签字或盖章，造价工程师签字盖章执业专用章

_____ 工程

工程造价鉴定意见书

鉴定结论：

造价咨询人：_____

（盖单位章及资质专用章）

法定代表人：_____

（签字或盖章）

造价工程师：_____

（签字盖专用章）

年　　月　　日

扉-5

【表样】 总说明：表-01

【要点说明】

1. 工程量清单，总说明的内容应包括：

（1）工程概况：如建设地址、建设规模、工程特征、交通状况、环保要求等。

（2）工程发包、分包范围。

（3）工程量清单编制依据：如采用的标准、施工图纸、标准图集等。

（4）使用材料设备、施工的特殊要求等。

（5）其他需要说明的问题。

2. 招标控制价，总说明的内容应包括：

（1）采用的计价依据。

（2）采用的施工组织设计。

（3）采用的材料价格来源。

（4）综合单价中风险因素、风险范围（幅度）。

（5）其他。

3. 投标报价，总说明的内容应包括：

（1）采用的计价依据。

（2）采用的施工组织设计。

（3）综合单价中风险因素、风险范围（幅度）。

（4）措施项目的依据。

（5）其他有关内容的说明等。

4. 竣工结算，总说明的内容应包括：

（1）工程概况。

（2）编制依据。

（3）工程变更。

（4）工程价款调整。

（5）索赔。

（6）其他等。

总　说　明

工程名称：　　　　　　　　　　　　　　　　　　　　　　　　　　第　页　共　页

| |
| |

表-01

223

【**表样**】招标控制价使用表-02、表-03、表-04。

【**要点说明**】

（1）由于编制招标控制价和投标控制价包含的内容相同，只是对价格的处理不同，因此，对招标控制价和投标报价汇总表的设计使用同一表格。实践中，招标控制价或投标报价可分别印制该表格。

（2）与招标控制价的表样一致，此处需要说明的是，投标报价汇总表与投标函中投标报价金额应当一致。就投标文件的各个组成部分而言，投标函是最重要的文件，其他组成部分都是投标函的支持性文件，投标函是必须经过投标人签字盖章，并且在开标会上必须当众宣读的文件。如果投标报价汇总表的投标总价与投标函填报的投标总价不一致，应当以投标函中填写的大写金额为准。实践中，对该原则一直缺少一个明确的依据，为了避免出现争议，可以在"投标人须知"中给予明确，用在招标文件中预先给予明示约定的方式来弥补法律法规依据的不足。

建设项目招标控制价/投标报价汇总表

工程名称：　　　　　　　　　　　　　　　　　　　　　　　　　　　第　页　共　页

序号	单项工程名称	金额（元）	其中：（元）		
			暂估价	安全文明施工费	规费
合　　计					

注：本表适用于建设项目招标控制价或投标报价的汇总。

表-02

单项工程招标控制价/投标报价汇总表

工程名称：　　　　　　　　　　　　　　　　　　　　　　　　　　　第　页　共　页

序号	单项工程名称	金额（元）	其中：（元）		
			暂估价	安全文明施工费	规费
合　　计					

注：本表适用于单项工程招标控制价或投标报价的汇总。暂估价包括分部分项工程中的暂估价和专业工程暂估价。

表-03

单位工程招标控制价/投标报价汇总表

工程名称： 标段： 第 页 共 页

序号	汇 总 内 容	金额（元）	其中：暂估价（元）
1	分部分项工程		
1.1			
1.2			
1.3			
1.4			
1.5			
2	措施项目		—
2.1	其中：安全文明施工费		—
3	其他项目		
3.1	其中：暂列金额		—
3.2	其中：专业工程暂估价		—
3.3	其中：计日工		—
3.4	其中：总承包服务费		—
4	规费		—
5	税金		—
招标控制价合计 = 1 + 2 + 3 + 4 + 5			

注：本表适用于单位工程招标控制价或投标报价的汇总，单项工程也使用本表汇总。

表-04

【表样】竣工结算汇总使用表-05、表-06、表-07。

建设项目竣工结算汇总表

工程名称： 第 页 共 页

序号	单项工程名称	金额（元）	其中：（元）	
			安全文明施工费	规费
	合 计			

表-05

225

单项工程竣工结算汇总表

工程名称：　　　　　　　　　　　　　　　　　　　　　　第　页　共　页

序号	单位工程名称	金额（元）	其中：（元）	
			安全文明施工费	规费
合　　计				

表-06

单位工程竣工结算汇总表

工程名称：　　　　　　　　标段：　　　　　　　　　　　第　页　共　页

序号	汇　总　内　容	金额（元）
1	分部分项工程	
1.1		
1.2		
1.3		
1.4		
1.5		
2	措施项目	
2.1	其中：安全文明施工费	
3	其他项目	
3.1	其中：专业工程结算价	
3.2	其中：计日工	
3.3	其中：总承包服务费	
3.4	其中：索赔与现场签证	
4	规费	
5	税金	
竣工结算总价合计＝1＋2＋3＋4＋5		

注：如无单位工程划分，单项工程也使用本表汇总。

表-07

【表样】 分部分项工程和单价措施项目清单与计价表：表-08

【要点说明】

（1）编制招标控制价时，其项目编码、项目名称、项目特征、计量单位、工程量栏不变，对"综合单价"、"合价"以及"其中：暂估价"按相关规定填写。

（2）编制投标报价时，招标人对表中的"项目编码"、"项目名称"、"项目特征"、"计量单位"、"工程量"均不应做改动。"综合单价"、"合价"自主决定填写，对其中的"暂估价"栏，投标人应将招标文件中提供了暂估材料单价的暂估价进入综合单价，并应计算出暂估单价的材料栏"综合单价"其中的"暂估价"。

分部分项工程和单价措施项目清单与计价表

工程名称：　　　　　　　　　　　　标段：　　　　　　　　　　　　第　页　共　页

序号	项目编码	项目名称	项目特征描述	计量单位	工程量	金 额（元）		
						综合单价	合价	其中
								暂估价
本页小计								
合　计								

注：为计取规费等的使用，可在表中增设其中："定额人工费"。

表-08

【表样】 综合单价分析表：表-09

【要点说明】 工程量清单综合单价分析表是评标委员会评审和判别综合单价组成以及其价格完整性、合理性的主要基础，对因工程变更、工程量偏差等原因调整综合单价也是必不可少的基础价格数据来源。采用经评审的最低投标价法评标时，该分析表的重要性更加突出。

综合单价分析表集中反映了构成每一个清单项目综合单价的各个价格要素的价格及主要的"工、料、机"消耗量。投标人在投标报价时，需要对每一个清单项目进行组价，为了使组价工作具有可追溯性（回复评标质疑时尤其需要），需要表明每一个数据的来源。该分析表实际上是投标人投标组价工作的一个阶段性成果文件，借助计算机辅助报价系统，可以由电脑自动生成，并不需要投标人付出太多额外劳动。

综合单价分析表一般随投标文件一同提交，作为已标价工程量清单的组成部分，以便中标后，作为合同文件的附属文件。投标人须知中需要就该分析表提交的方式作出规定，该规定需要考虑是否有必要对该分析表的合同地位给予定义。一般而言，该分析表所载明的价格数据对投标人是有约束力的，但是投标人能否以此作为投标报价中的错报和漏报等的依据而寻求招标人的补偿是实践中值得注意的问题。比较恰当的做法似乎应当是，通过评标过程中的清标、质疑、澄清、说明和补正机制，不但解决工程量清单综合单价的合理性问题，而且将合理化的综合单价反馈到综合单价分析表中，形成相互衔接、相互呼应的最终成果，在这种情况下，即便是将综合单价分析表定义为有合同约束力的文件，上述顾虑也就没有必要了。

编制综合单价分析表对辅助性材料不必细列，可归并到其他材料费中以金额表示。

综合单价分析表

工程名称：　　　　　　　　　　标段：　　　　　　　　　第 页 共 页

项目编码		项目名称		计量单位		工程量	
清单综合单价组成明细							

定额编号	定额项目名称	定额单位	数量	单　价				合　价			
				人工费	材料费	机械费	管理费和利润	人工费	材料费	机械费	管理费和利润
人工单价		小　计									
元/工日		未计价材料费									
清单项目综合单价											

材料费明细	主要材料名称、规格、型号	单位	数量	单价(元)	合价(元)	暂估单价(元)	暂估合价(元)
	其他材料费			—		—	
	材料费小计			—		—	

注：1. 如不使用省级或行业建设主管部门发布的计价依据，可不填定额编号、名称等。

2. 招标文件提供了暂估单价的材料，按暂估的单价填入表内"暂估单价"栏及"暂估合价"栏。

表-09

228

【表样】综合单价调整表：表-10

【要点说明】综合单价调整表用于由于各种合同约定调整因素出现时调整综合单价，此表实际上是一个汇总性质的表，各种调整依据应附表后，并且注意，项目编码、项目名称必须与已标价工程量清单保持一致，不得发生错漏，以免发生争议。

综合单价调整表

工程名称： 　　　　　　　　标段： 　　　　　　　　第 页 共 页

序号	项目编码	项目名称	已标价清单综合单价（元）					调整后综合单价（元）				
			综合单价	其　中				综合单价	其　中			
				人工费	材料费	机械费	管理费和利润		人工费	材料费	机械费	管理费和利润

造价工程师（签章）： 发包人代表（签章）：　　　　　　造价人员（签章）：发包人代表（签章）：

日期：　　　　　　　　　　　　　　　　　　　　日期：

注：综合单价调整应附调整依据。

表-10

229

【表样】总价措施项目清单与计价表：表-11。

【要点说明】

（1）编制工程量清单时，表中的项目可根据工程实际情况进行增减。

（2）编制招标控制价时，计费基础、费率应按省级或行业建设主管部门的规定记取。

（3）编制投标报价时，除"安全文明施工费"必须按《建设工程工程量清单计价规范》（GB 50500—2013）的强制性规定，按省级或行业建设主管部门的规定记取外，其他措施项目均可根据投标施工组织设计自主报价。

（4）编制工程结算时，如省级或行业建设主管部门调整了安全文明施工费，应按调整后的标准计算此费用，其他总价措施项目经发承包双方协商进行了调整的，按调整后的标准计算。

总价措施项目清单与计价表

工程名称：　　　　　　　　　标段：　　　　　　　　　第　页　共　页

序号	项目编码	项目名称	计算基础	费率（%）	金额（元）	调整费率（%）	调整后金额（元）	备注
		安全文明施工费						
		夜间施工增加费						
		二次搬运费						
		冬雨期施工增加费						
		已完工程及设备保护费						
		合　计						

编制人（造价人员）：　　　　　　　　　　　复核人（造价工程师）：

注：1. "计算基础"中安全文明施工费可为"定额基价"、"定额人工费"或"定额人工费 + 定额机械费"，其他项目可为"定额人工费"或"定额人工费 + 定额机械费"。

　　2. 按施工方案计算的措施费，若无"计算基础"和"费率"的数值，也可只填"金额"数值，但应在备注栏说明施工方案出处或计算方法。

表-11

230

【表样】其他项目清单与计价汇总表：表-12

【要点说明】

使用本表时，由于计价阶段的差异，应注意：

（1）编制招标工程量清单时，应汇总"暂列金额"和"专业工程暂估价"，以提供给投标报价。

（2）编制招标控制价时，应按有关计价规定估算"计日工"和"总承包服务费"。入招标工程量清单中未列"暂列金额"，应按有关规定编列。

（3）编制投标报价时，应按招标工程量清单提供的"暂估金额"和"专业工程暂估价"填写金额，不得变动。"计日工"、"总承包服务费"自主确定报价。

（4）编制或核对工程结算，"专业工程暂估价"按实际分包结算价填写，"计日工"、"总承包服务费"按双方认可的费用填写，如发生"索赔"或"现场签证"费用，按双方认可的金额计入该表。

其他项目清单与计价汇总表

工程名称：　　　　　　　　　标段：　　　　　　　　　　　　第　页　共　页

序号	项目名称	金额（元）	结算金额（元）	备注
1	暂列金额			明细详见表-12-1
2	暂估价			
2.1	材料（工程设备）暂估价/结算价	—	—	明细详见表-12-2
2.2	专业工程暂估价/结算价			明细详见表-12-3
3	计日工			明细详见表-12-4
4	总承包服务费			明细详见表-12-5
5	索赔与现场签证	—		明细详见表-12-6
	合　计			—

注：材料（工程设备）暂估价进入清单项目综合单价，此处不汇总。

表-12

【表样】 暂列金额明细表：表-12-1

【要点说明】 要求招标人能将暂列金额与你用项目列出明细，但如确实不能详列也可只列暂定金额总额，投标人应将上述暂列金额计入投标总价中。

暂列金额明细表

工程名称：　　　　　　　　　　标段：　　　　　　　　　　　　　　第 页 共 页

序号	项目名称	计量单位	暂定金额（元）	备注
1				
2				
3				
4				
5				
6				
合　计				—

注：此表由招标人填写，如不能详列，也可只列暂定金额总额，投标人应将上述暂列金额计入投标总价中。

表-12-1

232

【表样】材料（工程设备）暂估单价及调整表：表-12-2

【要点说明】暂估价是在招标阶段预见肯定要发生，只是因为标准不明确或者需要由专业承包人完成，暂时无法确定材料、工程设备的具体价格而采用的一种临时性计价方式。暂估价的材料、工程设备数量应在表内填写，拟用项目应在本表备注栏给予补充说明。

要求招标人针对每一类暂估价给出相应的拟用项目，即按照材料、工程设备的名称分别给出，这样的材料、工程设备暂估价能够纳入到清单项目的综合单价中。

还有一种是给一个原则性的说明，原则性说明对招标人编制工程量清单而言比较简单，能降低招标人出错的概率。但是，对投标人而言，则很难准确把握招标人的意图和目的，很难保证投标报价的质量，轻则影响合同的可执行力，极端的情况下，可能导致招标失败，最终受损失的也包括招标人自己，因此，这种处理方式是不可取的方式。

一般而言，招标工程量清单中列明的材料、工程设备的暂估价仅指此类材料、工程设备本身运至施工现场内工地地面价，不包括这些材料、工程设备的安装以及安装所必需的辅助材料以及发生在现场内的验收、存储、保管、开箱、二次搬运、从存放地点运至安装地点以及其他任何必要的辅助工作（以下简称"暂估价项目的安装及辅助工作"）所发生的费用。暂估价项目的安装及辅助工作所发生的费用应该包括在投标报价中的相应清单项目的综合单价中并且固定包死。

材料（工程设备）暂估单价及调整表

工程名称：　　　　　　　　　标段：　　　　　　　　　第　页　共　页

序号	材料（工程设备）名称、规格、型号	计量单位	数量		暂估（元）		确认（元）		差额±（元）		备注
			暂估	确认	单价	合价	单价	合价	单价	合价	
合　计											

注：此表由招标人填写"暂估单价"，并在备注栏说明暂估价的材料、工程设备拟用在哪些清单项目上，投标人应将上述材料暂估单价计入工程量清单综合单价报价中。

表-12-2

【表样】专业工程暂估价及结算价表：表-12-3

【要点说明】专业工程暂估价应在表内填写工程名称、工程内容、暂估金额，投标人应将上述金额计入投标总价中。

专业工程暂估价项目及其表中列明的专业工程暂估价，是指分包人实施专业工程的含税金后的完整价（即包含了该专业工程中所有供应、安装、完工、调试、修复缺陷等全部工作），除了合同约定的发包人应承担的总包管理、协调、配合和服务责任所对应的总承包服务费用以外，承包人为履行其总包管理、配合、协调和服务等所需发生的费用应该包括在投标报价中。

专业工程暂估价及结算价表

工程名称：　　　　　　　　　标段：　　　　　　　　　第　页　共　页

序号	工程名称	工程内容	暂估金额（元）	结算金额（元）	差额±（元）	备注
	合　计					

注：此表"暂估金额"由招标人填写，投标人应将"暂估金额"计入投标总价中，结算时按合同约定结算金额填写。

表-12-3

【表样】计日工表：表-12-4

【要点说明】

1. 编制工程量清单时，"项目名称"、"计量单位"、"暂估数量"由招标人填写。

2. 编制招标控制价时，人工、材料、机械台班单价由招标人按有关计价规定填写并计算合价。

3. 编制投标报价时，人工、材料、机械台班单价由招标人自主确定，按已给暂估数量计算合价计入投标总价中。

4. 结算时，实际数量按发承包双方确认的填写。

计 日 工 表

工程名称：　　　　　　　　　　　标段：　　　　　　　　　　　　　第　页　共　页

编号	项目名称	单位	暂定数量	实际数量	综合单价（元）	合价（元）	
						暂定	实际
一	人工						
1							
2							
人工小计							
二	材料						
1							
2							
材料小计							
三	施工机械						
1							
2							
施工机械小计							
四、企业管理费和利润							
总　计							

注：此表项目名称、暂定数量由招标人填写，编制招标控制价时，单价由招标人按有关计价规定确定；投标时，单价由投标人自主报价，按暂定数量计算合价计入投标总价中。结算时，按发承包双方确认的实际数量计算合价。

表-12-4

【表样】总承包服务费计价表：表-12-5

【要点说明】

（1）编制招标工程量清单时，招标人应将拟定进行专业发包的专业工程，自行采购的材料设备等决定清楚，填写项目名称、服务内容，以便投标人决定报价。

（2）编制招标控制价时，招标人按有关计价规定计价。

（3）编制投标报价时，由投标人根据工程量清单中的总承包服务内容，自主决定报价。

（4）办理工程结算时，发承包双发应按承包人已标价工程量清单中的报价计算，入发承包双发确定调整的，按调整后的金额计算。

总承包服务费计价表

工程名称：　　　　　　　　　　标段：　　　　　　　　　　　　第　页　共　页

序号	项目名称	项目价值（元）	服务内容	计算基础	费率（%）	金额（元）
1	发包人发包专业工程					
2	发包人供应材料					
	合　计					

注：此表项目名称、服务内容有招标人填写，编制招标控制价时，费率及金额由招标人按有关计价规定确定；投标时，费率及金额由投标人自主报价，计入投标总价中。

表-12-5

236

【表样】索赔与现场签证计价汇总表：表-12-6

【要点说明】本表是对发承包双方签证认可的"费用索赔申请（核准）表"和"现场签证表"的汇总。

索赔与现场签证计价汇总表

工程名称：　　　　　　　　标段：　　　　　　　　第　页　共　页

序号	签证及索赔项目名称	计量单位	数量	单价（元）	合价（元）	索赔及签证依据
—	本页小计					
—	合　计					

注：签证及索赔依据是指经双方认可的签证单和索赔依据的编号。

表-12-6

237

【表样】费用索赔申请（核准）表：表-12-7

【要点说明】本表将费用索赔申请与核准设置于一个表，非常直观。使用本表时，承包人代表应按合同条款的约定阐述原因，附上索赔证据、费用计算报发包人，经监理工程师复核（按照发包人的授权不论是监理工程师或发包人现场代表均可），经造价工程师（此处造价工程师可以是承包人现场管理人员，也可以是发包人委托的工程造价咨询企业的人员）复核具体费用，经发包人审核后生效，该表以在选择栏中"□"内作标识"√"表示。

费用索赔申请（核准）表

工程名称：　　　　　　　　　标段：　　　　　　　　　编号：

致：＿＿＿＿＿＿＿＿＿＿＿＿＿＿＿＿＿＿＿＿＿＿＿＿＿＿＿＿＿＿（发包人全称） 　　根据施工合同条款第＿＿＿＿条的约定，由于＿＿＿＿＿＿＿＿＿＿原因，我方要求索赔金额（大写）＿＿＿＿＿＿＿＿＿＿（小写＿＿＿＿），请予核准。 附：1. 费用索赔的详细理由和依据： 　　2. 索赔金额的计算： 　　3. 证明材料： 　　　　　　　　　　　　　　　　　　　　　　　　　　承包人（章） 　　造价人员＿＿＿＿＿＿＿承包人代表＿＿＿＿＿＿＿　日　期＿＿＿＿＿＿

复核意见： 　　根据施工合同条款第＿＿＿＿条的约定，你方提出的费用索赔申请经复核： 　　□不同意此项索赔，具体意见见附件。 　　□同意此项索赔，索赔金额的计算，由造价工程师复核。 　　　　　　　　　监理工程师＿＿＿＿＿ 　　　　　　　　　日　期＿＿＿＿＿	复核意见： 　　根据施工合同条款第＿＿＿＿条的约定，你方提出的费用索赔申请经复核，索赔金额为（大写）＿＿＿＿＿＿＿＿＿＿（小写＿＿＿＿）。 　　　　　　　　　造价工程师＿＿＿＿＿ 　　　　　　　　　日　期＿＿＿＿＿

审核意见： 　　□不同意此项索赔。 　　□同意此项索赔，与本期进度款同期支付。 　　　　　　　　　　　　　　　　　　　　　　　　　　发包人（章） 　　　　　　　　　　　　　　　　　　　　　　　　　　发包人代表＿＿＿＿＿ 　　　　　　　　　　　　　　　　　　　　　　　　　　日　期＿＿＿＿＿

注：1. 在选择栏中的"□"内作标识"√"。

　　2. 本表一式四份，由承包人填报，发包人、监理人、造价咨询人、承包人各存一份。

表-12-7

238

【表样】 现场签证表：表-12-8

【要点说明】 现场签证种类繁多，发承包双方在工程实施过程中来往信函就责任事件的证明均可称为现场签证，但并不是所有的签证均可马上算出价款，有的需要经过索赔程序，这时的签证仅是索赔的依据，有的签证可能根本不涉及价款。本表仅是针对现场签证需要价款结算支付的一种，其他内容的签证也可适用。考虑到招标时招标人对计日工项目的预估难免会有遗漏，造成实际施工发生后，无相应的计日工单价，现场签证只能包括单价一并处理，因此，在汇总时，有计日工单价的，可归并于计日工，如无计日工单价的，归并于现场签证，以示区别。当然，现场签证全部汇总于计日工也是一种可行的处理方式。

现场签证表

工程名称：　　　　　　　　标段：　　　　　　　　编号：

施工单位		日期	

致：＿＿＿＿＿＿＿＿＿＿＿＿＿＿＿＿＿＿＿＿＿＿＿＿＿＿＿＿＿（发包人全称）

　　根据＿＿＿＿＿＿＿（指令人姓名）＿＿＿＿＿年＿＿＿月＿＿＿日的口头指令或你方＿＿＿＿＿＿＿（或监理人）＿＿＿＿＿年＿＿＿月＿＿＿日的书面通知，我方要求完成此项工作应支付价款金额为（大写）＿＿＿＿＿＿＿＿＿＿（小写＿＿＿＿＿＿），请予核准。

附：1. 签证事由及原因：

　　2. 附图及计算式：

承包人（章）

造价人员 ＿＿＿＿＿＿＿　承包人代表＿＿＿＿＿＿＿＿　　日　期＿＿＿＿＿＿＿

复核意见： 　　你方提出的此项签证申请经复核： 　□不同意此项签证，具体意见见附件。 　□同意此项签证，签证金额的计算，由造价工程师复核。 　　　　　监理工程师＿＿＿＿＿＿ 　　　　　日　期＿＿＿＿＿＿	复核意见： 　□此项签证按承包人中标的计日工单价计算，金额为（大写）＿＿＿＿＿＿＿＿元，（小写）＿＿＿＿元。 　□此项签证因无计日工单价，金额为（大写）＿＿＿＿＿元，（小写）＿＿＿元。 　　　　　造价工程师＿＿＿＿＿＿ 　　　　　日　　期＿＿＿＿＿＿

审核意见：

　□不同意此项签证。

　□同意此项签证，价款与本期进度款同期支付。

承包人（章）
承包人代表＿＿＿＿＿＿
日　　期＿＿＿＿＿＿

注：1. 在选择栏中的"□"内作标识"√"。

　　2. 本表一式四份，由承包人在收到发包人（监理人）的口头或书面通知后填写，发包人、监理人、造价咨询人、承包人各存一份。

表-12-8

【表样】规费、税金项目计价表：表-13

【要点说明】在施工实践中，有的规费项目，如工程排污费，并非每个工程所在地都要征收，实践中可作为按实计算的费用处理。

规费、税金项目计价表

工程名称：　　　　　　　　　　标段：　　　　　　　　　　　　　　第　页　共　页

序号	项目名称	计算基础	计算基数	计算费率（%）	金额（元）
1	规费	定额人工费			
1.1	社会保险费	定额人工费			
（1）	养老保险费	定额人工费			
（2）	失业保险费	定额人工费			
（3）	医疗保险费	定额人工费			
（4）	工伤保险费	定额人工费			
（5）	生育保险费	定额人工费			
1.2	住房公积金	定额人工费			
1.3	工程排污费	按工程所在地环境保护部门收取标准，按实计入			
2	税金	分部分项工程费＋措施项目费＋其他项目费＋规费－按规定不计税的工程设备金额			
合　计					

编制人（造价人员）：　　　　　　　　　　　　　　复核人（造价工程师）：

表-13

【表样】工程计量申请（核准）表：表-14

【要点说明】本表填写的"项目编码"、"项目名称"、"计量单位"应与已标价工程量清单表中的一致，承包人应在合同约定的计量周期结束时，将申报数量填写在申报数量栏，发包人核对后如与承包人不一致，填在核实数量栏，经发承包双发共同核对确认的计量填在确认数量栏。

工程计量申请（核准）表

工程名称：　　　　　　　　　　标段：.　　　　　　　　　　第　页　共　页

序号	项目编码	项目名称	计量单位	承包人申报数量	发包人核实数量	发承包人确认数量	备注

承包人代表： 日　期：	监理工程师： 日　期：	造价工程师： 日　期：	发包人代表： 日　期：

表-14

241

【表样】 预付款支付申请（核准）表：表-15

预付款支付申请（核准）表

工程名称：　　　　　　　　　标段：　　　　　　　　　　编号：

致：＿＿＿＿＿＿＿＿＿＿＿＿＿＿＿＿＿＿＿＿＿＿＿＿＿＿＿＿＿（发包人全称）

　　我方根据施工合同的约定，先申请支付工程预付款额为（大写）＿＿＿＿＿＿＿＿（小写＿＿＿＿），
请予核准。

序号	名　　称	申请金额（元）	复核金额（元）	备注
1	已签约合同价款金额			
2	其中：安全文明施工费			
3	应支付的预付款			
4	应支付的安全文明施工费			
5	合计应支付的预付款			

　　　　　　　　　　　　　　　　　　　　　　　　　承包人（章）

造价人员＿＿＿＿＿＿＿承包人代表＿＿＿＿＿＿＿　　日　　期＿＿＿＿＿＿＿

复核意见：
　□与合同约定不相符，修改意见见附件。
　□与合约约定相符，具体金额由造价工程师复核。

　　　　　　　　监理工程师＿＿＿＿＿
　　　　　　　　日　　期＿＿＿＿＿＿

复核意见：
　　你方提出的支付申请经复核，应支付预付款金额为
（大写）＿＿＿＿＿＿＿＿＿（小写＿＿＿＿＿）。

　　　　　　　　　　　　造价工程师＿＿＿＿＿＿
　　　　　　　　　　　　日　　期＿＿＿＿＿＿

审核意见：
　□不同意。
　□同意，支付时间为本表签发后的15d内。

　　　　　　　　　　　　　　　　　　　发包人（章）
　　　　　　　　　　　　　　　　　　　发包人代表＿＿＿＿＿＿＿
　　　　　　　　　　　　　　　　　　　日　　期＿＿＿＿＿＿＿

　　注：1. 在选择栏中的"□"内作标识"√"。
　　　　2. 本表一式四份，由承包人填报，发包人、监理人、造价咨询人、承包人各存一份。

表-15

总价项目进度款支付分解表

工程名称：　　　　　　　　　标段：　　　　　　　　　　　　单位：元

序号	项目名称	总价金额	首次支付	二次支付	三次支付	四次支付	五次支付	
	安全文明施工费							
	夜间施工增加费							
	二次搬运费							
	社会保险费							
	住房公积金							
	合　　计							

编制人（造价人员）：　　　　　　　　　　　　　复核人（造价工程师）：

注：1. 本表应由承包人在投标报价时根据发包人在招标文件明确的进度款支付周期与报价填写，签订合同时，发承包双方可就支付分解协商调整后作为合同附件。

　　2. 单价合同使用本表，"支付"栏时间应与单价项目进度款支付周期相同。

　　3. 总价合同使用本表，"支付"栏时间应与约定的工程计量周期相同。

表-16

243

【表样】进度款支付申请（核准）表：表-17

进度款支付申请（核准）表

工程名称：   标段：   编号：

致：_____（发包人全称）

    我方于_____至_____期间已完成了_____工作，根据施工合同的约定，现申请支付本期的工程款额为（大写）_____（小写_____），请予核准。

序号	名　　　称	实际金额(元)	申请金额(元)	复核金额(元)	备注
1	累计已完成的合同价款				
2	累计已实际支付的合同价款				
3	本周期合计完成的合同价款				
3.1	本周期已完成单价项目的金额				
3.2	本周期应支付的总价项目的金额				
3.3	本周期已完成的计日工价款				
3.4	本周期应支付的安全文明施工费				
3.5	本周期应增加的合同价款				
4	本周期合计应扣减的金额				
4.1	本周期应抵扣的预付款				
4.2	本周期应扣减的金额				
5	本周期应支付的合同价款				

附：上述3、4详见附件清单。

                                                 承包人（章）

造价人员_____承包人代表_____   日　　期_____

复核意见：

□与实际施工情况不相符，修改意见见附件。

□与实际施工情况相符，具体金额由造价工程师复核。

                 监理工程师_____

                 日　　期_____

复核意见：

    你方提供的支付申请经复核，本期间已完成工程款额为（大写）_____（小写_____），本期间应支付金额为（大写）_____（小写_____）。

                 造价工程师_____

                 日　　期_____

审核意见：

□不同意。

□同意，支付时间为本表签发后的15d内。

                                              发包人（章）

                                   发包人代表_____

                                   日　　期_____

    注：1. 在选择栏中的"□"内作标识"√"。

        2. 本表一式四份，由承包人填报，发包人、监理人、造价咨询人、承包人各存一份。

表-17

244

【表样】竣工结算款支付申请（核准）表：表-18

竣工结算款支付申请（核准）表

工程名称 标段： 编号：

致：＿＿＿＿＿＿＿＿＿＿＿＿＿＿＿＿＿＿＿＿＿＿＿＿＿＿＿＿＿＿＿＿＿＿（发包人全称）

我方于＿＿＿＿＿＿＿至＿＿＿＿＿＿＿期间已完成合同约定的工作，工程已经完工，根据施工合同的约定，现申请支付竣工结算合同款额为（大写）＿＿＿＿＿＿＿＿＿＿＿（小写＿＿＿＿＿＿＿），请予核准。

序号	名 称	申请金额（元）	复核金额（元）	备注
1	竣工结算合同价款总额			
2	累计已实际支付的合同价款			
3	应预留的质量保证金			
4	应支付的竣工结算款金额			

承包人（章）

造价人员＿＿＿＿＿＿＿＿承包人代表＿＿＿＿＿＿＿ 日 期＿＿＿＿＿＿＿＿

复核意见：

□与实际施工情况不相符，修改意见见附件。

□与实际施工情况相符，具体金额由造价工程师复核。

监理工程师＿＿＿＿＿＿＿
日 期＿＿＿＿＿＿＿

复核意见：

你方提出的竣工结算款支付申请经复核，竣工结算款总额为（大写）＿＿＿＿＿＿＿＿＿＿（小写＿＿＿＿＿＿），扣除前期支付以及质量保证金后应支付金额为（大写）＿＿＿＿＿＿＿＿＿＿＿（小写＿＿＿＿＿＿）。

造价工程师＿＿＿＿＿＿＿
日 期＿＿＿＿＿＿＿

审核意见：

□不同意。

□同意，支付时间为本表签发后的15d内。

发包人（章）
发包人代表＿＿＿＿＿＿＿
日 期＿＿＿＿＿＿＿

注：1. 在选择栏中的"□"内作标识"√"。

2. 本表一式四份，由承包人填报，发包人、监理人、造价咨询人、承包人各存一份。

表-18

245

【表样】最终结清支付申请（核准）表：表-19

最终结清支付申请（核准）表

工程名称：　　　　　　　　标段：　　　　　　　　编号：

致：_____（发包人全称）

　　我方于_____至_____期间已完成了缺陷修复工作，根据施工合同的约定，现申请支付最终结清合同款额为（大写）_____（小写_____），请予核准。

序号	名　　　称	申请金额(元)	复核金额(元)	备注
1	已预留的质量保证金			
2	应增加因发包人原因造成缺陷的修复金额			
3	应扣减承包人不修复缺陷、发包人组织修复的金额			
4	最终应支付的合同价款			

　　　　　　　　　　　　　　　　　　　　　　　　　承包人（章）

造价人员_____承包人代表_____　　　　日　　期_____

复核意见：	复核意见：
□与实际施工情况不相符，修改意见见附件。 □与实际施工情况相符，具体金额由造价工程师复核。 监理工程师_____ 日　　期_____	你方提出的支付申请经复核，最终应支付金额为（大写）_____（小写_____）。 造价工程师_____ 日　　期_____

审核意见：

□不同意。

□同意，支付时间为本表签发后的15d内。

　　　　　　　　　　　　　　　　　　　　　　　　　发包人（章）

　　　　　　　　　　　　　　　　　　　　　　　　　发包人代表_____

　　　　　　　　　　　　　　　　　　　　　　　　　日　　期_____

注：1. 在选择栏中的"□"内作标识"√"。

　　2. 本表一式四份，由承包人填报，发包人、监理人、造价咨询人、承包人各存一份。

表-19

246

【表样】 发包人提供材料和工程设备一览表：表-20

发包人提供材料和工程设备一览表

工程名称：　　　　　　　　　　　标段：　　　　　　　　　　　　　第　页　共　页

序号	材料(工程设备)名称、规格、型号	单位	数量	单价(元)	交货方式	送达地点	备注

注：此表由招标人填写，供投标人在投标报价、确定总承包服务费时参考。

表-20

【表样】 承包人提供主要材料和工程设备一览表（适用于造价信息差额调整法）：表-21

【要点说明】 本表"风险系数"应由发包人在招标文件中按照《建设工程工程量清单计价规范》（GB 50500—2013）的要求合理确定。本表将风险系数、基准单价、投标单价、发承包人确认单价在一个表内全部表示，可以大大减少发承包双方不必要的争议。

承包人提供主要材料和工程设备一览表
（适用于造价信息差额调整法）

工程名称：　　　　　　　　　　　标段：　　　　　　　　　　　　　第　页　共　页

序号	名称、规格、型号	单位	数量	风险系数（%）	基准单价（元）	投标单价（元）	发承包人确认单价（元）	备注

注：1. 此表由招标人填写除"投标单价"栏的内容，投标人在投标时自主确定投标单价。

　　2. 投标人应优先采用工程造价管理机构发布的单价作为基准单价，未发布的，通过市场调查确定其基准单价。

表-21

【表样】 承包人提供主要材料和工程设备一览表（适用于价格指数差额调整法）：表-22

承包人提供主要材料和工程设备一览表

（适用于价格指数差额调整法）

工程名称：　　　　　　　　　标段：　　　　　　　　　　　　　　　　第　页　共　页

序号	名称、规格、型号	变值权重 B	基本价格指数 F_0	现行价格指数 F_t	备注
定值权重 A			—	—	
合　计		1	—	—	

注：1. "名称、规格、型号"、"基本价格指数"栏由招标人填写，基本价格指数应首先采用工程造价管理机构发布的工价格指数，没有时，可采用发布的价格代替。如人工、机械费也采用本法调整由招标人在"名称"栏填写。

2. "变值权重"栏由投标人根据该项人工、机械费和材料、工程设备值在投标总报价中所占的比例填写，1减去其比例为定值权重。

3. "现行价格指数"按约定的付款证书相关周期最后一天的前 42d 的各项价格指数填写，该指数应首先采用工程造价管理机构发布的价格指数，没有时，可采用发布的价格代替。

表-22

参考文献

［1］国家标准．《建设工程工程量清单计价规范》（GB 50500—2013）［S］．北京：中国计划出版社，2013．

［2］国家标准．《市政工程工程量计算规范》（GB 50857—2013）［S］．北京：中国计划出版社，2013．

［3］国家标准．《建设工程计价计量规范辅导》［M］．北京：中国计划出版社，2013．

［4］法制出版社编著．中华人民共和国招标投标法实施条例［国务院令（第613号）］［M］．北京：中国法制出版社，2012．

［5］李志生、付冬云编著．建筑工程招投标务实与案例分析［M］．北京：机械工业出版社，2010．

［6］杨庆丰主编．建筑工程招投标与合同管理［M］．北京：机械工业出版社，2012．

［7］张麦妞主编．市政工程工程量清单计价知识问答［M］．北京：人民交通出版社，2009．